国科协学科发展研究系列报告

中国科学技术协会／主编

2016—2017 标准化学科发展报告

中国标准化协会 ｜ 编著

REPORT ON ADVANCES IN STANDARDIZATION SCIENCE AND TECHNOLOGY

中国科学技术出版社
· 北 京 ·

图书在版编目（CIP）数据

2016—2017 标准化学科发展报告 / 中国科学技术协会主编；中国标准化协会编著 .—北京：中国科学技术出版社，2018.3

（中国科协学科发展研究系列报告）

ISBN 978-7-5046-7938-3

Ⅰ.①2… Ⅱ.①中… ②中… Ⅲ.①标准化－学科发展－研究报告－中国－ 2016—2017 Ⅳ.① G307-12

中国版本图书馆 CIP 数据核字（2018）第 044700 号

策划编辑	吕建华　许　慧
责任编辑	何红哲
装帧设计	中文天地
责任校对	焦　宁
责任印制	马宇晨

出　　版	中国科学技术出版社
发　　行	科学普及出版社发行部
地　　址	北京市海淀区中关村南大街16号
邮　　编	100081
发行电话	010-62173865
传　　真	010-62179148
网　　址	http://www.cspbooks.com.cn

开　　本	787mm × 1092mm　1/16
字　　数	300千字
印　　张	14
版　　次	2018年3月第1版
印　　次	2018年3月第1次印刷
印　　刷	北京盛通印刷股份有限公司
书　　号	ISBN 978-7-5046-7938-3 / G · 779
定　　价	68.00元

2016—2017 标准化学科发展报告

首席科学家 宋明顺

专 家 组

组　　长　纪正昆

副 组 长　高建忠　汤万金　王　平

成　　员（按姓氏笔画排序）

丁日佳　马贺喜　王天羿　田　武　田　欣
刘雪涛　吴　峰　吴泽婷　余　晓　张　平
陈云鹏　陈展展　郑素丽　赵启杉　胡柏松
俞　彪　施　颖　袁　凤　贾宝山　顾孟洁
黄乐富　黄曼雪

学术秘书 刘子楠　王　辉

党的十八大以来，以习近平同志为核心的党中央把科技创新摆在国家发展全局的核心位置，高度重视科技事业发展，我国科技事业取得举世瞩目的成就，科技创新水平加速迈向国际第一方阵。我国科技创新正在由跟跑为主转向更多领域并跑、领跑，成为全球瞩目的创新创业热土，新时代新征程对科技创新的战略需求前所未有。掌握学科发展态势和规律，明确学科发展的重点领域和方向，进一步优化科技资源分配，培育具有竞争新优势的战略支点和突破口，筹划学科布局，对我国创新体系建设具有重要意义。

2016 年，中国科协组织了化学、昆虫学、心理学等 30 个全国学会，分别就其学科或领域的发展现状、国内外发展趋势、最新动态等进行了系统梳理，编写了 30 卷《学科发展报告（2016—2017）》，以及 1 卷《学科发展报告综合卷（2016—2017）》。从本次出版的学科发展报告可以看出，近两年来我国学科发展取得了长足的进步：我国在量子通信、天文学、超级计算机等领域处于并跑甚至领跑态势，生命科学、脑科学、物理学、数学、先进核能等诸多学科领域研究取得了丰硕成果，面向深海、深地、深空、深蓝领域的重大研究以“顶天立地”之态服务国家重大需求，医学、农业、计算机、电子信息、材料等诸多学科领域也取得长足的进步。

在这些喜人成绩的背后，仍然存在一些制约科技发展的问题，如学科发展前瞻性不强，学科在区域、机构、学科之间发展不平衡，学科平台建设重复、缺少统筹规划与监管，科技创新仍然面临体制机制障碍，学术和人才评价体系不够完善等。因此，迫切需要破除体制机制障碍、突出重大需求和问题导向、完善学科发展布局、加强人才队伍建设，以推动学科持续良性发展。

近年来，中国科协组织所属全国学会发挥各自优势，聚集全国高质量学术资源和优秀人才队伍，持续开展学科发展研究。从 2006 年开始，通过每两年对不同的学科（领域）分批次地开展学科发展研究，形成了具有重要学术价值和持久学术影响力的《中国科协学科发展研究系列报告》。截至 2015 年，中国科协已经先后组织 110 个全国学会，开展了 220 次学科发展研究，编辑出版系列学科发展报告 220 卷，有 600 余位中国科学院和中国工程院院士、约 2 万位专家学者参与学科发展研讨，8000 余位专家执笔撰写学科发展报告，通过对学科整体发展态势、学术影响、国际合作、人才队伍建设、成果与动态等方面最新进展的梳理和分析，以及子学科领域国内外研究进展、子学科发展趋势与展望等的综述，提出了学科发展趋势和发展策略。因涉及学科众多、内容丰富、信息权威，不仅吸引了国内外科学界的广泛关注，更得到了国家有关决策部门的高度重视，为国家规划科技创新战略布局、制定学科发展路线图提供了重要参考。

十余年来，中国科协学科发展研究及发布已形成规模和特色，逐步形成了稳定的研究、编撰和服务管理团队。2016—2017 学科发展报告凝聚了 2000 位专家的潜心研究成果。在此我衷心感谢各相关学会的大力支持！衷心感谢各学科专家的积极参与！衷心感谢编写组、出版社、秘书处等全体人员的努力与付出！同时希望中国科协及其所属全国学会进一步加强学科发展研究，建立我国学科发展研究支撑体系，为我国科技创新提供有效的决策依据与智力支持！

当今全球科技环境正处于发展、变革和调整的关键时期，科学技术事业从来没有像今天这样肩负着如此重大的社会使命，科学家也从来没有像今天这样肩负着如此重大的社会责任。我们要准确把握世界科技发展新趋势，树立创新自信，把握世界新一轮科技革命和产业变革大势，深入实施创新驱动发展战略，不断增强经济创新力和竞争力，加快建设创新型国家，为实现中华民族伟大复兴的中国梦提供强有力的科技支撑，为建成全面小康社会和创新型国家做出更大的贡献，交出一份无愧于新时代新使命、无愧于党和广大科技工作者的合格答卷！

2018 年 3 月

关于建立标准化这门新学科的话题，早于 20 世纪 70 年代初问世的 C. 魏尔曼博士的《标准化是一门新学科》一书就在国际范围内产生过广泛的影响。国际标准组织（ISO）前主席 F.L. 拉库依在为此书所写的序言中，除了明确地肯定和支持魏尔曼对标准化作为一门新学科的精辟论述，还确定而且强调了标准化与从艺术和人文科学到极为专业化的工程实践的广泛关系和影响。该书于 80 年代初引入我国，此时正值改革开放的伊始，对尔后我国标准化学术界和教育界在认真总结工农业产品和工程建设领域标准化实践经验及借鉴国际先进经验和成果的基础上，着手编写标准化的培训教材和工作手册等，起到了积极的促进作用。90 年代初，在正式颁布的学科分类和代码的国家标准中，标准化学科有了自己的正式名称和代码。这是一个重要的标志。

自改革开放以来，标准化工作不断从生产领域向贸易、服务领域以及社会管理公共服务方面扩展，从经济层面向社会治理、文化建设、生态文明建设以及政府管理层面不断延伸，领域覆盖范围不断扩大。标准化的意义和作用，其概念的内涵与外延，开展工作的组织机构、人员队伍、制度法规以及相关的方针政策和工作方法，等等，都必然要有所改革和转变。但来自于实践，又用于指导实践的标准化的基本理论，包括原理和哲理，应该是相对稳定且逐步深化和完善；不断地研究、发展和完善标准化理论，是标准化学科建设的重要内容和艰巨使命。中国科学技术协会自 2006 年开始启动学科发展研究及发布活动。中国标准化协会承担了 2009—2010 年度以及 2011—2012 年度的标准化科学技术学科发展报告的研究和编撰任务，大大加快了标准化学科理论研究的脚步。转瞬五年时间过去，这次又非常荣幸地承担了 2016—2017

年度标准化学科发展报告的编撰任务。基于近五年来国际和国内标准化的实践活动和理论研究的新发展，特别是高新技术的迅猛发展和改革开放不断扩大和深化对标准化工作提出的新要求，与标准化学科相关的理论和方法研究的成果不断涌现，本年度标准化学科发展研究报告的内容更加丰富，达到了更高的学术水平，并且在学习和借鉴国际先进经验和成果的同时，也有密切结合我国国情的具体体现。

本报告的内容主要包括以下两个方面：

一方面是标准化学科领域取得的进展。包括标准化知识体系研究、概念和分类、标准经济学、标准与技术创新、标准中的必要专利、正式／非正式标准化组织研究、标准化管理体系研究与实践进展等。

另一方面是国内外标准化学科建设发展特点及比较分析。国际层面的理论研究已经发展到经济学、产业创新、法学、公共管理、社会学等领域全面介入，各领域研究不断深入的阶段。我国标准化研究的特点主要是应对我国在经济全球化以及市场化改革过程中所面临的问题和挑战，主要包括对标准化知识体系的研究；在宏观、中观、微观三个层面的标准经济贡献率的研究；不同国家标准化体制对比研究和我国的标准化体制改革研究等。本报告中这些研究的最新发展，也是对《2011—2012 标准化科学技术学科发展报告》的重要补充。

衷心感谢中国科学技术协会为我们再次提供编写、出版学科发展年度报告的机会，以及有关负责同志对我们工作提供的具体指导。应邀承担《2016—2017 标准化科学技术学科发展报告》研究和编写任务的有：中国计量大学宋明顺校长，中国标准化研究院汤万金副院长、原副总工王平研究员、田武高级工程师、陈云鹏博士，中国电子技术标准化研究院顾孟洁研究员，中国矿业大学（北京）管理学院丁日佳院长、施颖讲师，北京市标准化研究院教授级高级工程师刘雪涛，深圳市标准技术研究院黄曼雪副院长、陈展展副主任、吴泽婷助理研究员，中兴通讯股份有限公司知识产权政策总监赵启杉研究员，北京大学张平教授，中国计量大学郑素丽教授、余晓教授、黄乐富讲师，《中国标准化》杂志社原主编袁凤编审，中国标准化协会纪正昆理事长、高建忠秘书长、马贺喜主任、王天羿主任、俞彪副主任、田欣副主任、夏薇佳副主任以及吴峰、刘子楠、贾宝山、胡柏松和王辉。在此谨向有关单位和个人表示感谢。本报告可为国内从事标准化科学技术研究、教学、管理和企业生产制造和经营的科技工作者提供参考。我们恳切地盼望能得到广大读者对本报告内容的批评、指正。

中国标准化协会

2017 年 8 月

综合报告

专题报告

ABSTRACTS

Comprehensive Report

Reports on Special Topics

综合报告

标准化学科取得的进展及国内外发展特点比较分析

一、引言

自从印度的魏尔曼（Lal C.Verman）于 1973 年提出“标准化是一门新学科”，钱学森于 1979 年提出“标准学”概念之后，经过了不到半个世纪的努力，标准化学科建设已经有了飞速发展，现在已经到了重要的转型期。

在 20 世纪七八十年代，国内外曾经有一批学者对标准和标准化的基本概念和基本原理进行过探讨，包括印度的魏尔曼、日本的松浦四郎、美国的约翰·盖拉德（John Gaillard），以及我国的李春田、顾孟洁、郎志正等。但是那个时候的讨论主要集中在标准和标准化组织的定义、工程技术维度和组织维度的分类、标准制修订规则、标准化的哲学意义、管理学意义等。对标准化过程的考察主要关注标准的产品简化、统一化、互换性、规模化效应以及标准制定过程的协调和妥协等，具有一定的经济学意义和社会学意义。由于科技和历史发展的原因，传统的标准化学术研究具有很大局限性。虽然有一些研究成果，但是大部分都是从标准化界产出的，学术界的学者对标准化开展的研究相对较少。传统标准化学术活动重点关注的是标准化组织开展的标准化工作，很少对标准与经济和社会的互动开展研究。例如魏尔曼（1974）提出的标准化三维空间、标准化组织分类等。关于标准和标准化的定义，ISO/IEC 的定义影响很大，很多标准化研究成果都直接引用 ISO/IEC 的定义，并对该定义的内涵和外延进行阐述。应该说 ISO/IEC 的标准化定义具有一定的社会学意义和经济学意义，但是它仅仅关注“权威机构发布的标准”，而忽略了人类社会中其他类型标准（如联盟标准、事实标准等）的存在。魏尔曼、桑德斯、松浦四郎等人的研究都提出相应的标准化原理，主要是根据他们参与标准化工作的经验总结提出的。魏尔曼（1980）认为：“……最好不要把标准化的含义引申得过分远……充其量而言，可望将其视作与社会学、政治科学之类的社会科学相仿的一种科学。”桑德斯（1974）认为：“标准化是社会有意识地努力达到简化的行为”“标准化不仅是经济活动，也是社会活动”。

魏尔曼于 1973 年提出“标准化是一门新学科”的思想，但是在 20 世纪几乎没有一个学术领域把标准化作为一个真正的学科来对待。没有一所大学和研究机构能够形成标准化理论研究的学术带头人和相应的学术团队。虽然钱学森在 1979 年提出“标准学”的概念，但是他的总体思路以及后来者的研究主要是试图用系统论的方法作为标准学的理论基础。后来的发展说明，这一方法并没有被国际主流学术界所接受。我国在 20 世纪也开展了相应的研究工作，典型的研究成果是由李春田主编、人民大学出版社出版的《标准化概论》，对基本原理的阐述包括基本概念、种类和过程、管理原理、标准化形式等内容，也包括面向标准化方法、具体工程领域应用等内容。

传统标准化学术研究的局限性主要表现在：①缺乏经济学家和社会学家对标准概念内涵和外延的深入探讨；②缺少对标准制定和实施过程中的“治理机制”的探讨，即对正式标准组织中协商一致过程和对非正式组织“大致的协商一致”过程的社会学分析和探讨，以及对标准在其实施和扩散过程中通过价值链和工业生态系统发挥作用，与经济和社会的互动分析；③看不到技术标准在新兴产业和 ICT 产业中的战略地位，更无法讨论技术标准与专利，技术标准与产业创新、国家创新体系之间的关系；④没有开展对标准的宏观和微观经济效益的评价研究等。

从 20 世纪末信息技术的发展，标准中必要专利的出现，标准在市场竞争、产业发展以及公共管理中的重要性越来越大。WTO/TBT 协议（世界贸易组织 / 贸易技术壁垒协议）把标准和标准化在国际贸易和全球治理中的地位更进一步提高。国内外对于标准化基本理论的研究开始迅速发展。除传统经济学、管理学外，网络经济学、法学、产业创新理论、公共治理理论、社会学等领域全面介入，对标准、标准化的内涵和外延开展跨学科研究，形成标准化学科发展的新特点。由于国际标准化组织（ISO）、部分国家标准化组织和政府的共同努力，全球的标准化学校教育和职业培训水平也有了不同程度的提高。

我国从 20 世纪末开始实施标准化战略，大力支持自主创新技术形成国家标准，推动我国自主创新技术转化为国际标准。进入 21 世纪之后，我国政府开始启动标准化改革，鼓励产业联盟制定标准，进而推动社会团体组织制定标准，并于 2015 年启动修订《中华人民共和国标准化法》（以下简称《标准化法》），目前，我国新修订的《标准化法》已于 2017 年 11 月 4 日发布，自 2018 年 1 月 1 日起施行。我国的改革开放、加入 WTO、实施标准化战略以及标准化体制改革的实践，为开展标准化科学研究提供了广阔的天地，我国的标准化研究学术界也逐渐形成自己独有的学术特点和研究方法。

从《2011—2012 标准化科学技术学科发展报告》的发布到现在又过了四年的时间，标准化学科无论在理论建设、人才及设施建设等方面都有了新的进展，所以有必要对这几年来标准化学科建设的最新情况进行总结。本报告以学科基础建设进展为重点，围绕标准化学科理论、知识体系建设、标准化实践以及标准化教育等方面做了深入研究并提出发展研究报告。

本报告的结构有四个部分，包括引言、标准化学科领域取得的进展、国内外标准化学科建设发展特点及比较分析和展望、对策建议。由于国内外教育的进展相对有限，编写组决定在第二部分不体现标准化教育的内容，主要在第三部分中给予阐述。

二、标准化学科领域取得的进展

标准学作为一门介于技术科学、经济学、管理学、法学和社会科学之间的综合性边缘学科，呈现出综合和分化的趋势，与其他学科的交叉渗透趋势越来越明显。在标准学研究中，需要吸收借鉴相关学科的理论、方法和技术。近年来，随着标准学研究与实践的不断深入，新的理论与方法不断涌现，标准化学科领域不断丰富与发展。

（一）标准化学科知识体系研究

21 世纪之前，标准化学科知识体系研究尚处于起步阶段，标准化学科更多的围绕理论基础、学科地位等问题展开研究。20 世纪 80 年代，钱学森提出“标准学”的概念，认为标准学“介于自然科学和社会科学之间，社会科学成分更大一些”。标准学的研究方法主要是运筹学、控制论等系统工程的方法。钱学森指出“标准学还是尚在研究的东西，尚未建立自己的知识体系”。进入 21 世纪以来，国内外针对标准化学科知识体系的研讨逐渐兴起。许多学者从不同的角度提出了标准学的知识体系框架，取得了以下研究成果：

（1）吴学静等人（2013）提出的“学科知识论”标准学知识体系认为标准学作为一门学科，其知识体系的构建应符合一般学科的知识组成规律，而学科知识的组成与人类知识体系紧密相关。该体系从人类知识体系及现代科学技术体系构成入手，按照系统性、相关性理论和学科体系的构成要求，构建了三层次的标准学知识体系框架，提出标准学知识应由基础知识、通用知识和标准化专门知识组成。基础知识包括概念和通用知识、基本理论和方法论；通用知识包括应用技术知识；标准化专门知识包括标准化领域知识和特定标准知识。

（2）李上和刘波林（2013）提出的“科学—技术—工程”标准学知识体系认为标准学的研究涉及科学、技术和工程三个层面，科学知识为技术知识提供理论指导，技术知识综合集成为工程知识，工程知识为技术知识提供实践反馈，技术知识为科学知识提供理论需求。三个层面知识的相互融合构成了学用结合的标准学知识体系。该体系结合科学、技术和工程三元论，按照全面性、科学性和开放性原则，从本体、历史和关系三个维度，构建了四个层次的标准化学科知识体系框架。

（3）沈君、王续琨提出的技术标准学知识体系认为技术标准是标准学研究的核心，标准学知识体系应该以技术标准为核心进行构建。通过对 1980 年至 2012 年间标准化研究成果的统计分析，他们归纳总结了技术标准学的六大研究主题，包括技术标准的地位和功能、技术标准的一般形成机理、技术标准体系的建立和管理、技术标准化推行进程、技术标准战略的选择和实施、技术标准与知识产权的互动机制。沈君、王续琨认为标准学涉及人类社会的所有实践领域，在社会需求的拉动下，标准学有着不断分化、永续发展的开阔空间，标准学的知识外延将不断扩展。

（4）梁正、侯俊军（2012）基于公共管理的基本概念和学科定位从知识体系和学科建设的角度，提出将标准分为技术、经济和社会三个属性。技术属性的标准也具有经济属性，成为市场规范；或者具有社会属性，成为社会协调工具；而经济属性和社会属性交叉的标准则发展成为产业规制。

（二）标准概念和分类

1. 社会学维度

社会学维度对标准化的研究为标准化理论建设和知识体系的形成开辟了崭新的空间，把人类对标准和标准化的认识从标准化组织的狭义的理解向社会的基本运行规则扩展，认识上也从产业向其他社会领域延伸。下面重点介绍尼尔斯·布兰森（Nils Bunsson）和劳伦斯·布施（Laurence Busch）的具有开创性的研究成果。

（1）尼尔斯·布兰森等人的研究。尼尔斯·布兰森等人的著作《一个标准的世界》是社会学对标准化研究的代表作之一。布兰森把标准化看作是一种与组织、市场和规范性共同体（Normative Community）并列的重要社会形式。他从社会学的角度探讨了标准的基本概念，标准化与另外三种社会基本形态之间的异同，标准组织与正式组织形态之间的关系，标准发挥作用的机制等。

布兰森认为应该区分三个重要概念：准则（Norms）、指令（Directives）和标准（Standards），而这三个概念共同组成社会运行的规则（Rules）。

1）准则对社会生活和社会交往中的行为发挥作用。它是（人的）一种内在规则（隐式规则），很难见到有文字形式的社会准则。它是人们在社会当中自然而然地学习和接受到的。除非有人违背了准则，否则很少有人注意它的存在。

2）指令是具有文字形式的显式规则，是由个人或者机构发布的，针对特定的人，或者是强制给定的（包括政府颁布的法律）。指令制定者常常能够把规则和处罚结合起来，惩罚那些违背规则的人，并且还可能奖赏那些遵守规则的人。这种强制性指令主要适用于不遵守指令的人。

3）标准是一种显式规则。个人可以为其他人发布标准，机构也可以为除自己成员之外的其他人发布标准。它们是显式的（写在文字上），而且具有明确的来源。标准是自愿的，因为其制定者对于不遵守标准的人并不具有惩罚措施。标准可以被认为是对于其他人要做的事情给出了一个处方或者是建议。标准的制定者明确了标准的自愿性，因为他们无法确保任何人都遵守标准。他们必须让潜在的标准使用者信服，如果采用他们的标准就会得到好处。

布兰森认为，以上这三种规则的形式并不能很严格地区分。可以举出很多案例说明，同一社会规则可能会有其中的两种或三种形式同时存在的情况。如果在社会当中有一种规则形式缺失，就可能会导致另外一种规则形式作为其补充。例如实行开放的市场化改革，就会放宽对市场的管制（Deregulation），政府发布的很多强制性指令就会消失，那么必然会给具有自愿特性的标准提供合理的存在空间。

现代社会是人类活动高度协调的社会，无论人们距离很近还是很远，正式组织中会有一个权威中心发布指令以协调组织中人的行动，市场中买卖双方的供需关系从长期来说也是互相协调的。而标准化则是第三种形式的协调，也被看成是一种控制（Control）。布兰森认为，如果没有标准化，整个世界就会变得非常不同，而且协调也会变得非常艰难。

正式的组织、市场以及标准化是三种社会制度安排，它们都是高度合理化的，并且共有最基本的特征。它们都依据所声明的后果来定义，而不是按照传统或者长期形成的习惯。这三种社会形式都在议定程序（Agreed Procedures）[①] 的基础之上进行协调和控制。其中标准化则是在议定的名称、产品设计等基础之上的。

社会制度被认为是治理协议的集合，包括对行为进行规制并控制其结果的规则、准则、程序形成的网络；在国际关系中的给定的领域，角色的期待汇聚到隐式或显式的原则、准则、决策程序。在这种社会制度中包括很多标准，这些标准并不需要互相之间的一致性，或者与社会体制的其他方面的一致性。也就是说，远不能确定所有的方面都会“趋向统一”。所以，对标准和其他相关的方面进行分别研究和混合研究非常重要。

（2）劳伦斯·布施的研究。劳伦斯·布施 2011 年发表了著作《标准：现实世界的处方》。该书共分为 6 章，包括标准的力量，把世界标准化，从标准化统一到标准化不同，认证、认可、许可、批准，标准、伦理和正义，以及标准和民主。

布施认为，标准是我们构造现实世界的方式。人被大量的标准包围着，其中有很多标准现在都被认为是理所当然的，但是每个标准都曾经经历过激烈的争论，而且有的现在还在继续。布施把标准作为现实世界的处方来讨论。他论证说，标准不仅对物质世界进行规制，而且同样规制我们的社会生活，甚至规制我们人类自身。

他的论证展示出，标准与权力 / 力量（Power）有着非常紧密的关系——它们常常能够给某些人 / 物赋予权力 / 力量，还能够剥夺某些人 / 物的权力 / 力量。他追溯了正式标准的历史，说明了现代科学是如何与人或物标准化的“道德—技术”（Moral-Technical）问

① 亦即经协商确定的规则（rules），笔者注。

题相联系，并给出了开发公平、公正和高效标准的指导建议。他在论证中指出，在制定物的标准的时候所隐含的是在为人制定标准，同样，在制定人的标准的时候不可避免地要制定物的标准。他用独特和全面的视角，说明人和物的标准不可避免地纠缠在一起，标准是如何分层的（尽管总是按顺序讨论），以及标准如何同时是技术的、社会的、道德的、法律的以及本体（Ontological）的手段。

布施对标准（Standard）一词进行了深入辨析，从中世纪（1138 年）英国人与苏格兰人之间的“标准战役”（The Battle of Standard）到工业化社会中的标准尺寸和标准重量、衡量动物（战马、牛等）的标准、衡量人的品德标准，以及所谓礼仪标准和生活水平标准，等等。所有这些既包括人的标准，也包括物的标准。

布施把标准这一术语与法国社会学家埃米尔·杜尔凯姆（Émile Durkheim，1858—1917）首次采用的术语“准则”做了比较，认为社会学中的准则只是针对人来说的，而标准既对物又对人。标准是可以用于很多现象的通用词汇，从强力规定，到中性感知，以及到强力禁止。准则一词常常用于表示连续统一体的两个极端，而不会表示中间的部分。

标准可以表示某种东西是“最好的”含义，也可以表示尺寸或重量的样本；或者它强调人的道德品行或物的极好品质。标准可以是判断理想状态的规则，也可以仅仅是判断一种平均状态的规则。最后，标准可以是指人的容忍度或物的容差（公差）。所有这些纠缠在一起，都是在说关于道德、政治、经济和技术的权威问题。

布施认为研究标准的方法有三种，即现象学（Phenomenology）的方法、历史学的方法以及深入技术细节的方法。布施认为他自己的研究主要采用了现象学的方法，但是有时也会引用一些历史事实和技术细节的案例。他认为标准的多重含义导致现象学的研究方法非常实用，而采用历史学的方法和深入技术细节的方法研究标准需要涉及的内容实在太庞大了，不是一个人能够完成的事情。

布施指出，在最近这些年，标准化组织开始意识到把物的标准与人的标准区分开的困难。例如，ISO 制定的 ISO 9000《质量管理体系》标准，以及 ISO 14000《环境管理体系》标准在人和物之间搭建了桥梁。他虽然承认民间自愿性标准和公共（政府）强制性法规之间是有区别的，但是他认为它们是两个非常类似的，在有的时候是互相重叠的治理形式，都可以看成是 Foucault（2007，2008）所谓的治理术（Governmentality），即人与人之间关系的两种治理方法。

布施对标准有自己独特的分类，即奥林匹克标准（Olympic）、过滤标准（Filters）、区分标准（Divisions）、分级标准（Ranks）。奥林匹克标准是选择最优，如体育奥林匹克冠军、优质产品等。过滤标准是把符合要求的保留，而把相对少数不符合要求的过滤掉，例如企业筛选出不合格产品、学校筛选出肄业学生等。区分标准相当于分类（Category）标准。分级标准是把对象分为不同等级、例如同一类商品按照质量的分级等。

2. 经济学维度

经济学家在讨论标准基本概念的时候往往不给出语义学意义上的严格标准定义，而是讨论标准的经济学意义上的分类。Knut Blind（2004，2013）为了其标准经济学研究和创新研究的目的，提出基于经济学影响的标准分类，包括兼容性标准、质量标准、品种简化标准以及信息标准四种类型，对不同类型标准在创新中所发挥的作用进行了详细论述。他认为，即使某些标准是为了适应某一目标而制定的，这些标准也常常履行多种功能。每一种标准完全排他地归入一个单独的类别是不太可能的，经常一个单独的标准涉及经济的若干方面。这四类标准都会产生正面或负面的影响。兼容性 / 接口标准的正面影响包括网络外部性、避免锁定、增加系统产品的种类等，但是可能会造成垄断。最低限度质量 / 安全标准能够校正逆向选择，降低交易成本，校正负外部性，但是可能有“规制俘获”[①]，提高竞争对手的成本等影响。品种简化标准对于经济规模、形成汇聚点和临界容量有正面影响，但可能造成较少的选择范围和市场集中的负面影响。信息标准能够促进交易、降低交易成本，但是也会形成“规制俘获”。这四类标准类型包括：

（1）兼容性与接口标准。信息技术和通信技术（ICT）的快速发展，使得兼容性标准和接口标准的重要性日益显现。由于网络外部性和转换成本这些现象的同时存在，双方都不愿意向更好的方向转换，使得市场就有被锁定在次等方案中的风险。网络外部性有两种主要的类别：直接的和间接的。对电话网用户而言，其价值以一种明显的、直接的方式依赖于其他用户的数量。如果很少有其他人使用这一网络，那么网络的效用就会受到限制。在直接网络外部性存在的条件下，个人效用函数由两大类要素构成：一类是独立于网络的自变量参数；另一类是依赖于网络规模的要素。与直接网络外部性形成对照的是间接网络外部性，间接网络外部性产生于每个用户必须拥有两种或者更多的系统组件才能从中获益的范式中。由于网络外部性现象的存在，在网络技术（比如个人电脑、录音设备、录像机格式等）领域出现的一些标准竞争中，从技术性能的角度来看，胜出的技术不一定是那些“最好的”技术。胜出技术的所有者通常是那种成功地建立起了追随者网络，以及按照他自己的技术特性提供互补产品（比如软件）的第三方厂商网络的人。

（2）最低限度质量和安全标准。在标准的新古典主义产品市场模型中，通常假定产品是同质的，而且消费者拥有该产品特征的完全信息。然后，在现实中往往存在非常多的产品，消费者经常并不拥有关于产品特征的完全信息，因而面临着所谓的信息不对称。当产品的特征只有在使用时才会被发现时（比如体验商品），这种不对称程度将会增加。最后，可信商品（比如安全系统或者药品）的质量同样受到不被厂商控制的外部因素的影响。这种信息不对称的后果便是逆向选择或者道德风险。买者和卖者之间的信息不对称可导致逆

① “规制俘获”意为厂商通过巧妙游说，说服标准制定组织为了厂商的利益而不是为了消费者的利益来制定标准。

向选择以及严重的市场失灵。如果买者在购买前不能区分质量优劣，那么质量高的卖者将很难维持一个溢价（Price Premium）。当缺乏这种溢价，或者高质量卖者的成本高于低质量卖者的成本时，高质量卖者将被迫退出市场，出现劣币驱出良币的现象，优质产品市场将被中断，交易停止，从而使得优质产品的厂商剩余和消费者剩余减少。

（3）品种简化标准。大部分标准具有将产品限定在一定范围之内，或者限定产品的型号、质量等此类特性参数数值的功能。一个著名的例子是纸张的格式标准系列（比如 DIN A4）。品种简化（Variety Reduction）标准履行两种不同的功能。

第一种功能，品种简化标准可以通过减少产品甚至技术的种类而形成规模经济。围绕同一标准，首先可以实现原料投入的规模化，其次标准允许大规模生产，再次标准可以获得大规模流通的优势。这三个方面集合到一起，最终会导致单位成本的下降。

此外，品种简化标准还有第二个功能，这项功能不仅有利于生产者，同样也有利于消费者，因而显得更为重要。品种简化标准也可以降低供应商所面临的风险，标准的存在和使用通常可以调整未来技术的开发路径，同时也是新市场开发和成长的工具。对一项新技术而言，其市场的早期阶段，由于供给者和用户太过分散，在市场发展过程中没有形成集中点或者临界容量，有时会造成技术始终被锁定在试验阶段，此时，标准能够起到创造集中点和凝聚不同企业的作用。品种简化标准可以帮助形成聚点，从而帮助市场起飞。

然而，品种简化标准是最难分析的一类标准，因为它既能起到提高创新的作用，又有可能抑制创新。品种简化，最典型的功能就是形成规模经济，但生产量的增加往往会提高技术流程的资本密集度。这种在很多产品的生命周期中都遵循的技术演进模式，通常会减少供应商的数量，增加他们的平均规模。不能确定这种趋势一定会减少竞争，但由于最低有效规模门槛的增加，那些小的、具有创新潜力企业的进入通常会受到日益增加的排斥。

（4）信息和测试标准。信息和产品描述标准经常被认为是与上述三类标准不同的一类标准（Tassey，2000），但是在很多情况下，信息和产品描述标准可以被看成是上述三类标准的一种混合。那些与市场密切相关的测试看上去与这类产品描述标准有很多的共同之处，通过测量可以确保产品是被期望的产品。厂商可以确信出售的产品确实是他所期望要出售的产品，这既可以降低厂商（赔偿或者诉讼）的风险，也可以减少消费者的风险。原则上，消费者可以有把握地购买商品，而不需要自己再进行单独的测验，来看看购买的商品是否是所期望的商品。同样，这种合格性测试有助于降低交易成本，使市场更好地运行。在科学技术领域，通过描述、量化和评价产品特征的出版物、电子数据库、术语以及测试测量方法等形式，标准有助于提供经评估的科学和工程信息。在高科技现代制造业产业，一系列测量测试方法标准可以提供很多信息，这些信息如果被广泛地接受，就可以极大地降低买者和卖者之间的交易成本。

3. 哲学和术语学维度

我国学者一直注重对标准化哲学意义的研究。从 20 世纪 80 年代起，标准化哲学方面的研究成果不断涌现。典型的成果包括“三个世界”本体论图解模型（顾氏模式），有序化、多样性与标准化之间的哲理分析等。

（1）标准学科中的哲学方法。李春田（2003）认为，标准化与秩序是社会存在和发展的基础，并且对此采用很深刻的哲理表述：“我国古代学者关于‘混沌生阴阳，阴阳生五行，五行生万物’的自然观，伟大诗人屈原在《天问》中对世界从无序走向有序的过程提出的一系列疑问，以及《易经》中对宇宙万物生成发展过程的描述和猜想，实际上都是讲的自然界的秩序问题。亚里士多德在《形而上学》一书中指出的世界的差异有三点，即形状、秩序、位置。‘秩序’已被哲学家提到了认识自然界本质的地位。”他还认为，“自然秩序是自然界客观运动发展规律的体现，它决定着自然物质的运动和发展，并影响着人与自然界的相互关系。秩序既存在于自然界，也存在于人类社会。建立、维护和巩固为特定社会制度所需要的社会秩序，历来是各国政府或国家政权的基本职能之一，发展社会主义市场经济，则要求与其相适应的新秩序。”“由于秩序的地位如此重要，秩序的外延如此广泛，以至于自然科学和社会科学都无法独占这一概念，‘秩序’已经成为一个哲学范畴。”李春田（2009）还提出，综合标准化将标准化由个体水平提升到系统水平，它是标准化方法论的创新，是系统理论在标准化领域的卓越应用。当今企业标准系统已成为复杂系统并具有静态特征，运用综合标准化方法和模块组合原理，改造现行标准体系是提升企业标准化水平，使之适应现代社会的有效途径。

麦绿波（2012a）认为标准化学科的哲学认识是标准化对立统一性质的认识。标准化是主观追求统一化的客观化。标准化既是主观的，又是客观的。标准化的主观性在于改变自然的行为趋向，建立有利益和有价值的目标关系。标准化的客观性在于标准关系一旦建立，它就成为不能随意、随时和随人改变的客观关系，成为相关行为遵守的规律。主观因素转化为客观关系正是标准化的重要的哲学价值关系。标准凝练公认的重复性、共同性等准则，追求普遍性认同规律，是一种哲学范畴。在行为关系上，标准化是收敛与扩散的统一。标准的制定关系是一种收敛的关系，是从诸多行为、诸多技术途径中，提炼共性的、优化的、合理的关系建立标准，是由多方向向单方向集中，建立唯一性的关系。标准建立后，标准化是驱使标准实施行为广泛扩散，使标准在最大范围使用。收敛与扩散的统一关系，是标准建立与实施的统一关系，是标准化行为的对立与统一关系。麦绿波（2012b）进而构建了广义标准和狭义标准的概念；对标准化方法和方法标准化的内涵进行了讨论，研究了它们在标准化范畴拥有的关系和地位，深入讨论了统一化、互换性、通用化、系列化、模块化等标准化形式形成标准化方法的理论关系（麦绿波，2012c）；阐述了功能互换性的概念和特点，创建了功能互换性的命题，解读了功能互换性命题的内涵及其数学模型，探讨了功能互换性的适用范围和作用意义（麦绿波，2012d）；研究叙述了标准分类的属性，对技术标准、管理标准、工作标准进行了详细标准分类（麦绿波，2013）。

（2）标准学科中的术语学方法。顾孟洁（2017）运用术语学的基本原理和方法全方位地思考和探讨了“标准”和“标准化”这两个最基本的概念的历史渊源和现状，以及在逻辑自洽方面所存在的不足，并结合当下我国面临改革开放历史新时期的宝贵契机，提出了实现“标准化概念的跨界飞跃”的设想。

1）“名实当则治，不当则乱”（荀子语）。概念和术语的统一，是建立一门新学科的十分重要的基础工作。概念同术语（或语词），两者既有联系，又有区别。概念离不开语词，概念是反映事物本质属性（即该种事物都具有而别种事物都不具有的特性）的一种思维方式，具有全人类性；而语词是概念借以形成、巩固和交流的形式，具有不同的民族特点。基于概念的内涵与外延存在着反变关系，我们必须在通盘考虑到“标准”及“标准化”的概念内涵与外延相匹配的前提下，再来选择恰当的“概念的指称”即“术语”。通常的办法是对一个大概念（上位概念）进行划分，即对大概念加上适当的限定词以使概念更明确。但这一点常常被忽略，而有时确实也有一定的难度。

2）ISO/IEC 给出的定义。我国高等院校精品课程教材《标准化概论》的各个版次中，对“标准”和“标准化”的定义采取了与我国国家标准的制修订进程保持同步的稳妥做法。仔细推敲 ISO/IEC 的标准和标准化定义，发现它是以科学、技术、产品、服务、贸易等活动为对象的，若就“英语汉译”的角度来看，其定义内容同汉语“标准”这个全称概念并不完全适应——定义和被定义者的外延必须相等是逻辑学的一个基本原则。但在这里，我们倒可以理解在英语世界里，与汉语“标准”相对应的词汇还有“criterion”，那么，ISO/IEC 对“standard”的定义基本上还是合适的。

3）standard 和 criterion 词义辨析。《辞海》和《现代汉语词典》等权威的辞书对“标准”一词的释义是“衡量事物的准则”。我们发现汉语“标准”一词的概念，在英语中有两种主要的表达方式，即“standard”和“criterion”。对“standard”和“criterion”这两个词语进行分析和比较可以发现：“standard”多用于自然科学和工程技术领域，也正是国际标准化机构和中国现行的标准化主管部门所管辖的范围，亦即以往通称的“工业标准化”的领域；而与英语“criterion”相对应的汉语“标准”，则更多的是适用于人文与社会科学的领域，诸如法律与法规标准、人的行为道德标准、艺术审美标准，乃至于体育比赛的评判标准等（在政治和哲学上检验真理的“标准”是“criterion”而非“standard”）。因而相比较而言，“standard”是属于“刚性”和“显性”的要求，往往可以运用科学的手段进行计量检测的。而“criterion”则往往与认识主体或执行者的主观因素相关，因而是有一定的弹性，或者可以说是属于“柔性”或“隐性”的要求。诚然，迄今世界各国在针对“standard”推行的“标准化”（standardization）方面已达成共识，并且已经基本上实现了“互相接轨”。而在人文社会科学领域的制定和实施的“标准”（criterion）方面，则因不同的国家和不同的历史时期而存在发展不平衡的状况，因此不可能实现“标准化”。

4）“个别级标准”概念。就上述“criterion”而言，如一个国家的宪法和法律，从政府部门到法人团体的运行规则和制度，以至于企业高官和员工的薪酬标准，医疗教育单位的职责和收费标准，等等，这方面相应的“规范性文件”，往往是“单一化”而并非“重复性”的，但它必须体现公平、正义，具有科学合理性，并且必须严格地贯彻实施，以获得最佳秩序和促进社会获得最佳的共同效益。就“有章必循、有法必依”来说，即体现着“化”的含义了。

“个别级标准”，在产品、工程等方面同样也客观地存在着。不只是当今信息时代运用“柔性制造系统（FMS）”实现单件定制化的产品需要符合其相应的标准要求，而且这种“单件定制”的方式本身也是一种传统的制造方式。个别级标准的特点是标准制定者预期为其本身的需要，对非重复发生的情况而设计的。强调“个别级标准”的现实性和必要性，这正是从哲理研究的角度对现行标准化理论的一项重要修正和补充。

5）概念和术语的国际协调。概念协调的目的是改善交流，消除或减少这些概念之间的差异。英语“criterion”与“standard”的汉语对应词都是“标准”，但在英语语境中两者的差异未引起标准化领域的专家学者们足够的关注。这同讨论“法律是不是标准”一样令人困惑。作为“衡量事物的准则”这个重要内涵的概念指称“标准”，所表达的是一个全称性的广义概念，它同“standard”并不完全等价，因而像约翰·盖拉德、松浦四郎等著名的标准化专家学者的著作，以及 ISO 的出版物，一般都冠以“工业标准化”这一类的字样，旨在一定程度上保持其逻辑自洽。

（三）标准经济学

1. 微观经济和网络外部性

标准微观经济研究的学术渊源来自于微观经济学理论和网络型产业组织理论。网络外部性被认为是技术标准研究最基本的经济理论。最早提出网络外部性概念的是由 Katz 和 Shapiro（1985）共同提出的，后来被广泛引用。同年，Farrell 和 Saloner 对网络外部性做了直接网络外部性和间接网络外部性的划分。经济学界对兼容性和互操作性技术标准在网络外部性中扮演的角色进行了深入研究。20 世纪 90 年代，David 和 Greenstein 提出了技术标准的竞争模型，Katz 和 Shapiro 从供给的角度提出了有发起人的技术标准竞争模型，Farrell 和 Saloner 从需求的角度研究了无发起人的技术标准竞争模型。网络的外部性体现为网络客户的增加使得网络产品本身价值的增加。网络环境中技术标准竞争的平衡被打破之后，客户的跟风和花车（Bandwagon）效应及企鹅问题形成正反馈——马太效应（Matthew Effect），优势方和弱势方的自我强化（Self-Enforcing）使得竞争趋势最终无法逆转；技术标准产生锁定效应（Lock-in Effect），造成市场失灵等（Lee，Jaehee，et al.，2003）。网络外部性与技术标准竞争的经济学研究是技术标准与产业创新、标准战略、相关政策研究的基础，具有重要的经济学意义和政策含义。

2. 标准的经济效益

以英国贸易和工业部（DTI）、德国标准化学会（DIN）为代表的标准化机构对标准宏观经济贡献率的研究始于20世纪末。发达国家开展这项研究的主要原始驱动力主要来自标准化组织。采用的具体方法基本都是国家标准化组织委托学术界开展研究，然后发布研究报告。研究的方法学主要是建立标准与生产力的关系模型（C-G生产函数），通过统计学方法计算标准对生产力增长的影响以及对国内生产总值（GDP）的贡献。虽然英国的报告《标准的实证经济学》是由英国政府贸工部发布的，但是英国标准协会（BSI）在其中起到了非常大的作用。后来法国、加拿大、新西兰甚至印度尼西亚等国家标准化组织也纷纷加入。ISO于2011年发布报告，提出了适用于中观和微观层面分析标准经济效益的价值链方法，并对全球21家企业进行了案例研究。美国的标准化组织没有相应的研究成果。Blind（2004），Swann（2010）的研究认为，标准已经成为促进经济发展的重要因素，从而提出标准经济学（Economics of Standards）的概念。

（1）K. Blind的研究。德国的K.Blind于2004年发表著作《标准经济学——理论、证据与政策》，详细论述了标准的经济影响、标准的定义、法律含义和制度框架、标准化动因理论假说、行业部门模型的检验、公司层面的实证检验、技术变革和标准化的关系、技术标准对贸易的影响、创新和标准化对宏观经济的影响，等等。

K.Blind的研究表明：

1）标准对技术变迁和创新具有积极的而不是负面的影响。对德国公司的调查表明，现存的标准并不过时，但是有些行业是显得过多了。也有证据表明，与其他阻碍技术创新的壁垒相比，无论是涉及整个产业的正式标准还是私人性质的“事实标准”，都不是技术创新的重大障碍。

2）与行业部门和技术层面的计量分析结果相反，德国公司调查的结果表明标准对研发的影响是矛盾的，甚至在有些行业是负面的。不过大多数公司还从参与标准化工作中受益，因为它们有机会接触到其他公司的成果。从调查的公司的反应中看不出这种益处同参与标准化过程中泄露自己的研发成果的坏处相比孰轻孰重，然而事实说明，不参与标准化工作一般会增加自己的研发成本。自己很少或不进行研发活动的公司更愿意参加标准化工作，以获得其他参与者的研发成果。在欧洲公司的调查中甚至有迹象表明，那些拥有较强专利组合的公司会远离正式的标准化过程。

3）关于标准与对外贸易，无论是根据对外贸易的经济理论，还是基于这一理论的经济计量分析，技术标准对出口的影响是相互矛盾的。但是，这种相互矛盾的影响只是部分为公司调查结果所证实。标准以两种方式对竞争力产生影响：一方面，当适用标准时，它们较高的国际声誉还带来更强的竞争力；另一方面，它们也有益于外国供应商，因为它们使技术参数更为透明。被调查的大多数德国公司都采用了欧洲标准和国际标准，因为它们有利于出口。行业部门的贸易与欧洲及国际标准之间存在着正向联系。大多数被调查的公司认可这种正向效应，比如简化了合约事物，降低了贸易壁垒。

4）关于标准与微观及宏观效益，宏观分析基本证实了以前运用其他方法分析所得到的那些结果，表明标准化的经济效益约为国民生产总值（GNP）的1%。

（2）Swann的研究。G.M.Peter Swann于2010年向英国商务创新和技能部（BIS）提交了研究报告《标准化经济学》，认为标准的经济学研究有四个特殊方面，在过去的十年取得了显著的进展。

第一是标准、经济增长和生产力增长。有一些经济计量学研究建立了宏观经济层面标准化与生产力增长、经济总体增长的关系。英国、德国、法国、加拿大和澳大利亚开展了这些研究。虽然这些研究的估算结果是不同的，但是总体上说，最近这些年标准数量的增长大概是生产力增长的1/8 ~ 1/4。近年的有些文献也（部分地）给出了这种增长和生产力影响的说明。

第二是标准和贸易。很多研究探索了标准化和贸易的关系。关于标准能够消除贸易技术壁垒，最常见的模式是：国家X采用了国际标准，该国的进口和出口都会增加；国家X采用的是国家标准，该国的出口会增加，但是对该国进口的影响是不明确的，如有些案例显示标准促进进口，但是还有案例说明标准阻碍进口。对于与卫生和检疫因素（如食品安全）有关的标准来说，所出现的情况是不同的：这样的标准更有可能阻止进口——特别是从发展中国家的进口。近年的文献（部分地）说明了这些贸易影响。

第三是标准和创新。虽然一般都认为标准会阻碍创新，但是有证据表明这并非正确。对创新企业的调查显示，很多企业认为标准是一种能够帮助创新活动的信息资源。而且，有很多人认为，尽管这种规制也会对创新活动有所限定，但是不会阻碍创新。这种信息和限定往往会同时出现，这意味着最具创新活力的公司非常善于获取信息资源，而且因为规制会“设定边界”，这些公司的创新活动也会遇到规制的“限定”，但是并不会受到“阻碍”。

第四是关于标准“黑箱”。在近些年非常重要的发展是把原来经济和标准的“黑箱”模型给打开了，能够理解其中某些效果的操作机制。为了达到此目的，需要借助于更详细的目的分类以及2000年报告中某些关于标准的内容。通过这些，说明标准能够帮助：①推动规模经济；②劳动的有效分工；③能力建设；④降低准入壁垒；⑤建立网络效应；⑥降低交易成本；⑦增加贸易伙伴之间的信用。

Swann的报告还给出了用流程图显示的标准效益（以及功能障碍）影响模型。这个模型有8个不同的标准化目标：简化、质量和特性、测试、知识编码、兼容性和互操作性、远景、健康和安全、环境。这个模型还给出了这些标准化目标能够影响的8个中间经济变量：规模经济、劳动分工、能力、准入壁垒、网络效应、交易成本、精度、信用和风险。最后给出了这些变量能够影响对政策制定者来说感兴趣的8个最终经济变量：价格、生产力、准入、竞争、创新、贸易、采购、市场失灵。这个模型的建立是基于2000年和2010

年报告对文献的调研结果。

该流程图非常容易理解，但是模型显示出标准经济影响的不同路径。这意味着在“黑箱”经济计量模型中的标准效应能够采用不确定的、依赖于路径和机制的元素来评估；说明进一步对标准的经济效果评估可以抛弃总体宏观经济（“黑箱”）模型，而是改用“黑箱”内部的丰富构造模型。这样，就像该模型所说明的，假定某个标准加强了劳动分工的效果，将会导致增加生产力、创新、采购和贸易。这些最终效果都是互相关联的。该报告还考察了政府不同标准化政策的基本原理，用政策的市场失效原理或系统失效原理与政策措施的关联性进行了评估。报告还讨论了有关标准政策中“良好行为”的例子。“良好行为”是带有很强经济原理的基本政策措施，它注重市场失灵或系统失灵最相关的领域。

（3）ISO 的价值链评价方法。ISO 于 2011 年发布报告，提出了适用于中观和微观层面分析标准经济效益的价值链方法，并对全球 21 家企业进行了案例研究。ISO 的标准经济效益评估方法可以帮助行业和企业确定标准创造的价值，掌握将标准创造的价值最大化的方法。研究表明，对大多数案例而言，标准带来的总体效益占公司年销售额的 0.5% ~ 4%。报告中标准化的经济效益贡献率根据比较对象不同可以分为三个方面：标准化对企业销售收入的影响；标准化对息税前利润（EBIT）的影响；标准化对企业营业额的影响。值得注意的是，这些案例的评价范围是不同的。一些案例的分析范围仅限于一项业务功能（如生产），以及在该项业务功能中所用的标准及其影响；另一些案例则分析了几项业务功能（如研发、采购、生产、市场营销和销售）。显然，凡涉及较多业务功能时，标准的影响就更大。

ISO 的研究成果旨在用同样的方法论来量化企业标准的经济效益，但由于研究对象并不全是价值链的整个过程，大部分选取的是其中的几项业务功能，并不能完全反映标准的经济效益。此外，评价结果设想的是全部转化为对 EBIT 的影响来进行评价，但实际结果中却是 EBIT、销售收入与营业额的混用，由于评价的参考对象不同，也为以后企业之间的横向比较带来了不利（张宏等，2014）。

（4）麦绿波的标准化效益评价研究。麦绿波（2015a，2015b）阐述了标准化效益评价的时机和对象，研究建立了标准化效益回报曲线，归纳和推论了标准化效益评价模型的类别，并分别进行了各类模型优缺点的分析，建立了“宏观统计时间相关的标准化全寿命周期效益评价数学模型”和“宏观统计时间相关的标准化投入全寿命周期回报率评价数学模型”。标准化宏观统计基本评价模型是：以建立标准化状态后的效益 A 与建立标准化状态前的效益 B 之差再减去标准化的总投入 Z（包括标准、人员培训、设备设施增加、设备设施改造、环境改变等投入）。在此基础上，麦绿波通过标准化利益回报曲线找到回报利益上升拐点，从而给出详细的宏观统计时间相关的标准化全寿命周期效益评价数学模型。麦绿波认为，标准化的效益评价可以有多种技术路径评价模型，但是推荐采用宏观统计评价模型和理论预测评价模型。

（四）标准与技术创新

标准对技术创新的作用一直是学术界争论的焦点。欧盟 2008 年发出的《标准化对创新的贡献日益增加》政府公函指出，标准化对创新和竞争力的贡献日益明显，提出利用其创新性的市场来强化欧盟利用其知识经济优势的竞争地位。英国商业、创新和技能管理部门（BIS）2010 年发布了题为《标准经济学》的报告，对标准和技术创新的关系进行了深入细致的分析。Choi，Lee 和 Sung（2011）对 1995 年至 2008 年间科学网（Web of Science）上发表的标准化和创新的相关研究进行了系统分析，发现标准化与创新正在引起越来越多学者的关注，这些研究主要分布在管理、经济、商业、工程管理、计算机和通信等研究领域。Choi，Lee 和 Sung 对 528 篇文献的标题、关键词和摘要进行汇总，并利用摘要信息对这些文献进行聚类，发现这些研究主要分布在三大领域：标准化对创新的功能作用，这一领域的研究文献合计 165 篇；标准化战略和影响，这一领域的研究文献合计 181 篇；不同类别的标准研究，这一领域的研究文献合计 182 篇。

下面给出几个典型的标准与技术创新研究的典型例子。

（1）Knut Blind（2013）以《标准化和标准对创新的影响》为题对标准和创新之间的研究进行了系统总结，提出不同类型标准在创新活动中的作用。他指出：技术变革，更确切地说是伴随技术变革的创新，是经济繁荣的保证。然而，仅仅依赖于我们研究人员和发明家产生大量的新思想是不够的。要使产品创新和流程创新能够产生显著的、积极的经济影响，还必须使之成功地走向市场并得以有效扩散。标准化能够促进技术的扩散。但是，由于新技术、新产品需要与那些用户更为熟悉的现存技术和产品进行竞争，而现有的技术领域往往已经投入了额外的人力资本和物质资本，这使得已有的标准也有可能会成为新技术、新产品的障碍。

（2）Blind K，Mangelsdorf A.（2016）对德国电子工程和机械行业制造企业参与标准开发组织的战略动因进行研究。第一步首先辨析建立战略联盟的一般目的，并与特定的标准化目的相关联；然后进行标准化动机的因子分析，包括特定的公司利益、解决技术问题、知识获取、影响规制以及促进市场准入等。第二步做出战略动机的重要性和公司层面变量的关系验证假设，例如研发强度、创新活动和公司大小等。研究结果揭示出电子工程和机械行业的企业对通过标准化确保工业友好设计（Industry-Friendly Design）的规制有非常强烈的兴趣。研究结果还确认，这两个行业的小企业积极参加标准联盟是为了获取其他利益相关方面的知识。

（3）Ernst D，Lee H，Kwak J.（2014）指出，标准对于工业制造和创新的后来者的经济发展影响现在还知之甚少。标准化主要是被看成技术问题，结果高层政策的支持总是有限的。然而，技术标准对经济增长的贡献至少与专利的贡献是同样的。对于技术知识的传播作用，以及发达国家对于专利许可的主导，技术标准对于后发国家来说是专利许可的一种替代。而且，后发国家及其企业的能力和受到的约束与发达国家及其企业相比是极为不同的。该研究的论证指出，后发国家应该采用更加适用于后来者的强调学习效果和建立动态能力的环境评估准则。他们还讨论了如何理解当前亚洲国家标准化上升的重要问题，考察了标准化中的专利所扮演的关键角色，以及事实工业标准通过“战略专利许可”（Strategic Patenting）获取租金的做法会扼杀后来者的经济发展。

（4）迪特·恩斯特（2012）的研究《自主创新与全球化：中国标准化战略所面临的挑战》从产业创新和复杂性原理出发，特别论述了技术的复杂性和全球企业网络的复杂性，从而导致的标准的复杂性。在此基础上，他把中国标准化体系和美国标准化体系进行了初步对比，而且对于两国的标准化战略提出了自己独到的看法。

关于专利与标准化的关键作用，迪特·恩斯特认为，标准中所包含的技术越来越多地为知识产权所保护。理论上，作为“公共产品”的标准与作为“私有产品”的专利之间可能存在着一条清晰的界限，但实际上两者之间的矛盾却日渐明显。在民间标准制定机构中寻求公平、合理与无歧视的折中方案，对于ICT行业而言是困难重重，因为持有标准中核心技术专利的专利权人具有做出机会主义行为的潜在可能性。运用“战略性专利申请”与事实工业标准相结合进行寻租已经改变了国际标准化体系运行的动力。标准与创新之间的关系远比目前在创新理论中所公认的状况要复杂。从肯定的角度来看，标准无疑可成为创新的一项关键推动力。这并非意味着标准化本身在任何情况下都是有利的。譬如，未能涉及关于气候变化、健康或产品安全等社会问题的标准，则事实上会导致不经济甚至是破坏性的创新。标准还可能在其被用作一种竞争的武器时而限制创新和经济发展。

迪特·恩斯特认为，国际社会应当承认像中国这样的后来者所面对的挑战是非常巨大的，不应将适用于发达经济的标准同样用来评价后来者的行为。考虑到中国显著不同的政治体系和经济制度，要让中国复制美国模式，成为完全市场导向的自愿性标准体系不大现实。中国需要找到自己的制度模式和法律模式，开创一种既可以促进自主创新，又可与全球化和多元化挑战相适应的标准化体系。中国反过来也可以从深深根植于美国的自由化传统、标准化的市场导向模式中学习到其内在优势。

（5）Baron J，MÉnière Y，Pohlmann T.（2014）的研究认为，正式ICT标准的发展对合作创新的形成、联合协商一致决策、研发竞争都是一种挑战。作为这种正式标准制定程序的补充，常常会有部分企业创建特别联盟（Ad Hoc Consortia），以便在公共技术路线图中找到更好位置。该研究探讨这种联盟是否能够通过加强合作而有效缓解研发合作的失灵，进而开发了一个理论模型，显示出不同类型的研发合作失灵可能会发生，这涉及公共品或寻租（Public Goods or Rent Seeking）问题，与企业的天性有促进专有技术的动因有关。通过一组标准数据的实证研究，关于联盟在公共品和寻租体制下对于创新有不同的影响的假设获得了确认。总的来说，当一个企业加入一个联盟之后，研究观察到了创新的增加。然而，很强的寻租体制也会让标准的这种影响极大弱化，甚至走向反面。

（6）Kwak J，Lee H，Chung D B.（2012）针对中国移动通信工业的联盟结构演变以及对国际标准化的影响开展研究，认为中国在电信国际标准化体制里面已经成为非常重要的竞技者，正在努力把自主技术推向国际标准。他们重点研究了中国在开发自己的 3G 和 4G 移动标准 TD-SDCMA 和 TD-LTE 的案例中标准化方法如何演变，探讨关于联盟的组建问题；研究采用网络分析的方法，形象化地揭示了联盟的组建和转型；论证了中国的标准化方法从技术民族主义向技术全球主义的转变。在联盟的组建、发展和维护的过程中，随着时间的推移，与国外企业建立联系的联盟比起仅仅与国内企业建立联系的联盟更加重要，而且增加向国外企业的开放性，以获得他们对于本地标准推向国际标准以及商业化过程中的必要支持和合作。这个研究的贡献在于把网络分析的数量方法和联盟组建的形象化方法用于 3G 和 4G 移动通信行业。

（7）赓金洲（2016）的研究提出了技术标准化和技术创新关系研究的主体，以及主体的功能与角色、主体之间的连接关系，分析了以企业为主要载体的技术标准化与技术创新过程的外部动力、内部动力以及内外动力之间的关系，进而从网络层、价值层和知识层三个层面论述了技术标准化对技术创新水平与技术创新过程的影响，以及技术创新对标准化升级的推动作用。在此基础上，找到技术标准化与技术创新内部动力之间的整合关系和相互作用，并阐述了多主体构成的技术标准化与技术创新过程的网络关系中形成的系统性动力对技术标准化与技术创新共同发生的推动作用，以及技术标准化与技术创新的共同作用对企业产生的影响。赓金洲认为，随着工业经济时代“资本制胜”的竞争法则已经转变为网络经济环境下的“标准制胜”的竞争法则，技术标准化已经成为核心竞争力的主要资源，资本竞争转变为技术竞争致使竞争演变为专利和标准之争。“事实标准”的形成过程也是核心竞争力形成的过程。赵树宽、余海晴、姜红（2012）从理论角度厘清技术标准、技术创新与经济增长的关系，并用计量经济学方法对三者的长期动态关系进行了研究，发现技术标准、技术创新与经济增长之间存在长期动态均衡关系。

（8）程军（2014）从技术标准、专利与技术创新的相关理论出发，重点就技术标准、专利与技术创新的内在联系和联动模式进行阐述，提出技术标准、专利和技术创新之间存在联动关系，这种联动可分为“技术创新—专利技术—技术标准”异步递进联动循环模式、“技术标准—技术创新—专利技术”异步递进联动模式和“技术创新 + 技术标准—专利技术”的创新与标准化同步递进联动模式。舒辉（2013）认为，技术创新模式与技术标准形成之间存在着辩证统一的关系。在分析技术创新驱动力和技术标准形成机制的基础上，以技术创新的驱动力与标准形成机制为参照系，提出了基于技术标准形成机制的四种技术创新模式：“市场竞争型”“技术竞争型”“技术指导型”和“市场指导型”，同时对它们的典型特征、机理分析、关键问题和实施条件进行了探讨。

（五）标准必要专利

学术界对标准必要专利（SEP）的研究可以分为两类，即产业创新和战略理论的研究，以及法学界的研究。因为专利是创新知识的重要载体，而标准必要专利问题大量出现在标准联盟（Standard Consortia）当中，其中还体现出专利持有人的竞争战略，所以标准必要专利成为产业创新和战略理论研究的重点。而法学界对标准必要专利的研究主要关注专利在标准化组织中的披露，“公平、合理和无歧视”（RAND/ FRAND）承诺的实际意义以及在实际当中的不公平、专利劫持、专利陷阱、诉讼当中的救济问题等。下面给出几个学术界的典型研究。

（1）Baron J，Blind K，Pohlmann T.（2016）的研究重点是专利对标准化相关的技术进步速度和走向的影响，特别关注的是标准必要专利。近期文献出现的趋势警告说，专利对后续的复杂技术创新具有负面影响。他们所做研究的实证数据主要来自包括 3500 个 ICT 标准的数据库，突出区分不同的影响。首先，专利的影响与知识产权碎片化程度是相关的。标准必要专利对于标准的连续技术进步有着很强的正向影响。然而，如果专利的拥有碎片化是增加的，那么这个影响就会弱化。其次，专利对标准的连续和非连续技术变更有相反的作用。虽然必要专利的存在对连续的技术进步有促进作用，但是它对非连续标准的替换有着显著的延迟作用。

（2）Baron J，MÉnière Y，Pohlmann T.（2011）的研究主要是针对企业之间的研发竞争和合作进行分析。为此设计的模型找出两种不同的企业诱因，即由于标准的公共品特性而“搭便车”（Free-Riding），以及为获取必要专利许可费而进行的专利竞争。结果可能造成研发过度或不足，无法达到集体最优（Collective Optimum）。该研究的目的是通过减少或增加集体研发投资来看标准联盟是否能解决任何形式的低效率。研究依赖大量 ICT 标准数据来评估标准联盟对标准中相关公司主导的专利数量的影响，通过对标准引起的投资过度或不足所做的整理，结果发现在第一种情况下标准联盟的专利出现冷漠效应（Chilling Effect），而第二种情况下出现膨胀效应（Inflating Effect）。

（3）Baron J，Pohlmann T.（2013）的研究认为，标准联盟越来越成为正式标准组织的补充。在标准联盟组织中企业协调标准相关的研发，简化标准的开发过程。为了说明这些标准联盟的经济功能，研究给出非正式标准联盟的标准实证数据，以及会员和非会员的研发贡献。研究发现，标准联盟相关标准具有知识产权（IPR）归属更加碎片化的特性，而且有很强的技术竞争力；研究还发现，在那些为标准做出贡献的公司中，技术专家不太可能成为联盟的会员。公司更愿意成为某一家联盟的会员是因为这家联盟中的会员所做的研发与自己拥有的专利是替代关系而不是互补关系。对这些发现的一个合理解释是，标准联盟的主要效益是通过排除研发的重复浪费降低标准的开发成本，在正式标准化之前解决利益冲突。

（4）Kesan J P，Hayes C M.（2013）的研究主要关注对 FRAND 承诺讨论的重构，采用的方法是考察对标准制定环境中做出的许可承诺的不同处理对很多参与方获利的影响，并提出一个概念框架建议，把 FRAND 承诺描述成为能够创建专有财产的利益，而不是仅仅把它看成建立合同或影响竞争关系的条件。对于救济方法的讨论，该研究把该理论用来支持适用标准必要专利可能对公众利益产生不利影响的禁令的论点。研究还重点关注 FRAND 承诺不断产生的 5 个问题：

1）FRAND 责任是否向后续的专利代理传递。

2）对于做出 FRAND 承诺之后购买的专利 FRAND 承诺是否依然适用。

3）标准制定组织（SSO）的非成员相对于 SSO 成员来说对于实施 FRAND 承诺方面是否具有相同的地位。

4）如何理解短语“标准必要专利”（Standard Essential Patents，SEP）中的“必要”（Essential）一词。

5）无论是从专利持有人的观点还是从 FRAND 承诺获取利益的观点来说，FRAND 承诺是否应该影响专利诉讼中的救济办法。

不同的分析都要面对这 5 个问题。该研究采取更加实际的研究方法，即依靠所咨询的工业代表的陈述。关于救济的分析改为更加理论化的方法，着重于 Calabresi 和 Melamed 建立的财产和责任规则，以及采用目前法律中附加的专利诉讼禁令。研究发现，当前采用的法律理论不足以支持 FRAND 承诺的转移，现有的《案例法》说明，财产理论能够给出更好的转移工具。这是首次把美国《财产法》和理论用于 FRAND 承诺转移问题。

（5）Contreras J L.（2015a）对标准必要专利的研究指出，专利持有人越来越频繁地做出公开承诺，在某些特定情况下不主张其专利权，或者是在 FRAND 的条件下进行专利许可。这些承诺或“专利质押”（Patent Pledges）一般是在正式的许可协议和其他合同之前，但不过是为了诱导市场的支出，消除因采用公共技术平台而造成专利侵权的恐惧。但是，尽管它们越来越普遍，当前的合同、财产以及用于解释和强制专利质押的《反垄断法》理论都是有缺陷的。因此，Contreras 认为需要有新的理论来确保专利质押能够提供市场整体利益。该研究针对专利质押提出一个新的“市场信用”（Market Reliance）理论。市场信用理论根植于不可反悔原则的公正原则，但是加上一个从属于联邦《证券法》的“市场欺诈”理论借用过来的信用可反驳假定。用这种方法，一个专利持有人故意拒绝他的公开承诺，对于任何在相关市场缺席的参与方来说这个承诺都是强制的。市场信用理论为第三方参与者给出强制实施合理专利质押的有效方法，而且把这种保证还扩展到下游专利的采购者。这样，市场信用理论能够把当前的专利实施现状的临界间隔填补起来，并对依赖于它们的技术市场提供更大的保障。

（6）Contreras J L，Gilbert R J.（2015b）对标准必要专利的研究指出，“合理许可费”（Reasonable Royalty）的专利损害赔偿计算框架经过长期演变，其原始目的已经变成为如今被很多批评者看作是一种潜在误导或天马行空。基于针对标准必要专利对公平、合理和无歧视（RAND）的义务进行的学术和司法分析，Contreras 和 Gilbert 的研究提出一个修改合理专利费计算框架的建议。诉讼案件对 RAND 承诺结果的解释一直沿用对传统的佐治亚太平洋影响因素（Georgia-Pacific Factors）进行修改来评估 RAND 专利费率。他们提出的建议是，合理的费用分析对于所有的专利应该全部采用相同的方法，不管它们是否具有 RAND 承诺的义务。通过对佐治亚太平洋方法出现之前的美国《专利法》发展历史分析，他们发现了对于所提出方案的支持证据。其研究方法重点关注涉嫌侵犯专利的技术和经济特性，以及整体产品供给的增加值。

（7）李嘉（2012）认为，知识经济背景下，具有私权性质的专利进入具有准公共产品性质的技术标准已不可避免，专利标准化现象由此而生。专利标准化使专利权人可能通过专利从上游掌握产业链，标准中的专利权人、实施标准的生产商、消费者之间的利益博弈通过国际贸易平台进一步激发，席卷全球的专利大战，专利技术输出国与专利技术输入国之间的关系紧张，技术后进国家的自我创新要求与 TBT 协定下实施现有国际标准之间的冲突即为明证。平衡标准专利权人、标准实施人及消费之间的利益是解决专利标准化问题的关键，方法是规制专利权人滥用权利，路径是在标准制定阶段及标准实施阶段合理规范专利权人的行为。

（8）王益谊、朱翔华（2014）在其研究中指出，标准具有开放性和公益性，代表着公共利益；而专利具有独占性和排他性，代表着私有权益。标准在采纳新技术的过程中，与以专利为代表的知识产权发生交集，标准制定组织和机构需要合理有效地处理标准制定和实施过程中遇到的专利问题，从而确保标准所代表的公众利益与专利所代表的私有权益之间取得平衡。

（9）孙茂宇等（2015）从 2013 年 12 月 19 日国家标准化管理委员会、国家知识产权局发布的《国家标准涉及专利的管理规定（暂行）》出发，结合国际标准制定组织的专利政策，分析了标准必要专利选取问题、标准涉及专利的信息披露中存在的问题、标准涉及专利的许可中存在的问题以及涉及专利的强制性标准制定中的特殊问题，并对上述问题的法律行为和法律后果进行了阐述。孙睿（2016）关注标准化过程中的专利劫持问题，认为专利劫持不仅会影响标准的适用、打击企业参与标准的积极性，还会使公众的利益遭受损失。一旦受到劫持，企业不应立即支付过高的许可费，而是应当积极寻求法律的保护。充分了解标准化组织的专利政策、积极应诉以及增强自身的研发能力是企业避免被劫持的有效方式。

（六）正式 / 非正式标准化组织研究

对标准化组织的考察涉及管理学、社会学、经济学、社会治理理论等领域，考察对象包括各类传统标准化组织、标准联盟等组织。这类研究主题可分成两个类别：第一类是站在标准化组织（传统标准化组织、标准协会、标准联盟等）的角度，研究标准化组织的性质、标准化机制、标准竞争战略以及标准化治理等；另一类是站在公共治理的角度，研究标准化公共政策，将标准与区域经济发展和国家创新体系等主题联系起来。本报告前面关于技术标准与竞争、技术标准与专利的内容也都涉及标准制定组织（SSO），这里不再赘述。

1. 国外对标准化组织的研究

（1）墨菲和耶茨对 ISO 的考察。非常典型的研究是克雷格 N. 墨菲（Craig N.Murphy）和乔安妮·耶茨（JoAnne Yates）于 2009 年发表的学术著作《国际标准化组织（ISO）：通过自愿性协商一致的国际治理》。他们的研究指出，早期的国家标准化机构就已经放弃了“最好的标准都是由工程师们所建立”的观念，反而让生产商和消费者以及包括政府中大宗采购部门的技术官员和重要的社会团体组织等都参与进来。吸纳所有利益相关方的代表并且用协商一致的方法进行决策的思想确保了标准的合理性，进而保证标准能够被广泛采用；所产出标准的自愿属性还确保了它们并不阻碍创新，让创新者和企业家避免了政府法规的僵化。

ISO 建立了以技术委员会（TC）为基础的自愿性协商一致的标准化机制，在其发展的后期明显地向工业技术标准的领域之外延伸而且取得了很大成功，如质量管理体系标准、环境管理体系标准以及社会责任标准等。墨菲和耶茨论证说，ISO 拥有庞大的国际标准化网络，它不仅仅在传统工业标准化和后来扩展的社会领域标准化中占有优势，它还将成为为国际社会提供公共品（Public Goods）的重要国际组织。在国际层面的政府间组织（如联合国等）无法提供国际治理规则的情况下，ISO 却有能力提供（如社会责任标准）。

墨菲和耶茨对于 ISO 标准化的两个重要特点进行了深入讨论，即协商一致和自愿性。关于什么是协商一致，墨菲和耶茨引述公共管理专家哈兰德·克利夫兰（Harland Cleveland）的论点：“协商一致通常的意思是，在乎（在意）一项具体决策的人提出的议案，得到了不在乎（不在意）该项决策的人的支持”（Cleveland H，2000）。而标准化的自愿性有两个方面：一方面是采用标准的自愿性；另一方面是参加标准化的自愿性。参加 ISO/TC 工作的专家都是来自企业、研究机构等下级服从上级的等级制组织。而到了 TC 里面，人们进入了一种“协商民主”的环境。人们在其中以公开透明的方式讨论问题，以平等的身份进行争论，在必要的时候还要妥协，在投票的时候还可能要接受不利于自己的投票结果。关于委员会制定的标准能够被采用的原因，墨菲和耶茨认为“协调问题”形成的标准导致自愿采用，而当“合作问题”在委员会中形成标准之后就导致参与方有了一种执行标准的社会承诺。另外，法律对标准的引用也是标准得到采用的重要原因之一。

墨菲和耶茨的研究展示出 ISO 能够取得成功的理由包括：

1）ISO 承袭了早期标准化运动“协商民主”的理想，其吸纳所有利益相关方代表并采用协商一致的方法进行决策的思想确保了标准的合理性。

2）“协商一致”是ISO能够赢得工业界和社会普遍支持的核心。ISO的协商一致标准化不但产出了工业界需要的标准，还在“协商民主”的环境中造就了一大批优秀的标准化工作者和领导者。这本身就是协商一致标准化的一种向心力。

3）“自愿性”是委员会标准化能够取胜的重要原则之一，这能够保证所制定的标准真正符合社会需求，而且不会抑制创新。

4）ISO的庞大全球标准化网络是国际标准化的财富。它的运行效率相对很高，只有位于网络中心的总部需要相对较少的经费，大约10万志愿者参加国际标准化的经费都由工业界和整个社会消化了。

5）ISO标准得到应用的驱动力包括市场的力量、标准文化、政府法律的引用、客户需求的拉动等（王平，2014）。

尽管ISO和国际电工委员会（IEC）制定标准的速度相对较慢，造成它们在ICT领域无法与企业联盟（Consortium）的灵活性进行竞争，但是ISO和IEC的稳定性也是它的一种重要优势。它们与企业联盟形成了互补的关系。ISO成功进入了社会学领域，已成为全球贸易服务的技术基础构架的重要提供者，而且有明显的迹象表示出，它也可能在将来成为全球国际治理中“公共品”的重要提供者。

（2）Simcoe对标准制定组织的考察。Simcoe T.（2012）对自愿性标准制定组织（SSO）用协商一致程序制定兼容性标准的研究指出，有参与者认为这种SSO发展越来越政治化，而且无法及时制定需要的标准。Simcoe的研究确立了一个标准委员会的简单模型。模型假设，当妥协很昂贵且新标准造就赢家和输家的时候，个别参与方的寻租行为就会妨碍SSO的委员会标准化。这导致标准制定过程变慢，但是还会产生高质量的标准。该研究采用来自互联网工程任务组（IETF）① 的数据来考察这个假设，发现标准制定委员会中的战略动机。结果显示，如果委员会中有更多来自商业的参与方，则达成协商一致的时间就会长。为了控制忽略的变量，研究的重点是标准相对于非标准追踪（Nonstandards-Track）控制样本来说达成协商一致的时间（Time-to-Consensus）的不同，还要用匹配模型、工具变量和切换模型确保内生选择到特定追踪不会产生偏见。研究结果表明，从1993年到2003年的数据能够看到标准产出的下降，与之相连的是由于互联网快速商业化而产生的矛盾传递。研究结果表明的意义是：第一，如果没有即将商业化的压力，SSO达成协商一致就会很快；但是这并不是完整的答案，更标准的问题是，委员会在什么情况下比起市场来说是一种更好的共享技术治理平台体制，这里强调的是协调滞后意味着采用协商一致方法的高成本。第二，标准制定组织对与各种形式争夺没有约束的背书非常重要。由于共享技术平台持续商业化的重要性，可预见更多关于基础技术兼容标准和个人权力的争论还会出现。第三，该研究显示，寻租是一种协调成本源。虽然标准的建立促进互操作性和创新分工，

① IEFT是一个标准制定组织（SSO），它制定了很多用于互联网运行标准。

但是当它改变行业参与各方中的租金传递时，所建立新部件或接口的过程可能产生竞争。这个洞悉方法可用于兼容标准之外的众多协调问题，例如创建认证项目、产品编码、治理共享自然资源的规则等。然而，该研究强调矛盾传递和讨价还价造成的延迟之间的关系，其他设定边界可能是事后合规、择地诉讼，或者是竞争标准的扩散。

2. 国内对标准化组织的研究

我国对于团体标准化研究与国外的研究有很大不同，涌现了一批基于我国特有的标准化体系、特色产业集群的团体标准研究主题，还包括标准化体系改革问题研究、团体标准案例研究等。

（1）标准化组织管理体制改革。在已发表的期刊文章中，部分学者从标准化管理改革的角度，对联盟标准、团体标准的形成背景及其概念、地位也进行了探讨。如程虹、刘芸（2013）基于“联盟标准”的案例，研究我国现行标准体制存在的问题，建议建立由政府标准和团体标准（包括联盟标准）共同构成的国家标准体系，实现政府标准制定主体与社会标准制定主体的共建、政府标准与团体标准的共治、标准基础性功能与创新性功能的共享。梁秀英、朱春雁（2015）对我国产业联盟标准化工作现状进行了梳理，系统分析了当前产业联盟标准化工作中面临的困难与障碍。康俊生、晏绍庆（2015）研究了国内外社会团体标准发展的概况，分析了社会团体标准的作用、法律定位及发展方式，并提出了社会团体标准管理由政府引导、社会团体主导和技术组织支撑的模式建议。康俊生（2016）从国家、行业、地方三个层面总结了标准化发展的现状，分析了推动团体标准发展的基本原则、主要工作任务和相关保障措施。王益群等（2016）针对目前我国团体标准发展现状，结合中国标准化改革趋势，详细对比国外团体标准在该国标准体制中的积极作用，思考了我国团体标准推广应用模式的建立，同时提出团体标准法律地位、政府职责、资助模式、知识产权等方面的应用建议。

（2）团体标准实证与案例分析研究。针对实证和案例的研究相对丰富，如刘辉等（2013）基于政府视角，对我国联盟标准化治理模式进行了理论与实证方面的研究。根据政府参与联盟标准化的程度不同，将政府的标准化治理模式分为高介入型治理模式和低介入型治理模式。从管理型政府角色定位、服务型政府角色定位、产业政策、行业技术确定性、市场竞争性、产业地位、联盟对行业发展的影响七个方面因素对联盟标准化治理模式的影响进行了实证检验。实证结果表明：管理型政府、产业地位以及联盟对行业影响与高介入型治理模式正相关；服务型政府、行业技术确定性、市场竞争性与低介入型治理模式正相关。张丹云（2013）关注皮革产业的联盟标准的创新实践，通过对浙江省海宁市皮革联盟标准研发和实施的分析，从行业秩序、资源共享、标准形成和产业优化升级四个方面总结了皮革联盟标准对推动皮革区域产业集群发展的作用和意义。商惠敏（2014）主要研究了广东产业集群联盟标准的发展现状、主要做法、存在问题，并提出了若干对策建议。周立军、王美萍（2016）在梳理美国团体标准发展历程及成效的基础上，以美国材料与实验协会（ASTM International）为例，剖析其在组织构建、运作机制、标准制修订程序、资源保障以及标准的市场推广等方面的做法。陈云鹏（2016）等通过对国际图书馆协会与机构联合会（IFLA）标准化工作体系的分析，认为IFLA标准的特点、标准制修订流程、标准版权政策、标准的翻译政策等内容均可作为我国发展团体标准的有益借鉴。

（3）团体标准的功能作用。蔡成军和李国强（2012）分析了中国工程建设标准化协会的案例并指出，协会标准在内容上是“国家标准和行业标准技术内容和要求的延伸和补充”“应大力改革我国现行标准化管理体制，技术法规由政府部门制定，为强制性；技术标准由协会、学会等社会团体制定，为推荐性”。何英蕾、黄怀（2012）构建了一套联盟标准促进产业转型升级效果的评价体系，以某红木家具联盟为例，采用评价体系对其实施联盟标准促进产业转型升级效果做评价。评价结果显示出联盟标准是促进产业转型升级、带动社会经济发展的一个重要手段。蒋俊杰、朱培武（2015）指出，团体标准具有制定速度快、知识产权归属明确、标准推广高效等优势，能够及时响应市场需求、有效解决行业内标准缺失问题。

（4）团体标准的理论与模型。王娟（2015）基于经济学经典的交易费用理论，深入剖析团体标准的形成机制，认为团体标准的产生源于进一步降低了市场运行的交易费用，标准秩序作为弥补自然秩序和法治秩序不足的制度选择，将联盟间确立的规则与秩序以标准的形式展现出来，这就是团体标准的形成原因。同时，与“企业内部化”相似的，“标准内部化”形成的团体标准，是对我国现有标准体系相对封闭的有益补充和完善，是符合我国标准化发展国情的合理选择，为市场的有效运行提供了必要的支撑。归根结底，团体标准形成的主要动因是为了节约交易费用从而使联盟更好地在产业经济背景下发展。

王平和梁正（2016）对我国民间标准化组织的研究中提出了标准化组织三特征，结合莱斯特·萨拉蒙（Lester Salamon）非盈利组织五特征对我国官办标准化协会和标准联盟进行了案例研究，认为我国的标准联盟至少可以分为两类：一类其实就是民间产生的非营利的协会组织；另一类联盟组织属于少数企业的利益集团，相当于美国少数强势企业成立的特殊联盟（Ad Hoc Consortia）。

赵剑男等（2017）通过研究国外社会团体标准发展概况和经验，结合经济学、行为科学与管理学的相关理论，建立包含政府、团体、认证机构、企业、消费者等多个主体的团体标准市场机制的理论模型。该机制运行过程为：

1）在标准制定过程中，由标准制定团体和产业联盟在独立或相互合作的情况下自愿制定团体标准，标准使用者如果想参加标准的制定，以掌握标准制定的话语权，应通过缴纳会费的方式加入标准团体（借鉴美国标准管理方式）。

2）标准制定完成后，标准制定机构应将制定标准交由第三方标准评级机构进行评级，再由该机构根据标准质量、与国际标准相比的先进程度、严格程度依次评定为ABCD 4个等级，其中A级标准由国家保护知识产权，任何使用A级标准的企业，必须向标准制定者付相关费用，而 BCD 等级无须付费。

3）标准使用者为了确定哪些标准是好的，需要向标准评级机构付费以获取标准更新的数据库和相关信息（借鉴美国评级思想）。使用者生产产品通过标准标识制度将标准和产品质量挂钩，如采用 A 级标准则代表该产品水平较高，刺激消费者购买，国家通过标准标识的统一化、全面化和形象化以及推广宣传，以国家为高标准的产品质量进行背书，进一步提高标准对消费者的刺激制度（借鉴日本标准标识制度）。而政府则在该过程中坚持宏观调控，在团体、认证机构、使用者多方面进行监管，以保证市场机制有效的运行。当政府将团体标准上升为国家标准时，应充分考虑国际通行标准内容与机制，保证与国际接轨。我国标准运行与国际环境和对外贸易要求相一致（保证与贸易环境一致）。

（5）团体标准的公共治理。李薇和李天赋（2013）从我国国情出发，关注并讨论了政府在技术标准联盟中的介入方式，分析了政府介入技术标准联盟的必要性，分别从中央政府的直接和间接介入，以及地方政府的直接和间接介入四个方面，依次剖析了政府在技术标准联盟中的功能作用和行为方式。刘辉等（2013）将政府对标准联盟的治理模式分为高干预模式和低干预模式，指出了影响模式选择的因素包括政府的角色定位、产业政策、产业技术确定性、市场竞争、产业的战略地位以及联盟对产业发展的影响。

陆杨先（2016）以 2015 年 3 月国家启动的团体标准改革为背景，简要阐述了国内外团体标准的发展现状和上海积极推动团体标准开放试点的实践，在具体分析了团体标准改革发展进程中面临的潜在问题和原因后，提出了在团体标准发展中引入第三方评价机制的工作建议，包括评价的指标、因子、方法与应用等，旨在通过对团体标准的制定主体、管理运行机制、制定程序、编制质量、实施效果等各类因素开展客观专业的第三方评价。

方放等（2016）认为团体标准自下而上的设定方式、团体标准的自愿性原则、团体标准组织之间缺少战略联系与互动导致了团体标准的分裂性。指出运用私有元治理协调团体标准的必要性，并分析了团体标准私有元治理的内涵、特征与运作方式，然后，通过对国际有机农业运动联盟（IFOAM）的案例研究发现，私有元治理是解决相同问题领域内多重团体标准之间因冲突与竞争产生的分裂问题的有效途径，有助于推动团体标准发展，凝聚标准管制力量。

方放、吴慧霞（2017）根据政府介入团体标准设定活动的阶段，将团体标准设定的公共治理模式分为三类，即“前政府—后市场”“半政府—半市场”和“前市场—后政府”，并在此基础上分析了三种团体标准设定公共治理模式的运行机理，包括各个模式中的政府角色、政府介入方式与适用情况。然后，结合具体的案例研究发现，对于社会组织发展较为成熟的团体标准设定，政府宜采用“前政府—后市场”和“前市场—后政府”公共治理模式，行业竞争激烈的团体标准设定更适合“半市场—半政府”的治理模式。

（七）标准化与管理体系研究与实践进展

标准化技术方法应用于质量管理的巨大成功源自于 1987 年 ISO 9001《质量管理体系》标准的发布，自此，“管理体系方法”的概念已被应用于环境、信息安全、食品安全和职业健康与安全等许多其他领域或组织的业务活动。近年来，随着管理体系标准数量的增多以及应用多个管理体系标准的组织数量的增加，ISO 意识到这些标准需要具备更强的一致性，但也意识到有必要根据这些组织的职能及其目标以及所处的不断变化的业务环境修订这些标准。这使得 ISO 管理体系具备了新的体系结构和通用术语、核心定义的基础。因此，ISO 制定了《ISO/IEC 导则，第 1 部分，ISO 综合补充规定—ISO 的特定程序，2016》（ISO/IEC Directives，Part 1，Consolidted ISO Supplement—Procedures specific to ISO，2016）附录 SL（规范性）《管理体系标准提案》，规定了有关管理体系标准项目合理性论证的过程和准则、管理体系标准起草过程指南以及管理体系高层结构、通用术语和核心定义等内容，要求所有新的管理体系标准项目或修订现行的管理体系标准项目都应遵循该导则。

1. 管理体系的实质

根据《ISO/IEC 导则，第 1 部分，ISO 综合补充规定—ISO 的特定程序，2016》附录 SL，附件 2，3.4 条款中给出的定义，管理体系是指组织建立方针和目标以及实现这些目标的过程的相互关联或相互作用的一组要素。一个管理体系可以针对单一的领域或几个领域，如质量管理、财务管理或环境管理。管理体系要素规定了组织的结构、岗位和职责、策划、运行、方针、惯例、规则、理念、目标，以及实现这些目标的过程。管理体系的范围可能包括整个组织，组织中可被明确识别的职能或可被明确识别的部门，以及跨组织的单一职能或多个职能。

也就是说，管理体系是确保实现方针承诺和业务目标，从而实现组织绩效的一种手段。这些承诺和目标可能依据不同方面如财务、质量和环境、安全和社会重要性而不同。组织有责任确定其方针和目标，但是，与此同时也应该考虑其运营环境以及外部和内部相关方的需求和期望。这可能受限于政府（法律要求）和顾客（与产品和服务相关的要求），但是现在也包括越来越多的利益相关方，这些利益相关方同样也想知悉组织是如何考虑并实现其需求和期望的。所有组织都采用管理体系中的一些形式，否则，他们将无法实现其业务目标或无法实现持续的改进。它们通常是基于所谓的 PDCA 循环。这个循环中的各阶段可以简要描述如下：

（1）策划（P）：根据相关方的要求和组织的方针，建立体系的目标及其过程，确定实现结果所需的资源，并识别和应对风险和机遇。

（2）实施（D）：执行所做的策划。

（3）检查（C）：根据方针、目标、要求和所策划的活动，对过程以及结果进行监视和测量（适用时），并报告结果。

（4）处置（A）：必要时采取措施提高绩效。

针对 ISO 管理体系标准中具体的领域，增加、具体和明确了 PDCA 循环。例如：针对质量管理的 ISO 9001 标准、针对环境管理的 ISO 14001 标准、针对能源管理的 ISO 50001 标准和针对职业健康与安全管理的非 ISO 标准 OHSAS 18001。这些标准为组织提供了如何开展业务同时顾及各具体方面的一套详细规定。除这些标准所依据的良好规范之外，它们还为保证业务流程内部和外部利益相关方的充分管理提供了可能性。在许多情况下，这种保证不仅仅是基于内部审核结果和管理评审的，而且还基于独立的第三方对管理体系的认证。虽然这些管理体系标准彼此不同，但是它们都被视为管理特定风险类别和相关合规性的工具。

2. 管理体系标准的一致性

日益增多的具有不同结构和体系要素的管理体系标准给综合应用多项标准的组织带来了问题。因此，国际标准化组织于 2012 年决定，所有 ISO 管理体系标准都应基于相同的结构和要素以及一些相同的核心要求。这就是管理体系标准所谓的高层结构（High Level Structure），使这些标准一致化和易于整合。高层结构为组织的核心管理体系提供要求，功能类似于计算机的操作系统，它使组织能够满足所有基本功能。标准可以和程序一样是“插入”的，以确保系统可以为特定方面（如质量、环境、职业健康安全、信息安全等）充分运转，并且可以形成一个特定管理学科的体系认证的基础。通用指南也可以是插入式的，如针对风险管理的 ISO 31000 标准和针对合规管理的 ISO 19600 标准。组织可以利用这些指南提高通用管理主题的整个体系，也可以应用行业特定的要求或指南标准（如针对汽车行业的质量管理标准）以及针对体系特定要素的指南标准（如管理体系审核指南）。

3. 管理体系标准能够使得横向和纵向管理一体化

随着高层结构的引入，ISO 实际上指定了适用于所有类型和规模的组织以及管理所有类型风险和合规义务的通用管理体系的要素。高层结构的要素应被视为组织整体管理框架的组成部分，高层结构也为横向和纵向的管理因素一体化提供了更好的选择。

高层结构的条款要求最高管理者确保管理体系的方针和目标与组织的战略意图一致，并且将管理体系要求整合到业务流程中，还可以将横向和纵向的管理因素一体化。

（1）横向管理因素一体化意味着根据组织的环境及发展、相关方的需求和期望对成功的业务运作各关键方面进行评估和处理的综合方法。

（2）纵向管理因素一体化意味着组织的战略与运作之间的联系。在战略层面，组织环境的分析被转化为组织的战略和方针，并作为业务活动的框架。在管理评审的过程中，最高管理者评审运作层面的 PDCA 循环是否有效以及是否有助于组织的成功和实现其战略和方针。从战略到运作：从做正确的事情到正确地做事情。纵向一体化中的人为因素应特别关注高层结构中为最高管理者设置的要求（领导和承诺），明确分配岗位、责任和权限

（组织结构）并确保意识、能力和沟通过程（支持）。从运作层面到战略层面的反馈机制也是十分重要的。此反馈回路由运作绩效评价的结果（特别是内部审核的结果）组成，作为管理评审过程的输入。

4. ISO 管理体系一体化的附加值

高层结构为所有管理体系标准提供了共同的基础，因此也提供了这些管理体系一体化的通用方法。当一个组织将高层结构作为核心管理模式时，它就具有一个基本的管理体系，可逐步扩展至所有领域及部门，以满足具体相关方的需求和期望。高层结构的实施意味着：将通用管理流程融入体系中；在组织所处的环境中，其相关方的需求和期望以及其业务流程的监控之间存在明确的联系；组织的战略和业务水平之间存在明确的联系。这有助于组织对其所有风险和机遇以及合规性、其方针目标以及其业务范围等方面进行综合管理。

三、国内外标准化学科建设发展特点及对比分析

我国这几年标准化学术研究发展迅速，从原来的相对比较落后，到现在有些领域的研究成果已经达到国际水平。我国早期的改革开放，引进国外资本和先进的技术政策让我国的市场成为全球技术标准竞争最重要的主战场之一，进入 21 世纪之后我国的自主创新战略和标准化战略大大促进我国企业的竞争力，形成我国后发技术和标准也加入了全球技术标准竞争的态势。这为我国的学术界开展相关研究提供了广阔天地，形成了我国标准化学术研究相对比较独特的研究、路径和特点，突出体现在标准化的理论研究和标准化教育等方面。

（一）标准化理论研究

1. 国外标准化理论研究的发展特点

（1）国外理论研究发展要点综述。根据本报告前面的论述，当前标准化理论研究已经发展到经济学、产业创新、法学、公共管理、社会学等领域的全面介入，对标准学科知识体系建设、标准的经济效益、标准与技术创新、标准中的必要专利，以及标准和标准化的内涵和外延等开展跨学科研究，集中体现了标准化学术研究的跨学科特性。

（2）标准化的宏观、微观经济效益研究。发达国家开展标准化经济效益研究的主要原始驱动力主要来自标准化组织。采用的具体方法基本都是国家标准化组织委托学术界开展研究，然后发布研究报告。研究的方法学主要是建立标准与生产力的关系模型（C–G 生产函数），通过统计学方法计算标准对生产力增长的影响以及对 GDP 的贡献。开展研究的国家包括英国、德国、法国、加拿大、新西兰、印度尼西亚等国家标准化组织。ISO 于 2011 年发布报告，提出了适用于中观和微观层面分析标准经济效益

的价值链方法，并对全球21家企业进行了案例研究。ISO的价值链方法与其他国家采用的方法和使用范围是非常不同的。美国的标准化组织没有相应的研究成果。Blind（2004）、Swann（2010）的研究认为标准已经成为促进经济发展的重要因素，从而提出标准经济学（Economics of Standards）的概念。

（3）网络外部性与技术标准竞争。经济学界对兼容性和互操作性技术标准在网络外部性中扮演的角色进行了深入研究。网络的外部性体现为网络客户的增加使得网络产品本身价值的增加。网络环境中技术标准竞争的平衡被打破之后，客户的跟风和花车（Band Wagon）效应和企鹅效应形成正反馈——马太效应（Matthew Effect），优势方和弱势方的自我强化（Self-Enforcing）使得竞争趋势最终无法逆转；技术标准产生锁定效应（Lock-in Effect），造成市场失灵等。网络外部性与技术标准竞争的经济学研究是技术标准与产业创新、标准战略、相关政策研究的基础，具有重要的经济学意义和政策含义。

（4）标准必要专利和标准化组织的专利政策。进入21世纪之后，由于ICT产业的发展，标准中出现了必要专利（Essential Patent）。标准化组织纷纷出台针对标准必要专利的“公平、合理和无歧视政策”（RAND/FRAND）。由于专利在产业创新和反垄断政策中都占有非常重要的位置，经济学界和法学界开始对标准必要专利问题，以及有关反垄断问题进行探讨。经济学界认为，标准必要专利在全球产品网络（GPN）和全球创新网络（GIN）中占有重要的位置（Dieter Ernst，2014）。它可以是企业创新的手段，但是也可能由于专利交叉许可（Cross-Licensing）、专利丛林（Patent-Thicket）、专利陷阱（Patent-Trap）所形成的垄断工具，对中小企业和发展中国家的创新产生很大障碍（Carlson S C.，1999；Shapiro C.，2000）。法学界的研究则重点讨论标准必要专利的披露、交叉许可、法律纠纷、专利劫持、专利侵权救济、《反垄断法》等问题，以及相关的案例研究（Sidak J G.，2007；Contreras J L.，2015）。例如，Lundqvist B.（2014）对欧洲《竞争法案》和美国《反托拉斯法》之下的标准化进行了研究，对标准的制定程序和标准必要专利的规制进行了详细的法律分析，涉及竞争者合作产生技术标准的《竞争法》问题，以及使用标准和标准必要专利的争议性反垄断问题；Baron J，Pohlmann T C.（2010）基于在主要正式标准组织（SDO）中申报的64619项必要专利，对联盟和专利池有关的正式标准和专利的协调机制作用进行了调研，考察了非正式标准联盟和专利池对专利向SDO申报时间的影响，首次对正式标准中的必要专利进行了实证研究。

（5）标准化与创新以及技术标准战略。进入21世纪之后，经济学界开始关注中观和宏观层面的产业创新和技术标准战略，并涌现出大量的学术成果。Knut Blind（2013）以及Choi，Lee和Sung（2012）的研究发现，标准化与创新研究的主要领域分布为：标准化和创新的关系、技术和支持的扩散、规制工具、标准和知识产权、标准化影响和竞争战略、标准化和绩效、技术标准和产品标准、质量和管理标准、服务标准等。

（6）对标准化组织的考察。由于标准化的地位逐步提高，管理学、社会学甚至政治学都开始对标准化组织的运行机制、组织形式进行考察研究，包括对国际标准化组织（ISO、IEC 等）、欧洲标准组织如欧洲标准化委员会（CEN）、欧洲电工标准化委员会（CENELEC）、标准联盟、论坛（Standard Consortia/Forums）等进行研究。研究认为：标准化委员会中开展的标准化是一种自治理模式，自愿性的协商一致标准化提供技术共享平台（Timothy Simcoe，2012）；开放透明、协商一致以及标准的自愿性是正式标准化组织能够取胜的关键要素；在全球化的背景下，标准化组织是全球治理的重要组成部分。在国际层面没有权威机构（政府）的情况下，国际标准化组织有能力对于全球市场的规制提供公共品（Murphy C.N.& Yates，2009）；在 ICT 领域，传统协商一致标准化组织（如 ISO、IEC 等）的标准化已经明显地无法满足技术的高速发展和工业需求；各类形式的标准联盟、论坛和企业协议集团（Consortia/ Forums/ Cartel）在产业创新发展中起着非常重要的作用，是传统标准化组织无法替代的（C.N.Murphy & J.Yates，2009），并由此产生了知识圈的现象和标准私有化现象，标准不再是纯粹的公共品（Timothy D.Schoechle，2009）；对欧洲标准化组织（CEN/CENELEC）的研究指出，老化的欧洲电子技术标准化组织需要改革（Henk de Vries，2015），等等。

（7）公共政策、治理和标准体制。公共政策和治理领域对标准化的研究主要体现在经济全球化和 WTO/TBT 的背景下标准化与产业创新的关系，标准必要专利在产业创新网络中地位和作用以及相应的公共政策，以及对市场中的后来者的政策意义（Dieter Ernst，2014）。ISO 的标准化向社会责任、反贿赂等领域的扩展有非常重要的公共治理意义，但是，依靠专家机制的国际民间标准化如 ISO 和依靠政府间合作的国际公共治理领域如国际劳工组织（ILO）之间还缺乏协调机制（Janelle M.Diller，2012）。美欧不同标准体制的根源在于不同的政治和文化渊源（C.N.Murphy & J.Yates，2009；Timothy D.Schoechle，2009），等等。美国完全分散化的、自下而上的标准化治理模式在经济全球化的环境下具有很强的竞争优势，但不一定是最好的选项，由美国国家标准与技术研究院（NIST）协调的智能电网项目已经显示出美国也在探索一种政府与民间合作开展标准化的新型治理模式（Dieter Ernst，2012）。Andrew L.Russell（2014）认为，当今的标准化已经发展到了更加开放的“民间体制”（Private Regimes）时代，即“开放标准”时代。“最为重要的是要有严格的程序确保公众能参与制定标准，宽松的条款让大众都能够使用标准化的技术。”Heejin Lee 和 Jooyoung Kwak 等人对中韩两国的 ICT 标准化做了重点关注和研究，例如对以国家安全为目标的中国无线局域网鉴别与保密基础结构（WAPI）标准和为满足不同利益相关方的韩国无线互联网交互平台（WIPI）标准进行了比较研究（Lee H，Oh S.2008）；以及通过对中韩两国 ICT 产业的 5 个本土技术推动成为国际标准的案例进行考察，对比外国利益相关方和国内的利益相关方的协调关系（Kwak J，Lee H，2011），等等。

（8）标准化基本概念和分类的社会学探讨。社会学对标准和标准化的研究极大丰富了学术界对标准内涵和外延的认识。其特点是：把标准看成一种社会运行的规则，不再局限于标准化组织对标准的定义，也不再局限于市场竞争和经济发展的观点，而是把标准放在整个社会运行的环境下进行考察；讨论的范围不再局限于产业标准，而是扩展到包括医疗卫生、教育、财会、优良动物品种、典范人物等任意领域的标准；探讨标准的可公度性（Commensurability）、对称性（Symmetry）、耦合（Coupling）特性，并且提出社会学的标准分类：奥林匹克标准[①]、过滤标准、区分标准及分级标准（L.Busch，2011）；探讨标准与准则、指令之间的关系，认为标准化是相对于市场、规范化共同体来说同等重要的社会制度安排等（Brunsson & Jacobsson，2000）。

2. 我国的理论研究发展及对比分析

（1）对标准化学科知识体系的探讨。对标准化学科知识体系的探讨是我国学术界相对独特的学术研究。吴学静等（2013）从人类知识体系及现代科学技术体系构成入手，按照系统性、相关性理论和学科体系的构成要求，构建了三层次的标准学知识体系框架，提出标准学知识应由基础知识、通用知识和标准化专门知识组成。李上和刘波林（2013）结合科学、技术和工程三元论，按照全面性、科学性和开放性原则，从本体、历史和关系三个维度，构建了四个层次的标准化学科知识体系框架。沈君、王续琨（2014）归纳总结了技术标准学的六大研究主题，即技术标准的地位和功能、技术标准的一般形成机理、技术标准体系的建立和管理、技术标准化推行进程、技术标准战略的选择和实施、技术标准与知识产权的互动机制。梁正、侯俊军（2012）基于公共管理的基本概念和学科定位从知识体系和学科建设的角度，提出将标准分为技术、经济和社会三个属性。技术属性的标准也具有经济属性，成为市场规范；或者具有社会属性，成为社会协调工具；而经济属性和社会属性交叉的标准则发展成为产业规制。

（2）标准在宏观、中观、微观的经济效益研究。由于我国经济在进入21世纪前后的持续高速发展，开展标准对经济贡献率的研究无论从宏观层面还是从微观层面的来说都有非常重要的意义。虽然我国的标准经济效益研究与国外相比起步相对较晚，但是在宏观、中观、微观三个层面都有深入的研究和很有价值的学术成果。典型的研究包括张宏等（2014a，2014b）和杨峰等（2008）对国内外出现的评价标准化经济效益的几类模型、方法论及其优缺点进行了归纳梳理。张宏等认为，评价标准化经济效益，国家层面和行业层面（宏观和中观）宜采用C-D生产函数法，行业层面宜采用ISO的价值链方法。我国对标准的经济贡献率的实际考察研究既包括宏观、中观，也包括微观三个层面。

1）在宏观层面，赓金洲（2016）利用我国1985年至2007年间的专利数据、国家标准存量和实际GDP值，通过回归分析、格兰杰（Granger）因果关系检验，并以向量自回归（VAR）模型为基础，通过脉冲响应函数和方差分析等方法，对技术标准化、技术创新和经济增长的数量关系进行了相关测度研究；于欣丽（2008）用C-D生产函数法对我国

① 相当于我国的评优标准。

宏观经济的贡献率进行了研究。

2）在中观层面，有梁小珍等（2007）的工程建设标准对我国经济增长影响的实证研究，运用C-D生产函数建模测算研究；郭政等（2013）在服务标准化对经济增长的贡献研究中，建立了一种新的量化模型——复合矩阵方法，对服务标准化的贡献进行了定量测算。

3）在微观层面，中国标准化研究院（2007）运用层次分析法和从管理创新角度测算的两种方法对企业标准化效益分别进行研究；阿扎提·皮尔多斯等（2015）用ISO价值链方法对新疆中亚食品（有限公司）研发中心标准对开展的企业经济效益贡献率进行了深入研究，等等。

（3）国内外标准化体制比较及我国体制改革研究。

1）国内外标准化体制比较研究。从20世纪90年代开始，我国开始出现对美欧发达国家和我国的标准化体制比较研究，以及对我国的标准化体制的改革研究，对于我国的改革实践有非常重要的现实意义。赵朝义和白殿一（2004）对主要市场经济国家的标准化管理体制进行了比较研究，指出行业协会是市场经济中标准化活动的主体，在标准化活动中能起到国家、企业不可替代的作用。廖丽等（2013）的研究显示，美国第三部门［美国国家标准学会（ANSI）等标准化协会组织］是自愿性标准的主导者、制定者和沟通的桥梁；美国政府反而完全退出；在很多技术委员会里政府是利益相关方，和私营部门的代表一起作为“平等伙伴”参与标准化工作；美国私营部门是标准的使用者，他们或是自己形成“事实标准”，或是参与第三部门的标准化活动。黄灿艺（2009）指出，日本政府在标准化体制中扮演着重要的角色，但充分发挥专业团体的作用，确保发布的标准符合行业发展的要求。杨安怀（2005）发现，日本的标准化制度经历了从政府主导向民间和社会团体为主的转型过程。

2）关于我国标准化体制改革。我国加入WTO之后，《标准化法》所确立的体制显示出与市场经济发展的极大不适应。产业界和标准化界出现改革的呼声，学术界也开始了相应的研究工作。

开始的研究主要在与发达国家标准化体制比较研究的基础上，对我国的体制进行剖析。薛学通（2006）认为，我国标准化管理体制与市场经济体制存在冲突，资源配置基础颠倒，标准化资源被行政力量垄断，市场运行机制受到限制；赵朝义和白殿一（2004）的研究认为，完善社会主义市场经济体制必然要求发展行业协会等民间组织。

后来的研究逐渐深入，例如：侯俊军、白杨（2015）基于对我国物联网产业标准供需均衡点的分析，认为我国物联网关键技术标准供给不足，关键技术本身的标准增速低于技术标准需求增速，基础技术发展水平制约了产业标准整体更新；刘三江、刘辉（2015）发现由于改革开放以后经济总量迅速增加，社会对标准的需求呈急剧增加态势，而标准供给由政府主导并受政府能力约束，标准供需缺口继续呈扩大趋势；王平、侯俊军（2017）对我国标准化近代史进行了梳理，用公共治理的观点考察我国的标准化体制。

研究显示出我国政府主导的标准化管理体制是一个“多决策体系”，导致机构裂化、治理碎片化以及治理失灵的问题，建议用“整体治理”思路进行政府体系整合，并对民间标准化放松管制。

3）关于联盟和团体标准化研究。进入21世纪以后，我国的产业创新发展过程中产生了很多活跃的技术标准联盟，2015年国务院在启动修订《标准化法》的同时大力提倡社会团体组织开展标准化。我国学术界对政府提出的政策以及现实中涌现出的很多典型案例给予了极大热情，并开展研究工作。

王平和梁正（2016）基于萨拉蒙（Salamon，1999）非营利组织五特征对我国的标准化协会和联盟进行案例研究，认为我国的联盟标准组织可以分为社团性质的非营利社会组织和企业协议集团；非营利组织制定的标准属性介于公共标准和私有标准之间，企业协议集团制定的标准由于和专利技术的结合可能带有很强的私有性，但是“代表了顶尖企业的最高创新能力”。

于连超和王益谊（2016）探讨和研究了团体标准自我治理的政策引导和法律规制问题，认为团体标准化组织能够较好地实现自我治理，法律对团体标准化活动的规制应持谨慎态度，仅干预边缘化的一些问题才是合适的。

廖丽、程虹、刘芸（2013）的研究指出，我国现有的行业协会大多数是在行政体制内自生的，这些行业协会带有较浓厚的行政色彩。程虹和刘芸（2013）认为，联盟标准是某一产业中的成员在协商一致的基础上所制定的标准，反映了成员的内在利益，适应了行业和技术的变化。方放等（2016）对团体标准分裂性的私有元治理的研究认为，私有元治理是解决相同问题领域内多重团体标准之间因冲突与竞争产生的分裂问题的有效途径。蒋俊杰和朱培武（2015）的研究认为，不同类型产业实施联盟标准可能会带来产品或地域性的垄断。吴太轩、叶明（2010）指出，行业协会通过标准化形成价格卡特尔，限制竞争，从而可能造成垄断。李庆满和杨皎平（2012）结合我国区域经济中的产业集群的发展，以辽宁锦州汽车零部件产业集群为例，探讨联盟的治理构架和性质，提出了中小企业技术标准联盟的治理机制。李大庆和李庆满（2013）对产业集群条件下的中小企业技术标准联盟的信任机制进行了研究。刘辉等（2013）对联盟标准化治理模式进行的实证研究发现，管理型政府、产业地位以及联盟对行业影响与政府高介入型治理模式正相关，服务型政府、行业技术确定性、市场竞争性与政府低介入型治理模式正相关。

4）关于强制性标准和技术法规问题。刘春青（2013）全面梳理了美国、欧洲、日本的技术法规体系并进行了对比研究，结果说明，美国、欧洲、日本的技术法规都是法律体系的一部分，法律体系并没有专门的技术法规类别；不同国家的技术法规的形式和内容不相同，合格评定管理程序不同，与自愿性标准的结合方式不同；美国、欧洲、日本的技术法规与标准及合格评定相结合方面呈现出逐渐趋同的势态。何鹰（2010）的研究指出，我国现行强制性标准作为强制性的技术规范，不属于正式的法律渊源，不能作为法院的审判依据或为法院参照适用；强制性标准须经立法程序转化为技术法规，作为规章确立明确的法律地位。董春华（2015）的研究显示，当产品符合强制性标准仍然致害时，符合强制性标准抗辩成为受害人救济落空的帮凶。安佰生（2017）在 WTO/TBT 和国内规制语境下开展研究，认为 WTO 内所谓技术壁垒实际上是规制壁垒，其核心问题是各国规制差异对贸易的影响；技术壁垒协定抹杀了成员间客观上存在的技术经济差异和政策选择偏好（安佰生，2015）。

（4）关于产业自主创新及标准必要专利研究。自从 ICT 技术迅速发展以来，标准与创新、专利的关系就成为国际学术界研究的重点，我国也不例外。由于我国 ICT 自主技术的发展、政府的干预政策，出现了很多典型案例，为我国学术界在这个领域提供了非常有利的研究空间。

1）自主创新、产业竞争力与技术标准研究。高旭东（2014）对我国自主创新通信标准 3G（TD–SCDMA）、4G（TD–LTE）进行了长期跟踪，研究颇具特色。他采用发现理论见解为目标的科学案例研究方法，以及用国家创新体系的观点进行考察，发现我国本土电信企业面临着严峻的挑战，包括“后来者劣势”问题，但是本土企业找到了“以弱胜强”的措施，在竞争中取得了巨大发展成就；TD–SCDMA 的实施缓慢显示出我国的创新体系存在的问题，突出表现为政府在前期政策的不明确和左右摇摆（高旭东，2015），致使我国消费者得到的 3G 服务比其他国家晚了 7 ~ 8 年的时间，造成了社会福利（Social Welfare）的损失（Gao X，2014）。

詹爱岚和李峰（2011）借助科学的社会学研究理论——行动者网络理论分析我国通信领域如何战略性地推行本土标准，提出标准的技术路线要在性能与兼容性、开放与封闭间找到平衡点；要有适度的政策资源供给；重视联盟的力量，打造囊括各主要利益相关者的支撑性联盟网络。

侯俊军等（2015）采用拓展的迈克尔·波特（Micheal Porter）钻石模型，选取我国十大行业 2000 年至 2011 年间的面板数据，对技术标准与产业国际竞争力的关系及其作用进行了分析，发现行业标准化水平等要素与产业国际竞争力存在显著的正向关系。

詹爱岚、曾耀艳（2012）深入比较日韩两国的通信标准化模式，认为我国（标准后发国）的标准创新应该在战略上推进标准技术的选择、创新与再创新，在战术上实施自主标准政策，努力打造国际型标准商用联盟。

2）标准必要专利研究。我国标准必要专利政策主要参照了国际通用的 RAND/FRAND 规则，但是政策制定主体和发布过程比起其他国家来说有很大区别。其他国家大都是民间的标准化组织发布的政策，而我国是政府（国家标准化管理委员会和国家知识产权局联合）发布的，在发布过程中受到来自发达国家和跨国企业的很大压力。最近几年我国本土企业和跨国公司关于标准必要专利问题出现的司法案例在全球产生了深远影响，学术界给予了极大关注。

于连超和王益谊（2017）通过对我国司法解释文件《关于审理侵犯专利权纠纷案件应用法律若干问题的解释（二）》进行解读，研究了标准化体制变革对标准必要专利的影响、标准必要专利司法政策的历史使命，提出应关注团体标准制定组织自我规制机制，以及关注美国法律对我国的启示。

张平（2013）对我国近年出现的司法案例开展研究，认为标准化组织须考虑制定防止知识产权滥用的机制，政府应当提供维护公平竞争的法制环境，而法院更应做出符合“公平、合理和无歧视”、引导利益各方进行公平竞争的司法判例，最大限度维护技术标准这一公共平台的有效实施。

王先林（2015）对标准与专利问题进行了深入探讨，包括标准、专利及其结合对市场竞争正反两方面的影响，违反专利披露义务和虚假承诺可能引起的反垄断问题，其中涉及损害竞争的可能违反《反垄断法》，以及违反公平、合理、无歧视（RAND）原则可能引起的反垄断问题等。

宋明顺和张华（2012）从标准传播专利的法理性、标准联盟的双重网络效应、标准传播专利的“载波效应”三个维度研究了专利标准化对国际贸易产生的积极效应，提出创建创新型国家，应大幅度提高专利技术在贸易中的份额，发挥标准在转变经济和贸易方式中的重要作用。

（二）标准化教育

1. 国际标准化教育发展现状

（1）国际标准化组织的教育工作。

1）ISO 标准化教育工作。2011 年，ISO 制定了《2011—2015 年战略规划》，明确指出要将标准化内容纳入 ISO 的教育课程，并提出了要加强信息交流、制定教材、召开会议、开展培训、设立奖励机制等具体措施，以达到良好的教育效果，实现 ISO 的战略目标。该战略规划明确了标准化教育的战略地位。

ISO 和全球各大院校开展了标准化合作教育项目。2011 年，ISO 与瑞士日内瓦大学合作开设了为期两年的标准化、社会规范和可持续性发展硕士学历教育课程，其中包括了协调标准、管理体系标准、合格评定、标准的国际政治经济学、风险管理和评估等与标准化密切相关的课程。2012 年，ISO 与印度尼西亚的帝利沙地大学和印度尼西亚国家标准总局（BSN）合作开发标准化硕士课程，与喀麦隆标准与质量局（ANOR）在雅温得科学与信息技术高等学校合作开发硕士课程。

① ISO 标准化“高等教育奖”。2006 年 ISO 专门针对高等院校设立了“高等教育奖”，该奖从 2007 年开始每两年颁发一次。若得奖，ISO 将资助获奖高校代表参加当年的 ISO 大会并给予 1.5 万瑞郎的奖金作为鼓励。该奖曾颁发给中国计量学院（2007 年）、荷兰鹿

特丹大学管理学院（2009 年）和加拿大蒙特利尔高等技术学院（2011 年）。

②国际标准化人才的培训（ISO 秘书周、主席、投票员培训）项目。为了进一步提升发展中国家的标准化能力，进一步发挥中国在国际标准化中的重要作用，ISO 与中国国家标准化管理委员会（SAC）于 2011 年 9 月在印度新德里签订了《国际标准化组织（ISO）支持中国国家标准化管理委员会参与国际标准化活动的方案》合作备忘录［简称 MOU（2012—2015）］。根据双方协商，2016 年双方继续执行 MOU（2012—2015）的培训活动。

2）IEC 标准化教育工作。IEC 于 2012 年邀请英国《经济学人》杂志，共同举办第二届“IEC 挑战”赛事，得到各高等院校、科研机构的积极响应。此外，IEC 还积极牵头，邀请不同高校学者，围绕 IEC 标准的领域特点，结合全球标准化背景，在世界多个高等院校、科研机构、标准化机构等开展标准化专业讲座。与 ISO 类似，IEC 也提供在职培训课程。目前，IEC 提供的培训主要有实地培训和网络同步培训等方式。IEC 还可根据培训人员的需求，提供特制的专门培训课程，更具针对性，内容则不局限于以上方面。IEC 每年都会在日内瓦总部和世界各地举办不同主题和类型的标准化会议，邀请世界各国标准化专业领域的相关人士参加，就新发现与新经验进行成果共享与交流互动，以此来提高领域内标准化从业人员的水平与能力。同时，为了达到资源共享的目的，IEC 同样建立了教学资源信息平台，不断将收集到的各类信息资料整理分类，并上传至官网页面。

3）ITU 标准化教育工作。国际电信联盟（ITU）标准化教育活动的开展与其行业背景和资源特点有着紧密的联系。ITU 主要通过两种方式开展标准化教育，分别是 ITU 学院提供系统化、中短期、有针对性的专门培训课程以及电信标准化部门（ITU–T）组织开展的各类研讨会、论坛等标准化活动。ITU 学院是 ITU 标准化教育的重要途径和场所，通过整合和提供信息通信技术标准化方面的教育和培训，逐步形成一个集成和简化的人才培养模式。通过与众多公共和私立部门建立合作关系，ITU 学院可以及时了解行业内需求，为多方面人才提供合适的培训项目。同时，通过将标准化方面的知识纳入 ITU 的专业领域，参训学员可以在标准化知识架构基础上，同步吸收专业知识，使两个领域的理论与实践内容进一步相互融合。

在标准化研讨培训方面，ITU–T 每年都会在世界各地举办各类与信息通信技术内容相关的标准化讲习班、研讨会、网络研讨会等。通过将足迹遍布世界各地，达到大范围宣传和推广 ITU 标准的目的，同时带动更多国家、地区人员了解、参加 ITU 标准化活动。此外，ITU 的电信发展部门（ITU–D）也设立了学习小组，该学习小组主要通过调查、案例学习等方式，从学员中及时收集、获取相关的信息来制定报告、指南和整理推荐方案，再通过网络、出版等方式将成果反馈给学员，达到为各个成员国、部门成员等提供分享经验、交流创意、交换看法、形成战略共识的机会。总体而言，ITU 的标准化教育主要依托其日常业务的开展而进行，具有时效性、灵活性和针对性。

（2）国外主要标准化学会（协会）标准化教育。

1）IEEE 标准化教育工作。美国电气和电子工程师协会（IEEE）作为国际性的电子技术与信息科学工程师的协会非常重视标准化教育工作，设有专门的标准化教育活动委员会，主要工作目标是增强标准产生的技术，提高经济、环境和社会收益。IEEE 标准化教育活动委员会主要的目标受众包括两类人群：第一类是教育工作者和学生；第二类是专业技术人员。针对不同的对象，该委员会在标准化教育的重点上也有所差异。比如对于教师的标准化教育主要侧重于大学阶段的标准化课程开发，而对于实践领域的人群，主要的培训内容为提供针对具体标准和标准系列的教育项目，使工程师熟悉标准制定流程。IEEE 还建立了标准化教育的门户网站，提供标准化教育方面的全球一站式信息来源，支持本科工程课程以及工程技术项目中涉及标准化教育活动的合作，并且该网站提供包括在线标准学习课程、标准方面的主要词汇、参考指南、标准化教育搜索、全球标准搜索、标准化教育电子杂志等内容。

2）ASTM 标准化教育工作。ASTM 通过开展一系列活动，强化全球学生和教育工作者的标准化意识。ASTM 通过不同方式，积极推动全世界范围内的标准化教育。在线教育方面，ASTM 的网站上专门开辟了 ASTM Campus 专栏，旨在为世界范围内的学生和教育工作者提供有价值的资源和信息。该专栏分为“学生”“教授”“教学产品”“课件”和“帮助”五个板块，使用者可以根据自身需要查询最新资讯，获得关于标准化方面的知识和建议。ASTM 很早就意识到标准在大学教育课程中的作用，多年来在全球范围内一直积极与大专院校合作。例如：大专院校的教授和学生参与标准制定；将标准写入教程及学生毕业设计；通过鼓励大学生入会、设置奖学金、举办讲座、参与研讨会等不同形式，培养工程教育领域的学生和教授对标准重要性的认识，帮助学生和教授更好地理解为何将标准纳入课程，标准是如何适应工程实践的大环境以及哪里需要标准等内容。

3）UL 标准化教育工作。美国保险商实验室（UL）是美国最有权威的、独立、非营利、为公共安全做试验的专业机构，也是世界上从事安全试验和鉴定较大的民间机构。UL 的很多标准化教育工作由 UL 大学来实施。

UL 从 2011 年就开始通过与世界各地大学合作开办课程，在全球范围内提供 1500 多个不同的课程和培训讲习班，以解决世界各地客户的需求。同时，UL 在全球范围内积极开展和扶持标准化教育。UL 自 2016 年开始赞助标准专业人才学会（SES），设立了新的学生奖学金项目，用于支持与鼓励学生在其学术课程中对于标准的应用，旨在增强全社会尤其是青年对于标准的关注度，提升标准的重要性。

（3）主要发达国家标准化教育。

1）日韩：政府主导的标准化终身教育体系。日本政府非常重视标准化人才的培养，受日本国家主导的标准化管理体系的影响，日本政府从基础教育就开始渗透标准化教育的内容。在初 / 中等教育阶段，就为有需求的学校提供一个短期课程。高等教育阶段，开发了基础教材《标准化基础知识》，并在一些专业领域如机械、电子电气、化学等制定了专业教材，这些资料也适用于在职培训和标准化教师自我学习。另外，日本许多高校都开设了标准和标准化相关的专业课程，如日本千叶大学、大阪工业大学、日本一桥大学、关西学院大学、东京工业学院、早稻田大学、金泽工业大学等。这些高校开设的标准化课程，一些采用非学分制，适合那些对标准化感兴趣的学生；另一些采用学分制，如早稻田大学在技术管理专业开设的技术标准战略课程（2 个学分）。同时，日本高校还积极推进在研究生院开设一些标准化课程，每个课程 2 ~ 4 个学分，如在工商管理硕士（MBA）专业商业战略或技术管理课程中开设标准化相关课程，为工程、金融或工商管理专业学生引进知识产权与标准化等相关课程。

韩国的标准化教育已具备了一定的规模，主要由韩国标准协会（KSA）重点推进，在标准化教育活动中扮演了组织、宣传、开发设计课程等多种重要角色。韩国标准化教育的分类教育特色显著，在中学教育阶段，结合从教材中学习标准和从活动中体验标准这两种教学模式来开展标准化教育。在教材方面，初中教材中增加了制造技术标准化内容，高中教材增加了工程技术标准化单元。高等教育阶段，韩国 KSA 启动了大学标准化教育项目（UEPS），它以统一教科书、团队教学、数据库和学生广泛参与为特色，为大学生提供先进的标准化内容培训，并且很多课程由外部的企业界、标准化组织和研究所等专业人士教授。KSA 还无偿向所合作的大学学生发放了名为“未来社会与标准”的课本，该课本由基本标准概念和标准化系统知识构成，其目的是促进社会尤其是大学生对标准及标准化活动重要性的认识，作为标准化领域的人才储备。同时，KSA 还广泛开展专业技术人员的标准化培训。

2）欧盟：成立标准化教育联合工作组。欧盟开展标准化教育的目的主要是增进国际贸易、开拓国际市场、加强国际竞争力、增强商业投资信心、促进创新、为新市场开发制定规则和提高欧洲市场就业率。欧盟通过初级、中级、高等教育和终身教育，营造全社会标准化发展的良好氛围。初级和中级教育的对象是中小学学生，目的是让他们在日常生活中认识标准；高等教育主要针对职业技术学院学生和大学学生，让他们了解标准如何跟学术知识相关联并学习标准为日后的工作和生活做准备；终身教育则是针对高管和员工，希望通过学习让他们认识商业标准的应用和益处，以此来制定标准。

欧盟的几大标准化组织 CEN、CENELEC 和欧洲电信标准化协会（ETSI）共同成立了标准化教育联合工作组（JWG–EaS）。JWG–EaS 为欧洲标准组织及这些组织的成员起草了一份关于标准化教育的方针。该方针确定了标准化教育的目标人群，包括教育机构和学生，企业、工业、政府及公共机构，以及标准制定者。JWG–EaS 还制定了两个标准化教育课程模型，即高等教育课程模型和职业教育与培训模型，包含了以下几个教学模块：标准重要性的认识；标准化基本概念；标准化在相关学科中的运用；标准化对商业活动的影响；开展与标准化相关活动；特定标准的使用和实施等。

3）美国：学会为主体的标准化教育体系。虽然目前美国的标准化教育开展得并不广泛，但对标准化教育却越来越重视。目前，美国有天主教大学、科罗拉多大学波尔分校、匹兹堡大学、普度大学、密歇根大学和耶鲁大学法学院等几所院校在本科教学中开设了标准化课程，有部分学校在硕士阶段设立了技术经营（MOT）专业，并在其中开设与标准化相关的课程。例如，美国加州大学伯克莱分校设立了 MOT 专业，该专业的涉及面较广，目前在工程、科学、技术、政府与公共政策、企业、经济、法律等领域开设标准化相关课程，主要为高科技企业培养能够解决各种问题的管理和技术相结合的复合型人才。但在美国大学里缺少具备相应经验和技能的标准化课程教师，缺少开设标准化课程所需的实验资源。因此，行业学会、协会等团体就成为美国标准化教育的主力军。美国标准化机构积极与大学开展标准化方面的合作，ANSI 于 20 世纪 90 年代中期成立标准化教育委员会，致力于将标准化纳入高等教育。

2. 我国标准化教育及对比分析

（1）专业教育中的标准化教育。我国的标准化专业教育尚处于起步阶段，本科教育领域目前只有中国计量大学设置了标准化工程的专业，其他院校则主要在各自的专业中增加了标准化的培养方向。研究生教育尚未有专业学位，只有培养方向。

（2）继续教育中的标准化教育。目前我国标准化专业人才的职业教育基本上是以各级标准化主管部门、标准化协会、标准化培训机构等单位举办的标准化培训教育为主。在国家层面上，中国标准化协会教育培训部承担着我国国内标准化培训工作，并与中国计量大学合作，开展了“企业标准化师”的职业资格和“标准化技能高端人才”的培训。培训采取集中授课、课程设计和专业论文的形式，从理论和实践的不同层面，构建了标准化从业人员完整的知识体系。在各个省市，主要有省、市质量技术监督部门和标准化协会组织相关的短期论文和培训。

3. 标准化教育的发展和趋势

近年来，我国标准化工作获得了极大的发展，截至 2016 年年底，政府出台了《深化标准化工作改革方案》（国发〔2015〕13 号）、《国家标准化体系建设发展规划（2016—2020 年）》（国办发〔2015〕89 号）等系列文件。另外，全球正兴起“再工业化”浪潮，2015 年 10 月 14 日的国务院常务会议上李克强总理强调：“‘互联网 + 双创 + 中国制造 2025’，彼此结合起来进行工业创新，将会催生一场‘新工业革命’。”但长期以来，我国的国民教育序列没有“标准化”专业，只有在其他专业下设的标准化方向。由于此领域人才培养缺乏科学有序的规划，致使标准化人才数量的缺口很大。除了在数量方面的要求之外，随着标准化工作的推进尤其是国际标准化工作的深入，更是对标准化人才提出了质量方面的要求。因此，在这样的新场景下，政府各职能部门、产业对标准化人才，尤其是高端、国际化人才的需求日益显著。

四、展望与对策建议

（一）标准化理论研究

1. 理论研究

（1）已取得的研究成果。由于经济学、工商管理、公共管理、法学、社会学等不同学术界跨学科研究的进展，标准学科领域的知识体系已经不断完善。

经济学是最早介入标准研究的领域，考察技术标准在市场竞争中的作用和经济学本质，进而考察 ICT 产业中的互操作标准，标准与专利的结合而出现的技术标准竞争，企业的技术标准战略，产业的生态系统与技术标准，宏观经济贡献率和微观经济的效益，GIN 和 GPN 与标准的关系，等等。德国的 Blind 和英国的 Swann 通过实证研究提出了标准经济学（Standard Economics）的概念，认为标准是经济发展的要素之一。

法学界介入标准的研究大约是在进入 21 世纪之后，ICT 产业出现的技术标准和专利相结合的现象涉及很多司法问题。法学界主要考察标准化组织的专利政策（RAND/FRAND），标准必要专利的披露、专利池、交叉许可、反垄断等问题。法学界的研究已经在司法体系建设、司法审判中发挥了重大作用。

公共政策和管理领域重点考察标准的基本性质、标准与创新、标准化治理与国家战略，以及民间标准化的自治理现象等。社会学的介入虽然刚刚开始，但是它对标准的社会学意义、标准分类的探讨，以及对标准化组织运行机制的考察，无论对理论建设还是标准化实践都显示出其重要意义。

（2）理论研究将更加深入。随着标准化在经济和人类社会中的作用越来越重要，标准化学科建设将迎来新的发展阶段。标准理论的跨学科特性将会更加凸显。在经济学、法学、工商管理、公共管理、社会学等各个学科将全面介入的基础上，在深度和广度方面向纵深发展。如果说原来学术界对标准化的探索大部分是在分散的知识点，那么新的发展将面临着由点到面的系统化转型的新局面。经济学对标准的研究已经取得丰硕成果，但是经济学界的研究热情仍不减弱。公共管理、法学界等领域虽然介入的相对较晚，但研究成果表现出了快速增长的势头。社会学的研究虽然刚刚起步，但是对标准内涵和外延的研究已经显示出其重要性。

随着我国标准化体制改革速度的加快，政府在自愿性标准化领域逐渐放权以及民间标准化组织的孕育发展，也将为各个学科的研究提供更加宽广的空间。例如，随着标准化体制改革进程不断推进，经济学、公共管理在考察体制问题的时候将会遇到更多的由于体制转型而出现的国家创新体系、标准战略选择和民间组织治理等问题。又如，我国法学界对标准必要专利司法政策的研究也是以现行标准化制度为基础的，司法政策随着体制改革也将会面对新的重大实践命题，特别是表达市场自治的团体标准和代表政府意志的强制性标准涉及专利问题（于连超，2017）等。

（3）跨学科混合式研究的趋势。ITC 产业发展产生的很多现象出现的标准问题研究往往不是单独一门学科所能胜任的，往往既有经济学问题，也有法学问题，或者有关公共管理和社会学问题。标准的跨学科混合研究是今后发展必然的趋势。例如，经济学、社会学、公共管理都在探讨标准的学术意义，都试图回答什么是标准、标准如何分类等，但是所观察的视角不同；又如，目前经济学和法学在分别研究标准必要专利所产生的垄断现象，经济学的研究往往借用法学的研究结果，法学的研究也会借用经济学的研究结果。所有这种迹象表明，经济学和法学对标准的研究已经是一种混合式的，尽管这种混合还是很初步的，进一步的发展趋势可能还会有更加深入的混合式研究，例如团队的混合、研究方法的混合等。可以预料，这种混合式的研究所产生的结果将会具有非常重要的学术意义和社会指导意义。

2. 推动理论研究的对策建议

（1）国家科技项目对学术研究的支持。在 21 世纪初加入 WTO 的时候，科技部就开始推动实施包括标准化战略的三大国家战略（人才、标准、专利），在科技项目中向标准倾斜，为加速科技创新发挥了非常重要的作用。但是以往的科技项目往往偏重于技术和工程有关的标准化，局限于支持科技项目产出具体标准，或支持我国的自主技术标准走向国际等，对标准化理论研究的支持相对欠缺。建议今后的科技项目增加支持标准化理论研究的内容，用国家的资金调动学术界的积极性，不仅仅要支持标准化界的研究课题，还要特别支持各大学、科研机构的各学科领域开展的各种与标准有关的研究工作，注重布局经济学、法学、公共管理、社会学等其他学科对标准化的研究，真正促进我国标准化理论研究的发展。

（2）标准化界和学术界共同开展研究。标准化的跨学科特性决定了对标准化的理论研究一定是体现为多学科领域的分别或协同研究。建议标准化界的研究机构与相关的大学、研究机构共同开展项目设计，特别是对于我国的研究空白（如社会学）或起步时间相对比较晚的领域（公共管理等）应该给予重点关注和倾斜。对于具体的项目设计应该优先考虑我国重点产业的技术标准问题，技术标准与产业创新、专利以及国家宏观政策问题，第三部门的自治理，体制改革的关键问题等，同时还要支持不同学科对标准化的基础研究，包括对标准的内涵和外延以及标准化运行机制等探索研究。政府的科技政策应该鼓励学术界跨界或混合研究，特别是对具体技术 / 产业领域（如新能源、纳米技术等），要改变以往仅仅是技术领域或标准化界的专家开展研究，研究范围局限于技术体系和标准体系。只有经济学、公共管理、社会学等学科的广泛介入才能真正推动标准化学科建设。

（3）加快标准化知识体系建设研究。由于各个学术领域对技术标准的研究不断深入发展，标准化学科建设已经到了开始搭建标准化知识体系的时候。虽然前面已经有学者试图开展这项工作，但是由于以往的学科成熟度不够，所搭建的体系是不无完全的，主要偏重于工程技术领域。建议标准化的学科研究从现在开始应该把知识体系建设放在重要位置，梳理不同学科对标准化的现有研究内容、方法学、研究成果，探讨不同学科开展研究的方法和成果之间的关系，搭建学科体系构架。通过这样的研究，也许可以找到能够全面统领标准化学科的方法学和理论关键。

（4）扩大国际交流，取长补短。如前所述，我国学术界的标准化研究在有些领域已经达到了很高水平，但是有的领域现在还相对滞后（如标准化的第三部门自治理研究等），有的研究领域还是空白（如社会学领域）。建议学术界要扩大国际交流，鼓励我国的学者在某些我国研究相对滞后的领域向国际顶尖的机构和学者学习，学习他们的研究方法学和学术理念，弥补我们的不足，同时也向国际展示我国在标准化与创新、产业政策、标准化体制改革等方面独特的研究成果。

（二）标准化教育

1. 取得的成果

我国的标准化教育虽然已经取得了一定成果，但是进展仍并不太理想，目前只有中国计量大学设置了标准化工程专业，其他院校则主要在各自的专业中增加标准化的培养方向。我国标准化专业人才的职业教育基本上是以各级标准化主管部门、标准化协会、标准化培训机构等单位举办的标准化培训教育为主。

2. 发展趋势和展望

2015 年 12 月 17 日，国务院办公厅印发《国家标准化体系建设发展规划（2016—2020 年）》（国办发〔2015〕89 号）的通知。通知指出：“加强标准化人才培养，推进标准化学科建设，支持更多高校、研究机构开设标准化课程和开展学历教育，设立标准化专业学位，推动标准化普及教育。加大国际标准化高端人才队伍建设力度，加强标准化专业人才、管理人才培养和企业标准化人员培训，满足不同层次、不同领域的标准化人才需求。”

我国实施产业发展与转型战略以及制造 2025 战略，面临标准化人才需求以及技术工人标准化职业教育需求增加的趋势，我国现有的学校标准化教育和社会标准化职业人才培训将面临很大压力。

3. 对策建议

我国可以借鉴日本和韩国的经验，由政府推动标准化知识的初中和高中教育。建议标准化主管部门和教育部门合作，先在中学建立小范围试点项目，编写教材，然后逐步推广。大学阶段首先应该注重本科的标准化教育，特别是工科的技术标准教育，鼓励在各类工科专业中增加重要技术标准的教学内容，包括标准在工程实践中的应用、标准与产品质量的关系等。标准化本科学历教育要在仅有个别学校已经开展标准化本科学历教育的基础上逐步扩大。标准化主管部门应该与教育部门积极配合，大力协作，一方面推动在我国各大学本科教育的标准化学科专业设置，另一方面要推动开展教材编写、师资培养等方面的工作。

成人的标准化职业教育和培训要充分发挥我国现有各级标准化管理部门、国家和省市标准化研究院（所）、各级标准化协会的资源优势，提高向社会提供在职的标准化教育和培训课程的能力；也可以与大学的标准化教育相结合，共同开展标准化成人教育和培训。培训对象可以是专业标准化组织的工作人员，也可以是企业的专业技术人员和标准化人员；要根据不同培训对象的具体需求设置不同的标准化培训课程。

参考文献

[1] Verman, Lal C. Standardization: A New Discipline [M]. The Shoe String Press, Inc., 1973.

[2] 钱学森. 标准和标准学研究 [J]. 标准生活，2009（10）：7.

[3] 吴学静，白殿一，逄征虎. 标准学知识体系框架初探 [J]. 中国标准化，2013（12）：58–61.

[4] 李上，刘波林. 标准化学科知识体系构建研究 [J]. 中国标准化，2013（8）：42–46.

[5] 沈君，王续琨. 从技术标准研究走向技术标准学 [J]. 科技进步与对策，2014（2）：5–10.

[6] 梁正，侯俊军. 标准化与公共管理：关于建立标准化知识体系的思考 [J]. 中国标准化，2012（1）：59–63.

[7] 王平. 尼尔斯·布兰森的标准观——用社会学的方法看标准化 [J]. 中国标准化，2014（10）：64–68，74.

[8] Busch Lawrence. Standards: Recipes for Reality [M]. The MIT Press, 2011.

[9] Blind, K. The Economics of Standards: Theory, Evidence, Policy [M]. Edward Elgar Publishing Limited, 2004.

[10] Blind, K. The Impact of Standardization and Standards on Innovation [C/OL]. Manchester Institute of Innovation Research, Nesta Working Paper 13/15, November 2013. http://www. innovation-policy. org. uk/share/14_The%20 Impact%20of%20Standardization%20and%20Standards%20on%20Innovation. pdf.

[11] Tassey G. Standardization in technology-based markets [J]. Research policy, 2000, 29（4）: 587–602.

[12] 李春田. 新时期标准化十讲：重新认识标准化的作用 [M]. 北京：中国标准出版社，2003.

[13] 李春田. 系统科学与标准化的交汇点——试论综合标准化的科学价值 [J]. 标准科学，2009（3）：4–12.

[14] 麦绿波. 标准化的多维度认识 [J]. 标准科学，2012 a（3）：6–11.

[15] 麦绿波. 广义标准概念的构建 [J]. 中国标准化，2012 b（4）：57–62，66.

[16] 麦绿波. 标准化方法和方法标准化 [J]. 中国标准化，2012 c（3）：69–74.

[17] 麦绿波. 标准化学科功能互换性定律的创建 [J]. 中国标准化，2012 d（2）：33–39.

[18] 麦绿波. 标准的分类及其关系（上）[J]. 标准科学，2013（5）：34–38.

[19] 顾孟洁. 语境与现实——对基本术语“标准”“标准化”核心概念的若干思考 [J]. 中国科技术语，2017，19（2）：5–10.

[20] Katz, Michael L., Shapiro, Carl. Network Externalities, Competition, and Compatibility [J]. The American Economic Review, 1985, 75（3）: 424–440.

[21] Farrell J, Saloner G. Standardization, compatibility, and innovation [J]. The RAND Journal of Economics, 1985, 70–83.

[22] David P A, Greenstein S. The economics of compatibility standards: An introduction to recent research [J]. Economics of innovation and new technology, 1990, 1（1–2）: 3–41.

[23] Katz M L, Shapiro C. Systems competition and network effects [J]. The journal of economic perspectives, 1994,

8（2）：93–115.

［24］ Farrell J, Saloner G. Converters, compatibility, and the control of interfaces［J］. The journal of industrial economics, 1992：9–35.

［25］ Lee, Jaehee, et al. "Standard setting, compatibility externalities and R&D"［EB /OL］.（2003）. http://www.gtcenter. org/Archive/Conf04/Downloads/Conf/Lee. pdf.

［26］ Department of Trade and Industry（DTI）, The Empirical Economics of Standards［J/OL］. DTI ECONOMICS PAPER, 2005, NO. 12. http://immagic. com/eLibrary/ARCHIVES/GENERAL/UK_DTI/T050602D. pdf.

［27］ ISO Central Secretariat. Economic benefits of standards：International case studies［M］. Geneva：ISO, 2011.

［28］ Blind, Knut. The Economics of Standards：Theory, Evidence, Policy［M］. Edward Elgar Publishing Limited, 2004.

［29］ Swann, Peter.The Economics of Standardization：Report for the UK Department of Business, Innovation and Skills（BIS）, Complete Draft Version 2.2［R/OL］. Innovative Economics Limited, 2010. https://www.gov.uk/government/uploads/system/uploads/attachment_data/file/461419/The_Economics_of_Standardization_-_an_update_. pdf.

［30］ Blind, K. The Economics of Standards：Theory, Evidence, Policy［M］. Edward Elgar Publishing Limited, 2004.

［31］ Swann, G. M. Peter. The Economics of Standardization: An Update—Report for the UK Department of Business, Innovation and Skills（BIS）［R/OL］. Innovative Economics Limited, 2010. https://www.gov.uk/government/uploads/system/uploads/attachment_data/file/461419/The_Economics_of_Standardization_-_an_update_. pdf.

［32］ ISO 中央秘书处. 标准的经济效益：全球案例研究［M］. 北京：中国标准出版社，2012.

［33］ 张宏，乔柱，孙锋娇. 标准化对经济效益贡献率的对比分析［J］. 标准科学，2014（6）：16–20.

［34］ 麦绿波. 标准化效益评价模型的创建（上）［J］. 中国标准化，2015a（11）：72–77.

［35］ 麦绿波. 标准化效益评价模型的创建（下）［J］. 中国标准化，2015b（12）：80–85.

［36］ Commission of the European Communities. Towards an increased contribution from standardisation to innovation in Europe［R］. 2008.

［37］ Swann P. The economics of standardization：An update［R］. Report for the UK Department of Business, Innovation and Skills（BIS）, 2010.

［38］ Choi D G, Lee H, Sung T. Research profiling for 'standardization and innovation'［J］. Scientometrics, 2011, 88（1）：259–278.

［39］ Blind K. The Impact of Standardization and Standards on Innovation.［R］. National Endowment for Science, 2013.

［40］ Blind K, Mangelsdorf A. Motives to standardize：empirical evidence from Germany［J］. Technovation, 2016, 48：13–24.

［41］ Ernst D, Lee H, Kwak J. Standards, innovation, and latecomer economic development：Conceptual issues and policy challenges［J］. Telecommunications Policy, 2014, 38（10）：853–862.

［42］ 迪特·恩斯特. 自主创新与全球化：中国标准化战略所面临的挑战［M］. 北京：对外经济贸易大学出版社，2012.

［43］ Baron J, MÉnière Y, Pohlmann T. Standards, consortia, and innovation［J］. International Journal of Industrial Organization, 2014（36）：22–35.

［44］ Kwak J, Lee H, Chung D B. The evolution of alliance structure in China's mobile telecommunication industry and implications for international standardization［J］. Telecommunications Policy, 2012, 36（10）：966–976.

［45］ 赓金洲. 技术标准化与技术创新、经济增长的互动机理及测度研究［M］. 北京：经济管理出版社，2016.

［46］ 赵树宽，余海晴，姜红. 技术标准、技术创新与经济增长关系研究——理论模型及实证分析［J］. 科学学研究，2012（9）：1333–1341，1420.

［47］ 程军，王彬彬，梁静，等. 标准、专利、技术创新的联动模式及实证分析［J］. 中国标准导报，2014（11）：29–32.

［48］ 舒辉. 基于标准形成机制的技术创新模式分析［J］. 当代财经，2013（9）：72–79.

[49] Baron J, Pohlmann T, Blind K. Essential patents and standard dynamics [J]. Research Policy, 2016, 45 (9): 1762–1773.

[50] Baron J, MÉnière Y, Pohlmann T. R&D coordination in standard setting organizations: The role of consortia [C] // Standardization and Innovation in Information Technology (SIIT), 2011 7th International Conference on. IEEE, 2011: 1–16.

[51] Baron J, Pohlmann T. Who Cooperates in Standards Consortia—Rivals or Complementors ?[J]. Journal of Competition Law and Economics, 2013, 9 (4): 905–929.

[52] Kesan J P, Hayes C M. FRAND's Forever: Standards, Patent Transfers, and Licensing Commitments [J]. 2013.

[53] Contreras J L. A market reliance theory for FRAND commitments and other patent pledges [J]. Utah L. Rev., 2015a: 479.

[54] Contreras J L, Gilbert R J. Unified Framework for RAND and Other Reasonable Royalties [J]. Berkeley Tech. LJ, 2015b, 30: 1451.

[55] 李嘉．国际贸易中的专利标准化问题及其法律规制 [D]．上海：华东政法大学，2012.

[56] 王益谊，朱翔华．标准涉及专利的处置规则 [M]．北京：中国质检出版社，2014.

[57] 孙茂宇．标准涉及专利问题研究 [A]．专利法研究（2013）[C]．2015：11.

[58] 孙睿．高新企业应对标准化中的专利劫持问题研究 [J]．中国高新技术企业，2016（10）：1–3.

[59] Murphy, C. N., and J. Yates. The International Standardization Organization (ISO): Global governance through voluntary consensus [M]. Oxon: Routledge, 2009.

[60] 王平．ISO 全球标准化网络中的自愿性与协商一致——墨菲与耶茨对 ISO 标准化与全球化的探讨 [J]．中国标准化，2015（8）：53–60.

[61] Simcoe T. Standard setting committees: Consensus governance for shared technology platforms [J]. The American Economic Review, 2012, 102 (1): 305–336.

[62] 程虹，刘芸．利益一致性的标准理论框架与体制创新——“联盟标准”的案例研究 [J]．宏观质量研究，2013（2）：92–106.

[63] 梁秀英，朱春雁．我国产业联盟标准化发展的障碍分析与研究建议 [J]．标准科学，2015（4）：16–19.

[64] 康俊生，晏绍庆．对社会团体标准发展的分析与思考 [J]．标准科学，2015（3）：6–9.

[65] 康俊生．我国团体标准发展路径和措施分析 [J]．大众标准化，2016（4）：64–67.

[66] 王益群．团体标准推广应用模式研究与实践 [C] // 中国标准化协会．标准化助力供给侧结构性改革与创新——第十三届中国标准化论坛论文集．2016：7.

[67] 刘辉，白殿一，刘瑾．我国联盟标准化治理模式的理论与实证研究——基于政府的视角 [J]．工业技术经济，2013（9）：17–25.

[68] 张丹云．皮革产业联盟标准的创新和实践——基于“海宁市皮革产业联盟标准”的分析研究 [J]．中国皮革，2013（11）：42–44.

[69] 商惠敏．广东产业集群联盟标准的发展现状与对策研究 [J]．广东科技，2014（14）：3–4，18.

[70] 周立军，王美萍．国外团体标准发展经验研究——以 ASTM 国际标准组织为例 [J]．标准科学，2016，（10）：106–110，120.

[71] 陈云鹏，吕安然，刘亚中，等．IFLA 标准化工作的特点及对我国发展团体标准的启示 [J]．标准科学，2016（3）：89–91.

[72] 蔡成军，李国强．大力发展工程建设协会标准，积极推进建设事业技术进步和提高行业技术发展水平 [C] // 2012 中国产业技术联盟标准论坛．2012.

[73] 何英蕾，黄怀．联盟标准促进产业转型升级效果评价的研究 [J]．标准科学，2012（10）：35–38.

[74] 蒋俊杰，朱培武．国内有关联盟标准和团体标准的研究现状综述 [J]．中国标准导报，2015（11）：45–48.

[75] 王娟．基于交易费用理论的团体标准形成机制研究 [J]．标准科学，2015（7）：28–32.

[76] 王平，梁正．我国非营利标准化组织发展现状——基于组织特征的案例研究［J］．中国标准化，2016（11）：100–110.

[77] 赵剑男，张勇，周立军．我国团体标准市场机制理论模型研究［J］．标准科学，2017（2）：21–27.

[78] 李薇，李天赋．国内技术标准联盟组织模式研究——从政府介入视角［J］．科技进步与对策，2013（8）：25，31.

[79] 刘辉，白殿一，刘瑾．我国联盟标准化治理模式的理论与实证研究——基于政府的视角［J］．工业技术经济，2013（9）：17–25.

[80] 陆杨先．构建团体标准第三方评价机制的思考和建议［J］．质量与标准化，2016（4）：48–51.

[81] 方放，刘灿，吴慧霞，等．团体标准分裂性的私有元治理机理研究［J］．标准科学，2017（2）：17–20，27.

[82] 方放，吴慧霞．团体标准设定的公共治理模式研究［J］．中国软科学，2017（2）：66–75.

[83] Carlson S C．Patent pools and the antitrust dilemma［J］．Yale J．on Reg．, 1999, 16：359.

[84] Shapiro C．Navigating the patent thicket：Cross licenses, patent pools, and standard setting［J］．Innovation policy and the economy, 2000, 1：119–150.

[85] Sidak J G．Holdup, royalty stacking, and the presumption of injunctive relief for patent infringement：A reply to Lemley and Shapiro［J］．Minn．L．Rev．, 2007, 92：714.

[86] Contreras J L．A Brief History of FRAND：Analyzing Current Debates in Standard Setting and Antitrust Through a Historical Lens［J］．2015.

[87] Lundqvist B．Standardization under EU competition rules and US antitrust laws：The rise and limits of self–regulation［M］．Edward Elgar Publishing, 2014.

[88] Baron J, Pohlmann T C．Essential Patents and Coordination Mechanisms：The Effects of Patent Pools and Industry Consortia on the Interplay between Patents and Technological Standards［J］．2010.

[89] Blind K．The Impact of Standardization and Standards on innovation, Compendium of Evidence on the Effectiveness of innovation Policy Intervention［R/OL］．Manchester Institute of Innovation Research, Manchester, UK．2013, 20．See http://www．innovation–policy．org．uk/share/14_The%20Impact%20of%20Standardization%20and%20Standards%20on%20Innovation．pdf.

[90] Choi D G, Lee H, Sung T．Research profiling for ‘standardization and innovation’［J］．Scientometrics, 2011, 88（1）：259–278.

[91] Simcoe, Timothy．Standard Setting Committees：Consensus Governance for Shared Technology Platforms［J］．American Economic Review, 2012, 102（1）：305–336.

[92] Murphy, Craig N．& Joanne Yates．International Standardization Organization（ISO）：Global Governance through Voluntary Consensus［M］．London: Routledge Press, 2009.

[93] Schoechle, Timothy D．Standardization and Digital Enclosure：The Privatization of Standards, and Policy in the Age of Global Information Technology［M］．IGI Global, 2009.

[94] Vries, Henk de．Governance of electrotechnical standardization in Europe［D］．Rotterdam School of Management, 2015.

[95] Ernst, Dieter, et al．Standards, innovation, and latecomer economic development：Conceptual issues and policy challenges［J］．Telecommunications Policy, 2014, 38：853–862.

[96] Diller, Janelle M．Private Standardization in Public International Lawmaking［J］．Michigan Journal of International Law, 2012（33）：481–536.

[97] Ernst, Dieter．America’s Voluntary Standards System—A “Best Practice” Model for Innovation Policy［C］//East West Center, Working Papers, Economics Series．2012, No.128.

[98] Russell, A．, Open Standards and the Digital Age：History, Ideology, and Networks［M］．Cambridge University Press, 2014.

[99] Lee H, Oh S. The political economy of standards setting by newcomers: China's WAPI and South Korea's WIPI [J]. Telecommunications Policy, 2008, 32 (9): 662–671.

[100] Kwak J, Lee H, Fomin V V. Government coordination of conflicting interests in standardisation: case studies of indigenous ICT standards in China and South Korea [J]. Technology Analysis & Strategic Management, 2011, 23 (7): 789–806.

[101] Busch L. Standards Recipes for Reality [M]. The MIT Press, 2011.

[102] Brunsson N. , B. Jacobsson. A World of Standards [M]. Oxford University Press Inc., 2000.

[103] 吴学静，白殿一，逄征虎. 标准学知识体系框架初探 [J]. 中国标准化，2013 (12)：58–61.

[104] 李上，刘波林. 高等院校标准化学科与专业建设的思考 [J]. 中国标准化，2013 (8)：36–41.

[105] 沈君，王续琨. 从技术标准研究走向技术标准学 [J]. 科技进步与对策，2014，31 (2)：5–10.

[106] 梁正，侯俊军. 标准化与公共管理：关于建立标准化知识体系的思考 [J]. 中国标准化，2012 (1)：59–63.

[107] 张宏，乔柱，孙锋娇. 工程建设标准化经济效益评价方法的对比研究 [J]. 标准科学，2014a (7)：23–27.

[108] 张宏，乔柱，孙锋娇. 标准化对经济效益贡献率的对比分析 [J]. 标准科学，2014b (6)：16–20.

[109] 杨锋，王益谊，王金玉. 标准化的经济效益研究综述 [J]. 世界标准化与质量管理，2008 (12)：25–29.

[110] 赓金洲. 技术标准化与技术创新、经济增长的互动机理及测度研究 [M]. 北京：经济管理出版社，2016.

[111] 于欣丽. 标准化与经济增长——理论、实证与案例 [M]. 北京：中国标准出版社，2008.

[112] 梁小珍，陆凤彬，李大伟，等. 工程建设标准对我国经济增长影响的实证研究——基于协整理论、Granger 因果检验和岭回归 [J]. 系统工程理论与实践，2010 (5)：841–847.

[113] 郭政，季丹. 服务标准化对经济增长的贡献研究 [J]. 标准科学，2013 (4)：20–24.

[114] 中国标准化研究院. 标准化若干重大理论问题的研究 [M]. 北京：中国标准出版社，2007.

[115] 阿扎提 · 皮尔多斯，戚晨晨，付强，等. 技术标准化提高果蔬加工企业经济效益案例研究 [J]. 标准科学，2015 (8)：25–30.

[116] 赵朝义，白殿一. 适应市场经济的标准化管理体制探讨 [J]. 世界标准化与质量管理，2004 (3)：22–24，29.

[117] 廖丽，程虹，刘芸. 美国标准化管理体制及对中国的借鉴 [J]. 管理学报，2013 (12)：1805–1809.

[118] 黄灿艺. 日本标准化管理体制对我国的启示 [J]. 山东纺织经济，2009 (4)：96–97.

[119] 杨安怀. 日本标准化制度的发展变化及给我们的启示 [J]. 现代日本经济，2005 (1)：17–22.

[120] 薛学通. 国家标准化管理体制须全面改革——美国标准化管理体制的借鉴 [N]. 中国改革报，2006–10–13 (6).

[121] 刘三江，刘辉. 中国标准化体制改革思路及路径 [J]. 中国软科学，2015 (7)：1–12.

[122] 王平，侯俊军. 我国改革开放过程中的标准化体制转型研究 [J]. 标准科学，2017 (5)：6–16.

[123] 王平，梁正. 我国非营利标准化组织发展现状——基于组织特征的案例研究 [J]. 中国标准化，2016 (11)：100–110.

[124] Salamon，Lester M.，et al. Global Civil Society: Dimensions of the Nonprofit Sector [M]. The Johns Hopkins Center for Civil Society Studies，Baltimore，1999.

[125] 于连超，王益谊. 团体标准自我治理及其法律规制 [J]. 中国标准化，2016 (12)：55–60.

[126] 廖丽，程虹，刘芸. 美国标准化管理体制及对中国的借鉴 [J]. 管理学报，2013 (12)：1805–1809.

[127] 程虹，刘芸. 利益一致的标准理论框架与体制创新：联盟标准的案例研究 [J]. 宏观质量研究，2013，1 (2)：92–106.

[128] 方放，刘灿，吴慧霞，等. 团体标准分裂性的私有元治理机理研究 [J]. 中国标准化专刊 (团体标准研究与实践论文集)，2016 (1)：108–112.

[129] 蒋俊杰，朱培武．国内有关联盟标准和团体标准的研究现状综述［J］．中国标准导报，2015（11），45–48.
[130] 吴太轩，叶明．行业协会标准化行为的反垄断法规制［J］．经济法论坛，2010，7（1）：256–266.
[131] 李庆满，杨皎平．集群视角下中小企业技术标准联盟的构建与治理研究［J］．科技进步与对策，2012（23）：80–84.
[132] 李大庆，李庆满．产业集群条件下技术标准联盟信任机制研究［J］．标准科学，2013（4）：41–44.
[133] 刘辉，白殿一，刘瑾．我国联盟标准化治理模式的理论与实证研究——基于政府的视角［J］．工业技术经济，2013（9）：17–25.
[134] 刘春青．国外强制性标准与技术法规研究［M］．北京：中国标准出版社，2013.
[135] 何鹰．强制性标准的法律地位——司法裁判中的表达［J］．政法论坛，2010（2）：179–185.
[136] 董春华．论产品责任法中的符合强制性标准抗辩［J］．重庆大学学报（社会科学版），2015，21（4）：141–147.
[137] 安佰生．论技术壁垒的实质［J］．中国标准化，2017（1）：117–121.
[138] 安佰生．国内规制主权与自由贸易的冲突及解决方案——技术性贸易壁垒的本质及规则发展趋势初探［J］．国际经济法学刊，2015，22（3）：146–179.
[139] 高旭东．对发展 TD–SCDMA 和 TD–LTE 成败得失的一些思考［J］．移动通信，2014（11）：51–52.
[140] 高旭东．TD–SCDMA 的成就与我国创新体系的有效性［J］．移动通信，2015（Z1）：86–88.
[141] Gao X．A latecomer's strategy to promote a technology standard：The case of Datang and TD–SCDMA［J］．Research Policy，2014，43（3）：597–607.
[142] 詹爱岚，李峰．基于行动者网络理论的通信标准化战略研究——以 TD–SCDMA 标准为实证［J］．科学学研究，2011（1）：56–63.
[143] 侯俊军，袁强，白杨．技术标准化提升产业国际竞争力的实证研究［J］．财经理论与实践，2015（1）：117–122.
[144] 詹爱岚，曹耀艳．通信标准后发国的标准创新与竞争启示——基于日韩通信标准化及创新模式比较［J］．浙江工业大学学报（社会科学版），2012（3）：326–331.
[145] 于连超，王益谊．论我国标准必要专利问题的司法政策选择——基于标准化体制改革背景［J］．知识产权，2017（4）：53–58.
[146] 张平．论涉及技术标准专利侵权救济的限制［J］．科技与法律，2013（5）：69–78.
[147] 王先林．涉及专利的标准制定和实施中的反垄断问题［J］．法学家，2015（4）：62–70，178.
[148] 宋明顺，张华．专利标准化对国际贸易作用的机理研究及实证——基于标准与国际贸易关系研究现状［J］．国际贸易问题，2012（2）：92–100.
[149] 于连超，王益谊．论我国标准必要专利问题的司法政策选择——基于标准化体制改革背景［J］．知识产权，2017（4）：53–58.
[150] 桑德斯，T. R.《标准化的目的与原理》［M］．中国科学技术研究所，译．北京：科学技术文献出版社，1974.
[151] 魏尔曼（Dr. Lal C. Verman）［印］．《标准化是一门新学科》［M］．北京：科学技术文献出版社，1980.

撰稿人：王　平　汤万金　陈云鹏

专题报告

标准化与经济发展关系研究

一、引言

标准和标准化是社会经济发展和企业绩效提高的关键因素，标准的确立和控制是权力的来源。在当今社会，标准化不仅渗透到现代科技发展的前沿，促进高新技术转化为新的产业，形成新的生产力，而且成为国际经济技术合作和经济贸易中不可缺少的共同语言，成为推动全球经济一体化的助推器。标准的竞争关系到一个企业乃至一个国家在全球市场竞争中的利益分配。一项标准被采纳为国际标准，往往可以带来极大的经济效益，甚至能决定一个行业的兴衰，因此标准在经济和社会发展中所发挥的作用和所处的战略地位日益突出。随着经济全球化和信息技术的迅猛发展，标准化逐步成为促进国际技术交流与贸易发展，规范市场经济秩序的重要手段，直接或间接影响着国家经济的发展。由此，标准化与经济发展关系问题受到国际标准化组织和各国专家学者的关注，对该领域的研究成果进行综合梳理与比较分析，对我国标准化与经济发展建设和学科建设具有重要的现实意义。

二、国外标准化与经济发展关系研究综述

以英国贸易和工业部（DTI）、德国标准化学会（DIN）为代表的标准化机构对标准宏观经济贡献率的研究始于20世纪末。发达国家开展这项研究的原始驱动力主要来自标准化组织；研究方式主要是国家标准化组织委托学术科研机构开展，并形成专题研究报告；采用的研究方法主要为构建标准与生产力的关系模型（柯布—道格拉斯生产函数，C-D生产函数），通过统计分析方法计算标准对生产力增长的影响以及对国内生产总值（GDP）的贡献。如英国的报告《标准的实证经济学》由英国政府贸工部发布，但英国标准协会（BSI）在其中起到了非常大的作用。之后，法国、加拿大、新西兰、印度尼西亚等国家

标准化组织也纷纷展开相关研究。ISO 于 2011 年发布报告，提出了适用于中观和微观层面分析标准经济效益的价值链方法，详尽描述了评估方法的关键步骤，并对全球 21 家企业进行了案例研究。此外，国外标准化研究专家与学者也展开相关研究，如 Blind（2004）基于广泛的微观和宏观经济数据系统研究标准对经济产生的影响；Swann（2010）描述了有关标准化经济效益的简单的整体模型，并基于模型进一步讨论政府的作用和政府活动的“理想模式”。两位学者的研究认为标准已经成为促进经济发展的重要因素，从而提出标准经济学（Economics of Standards）的概念。

（一）标准化对经济发展影响的研究

近些年来，国外学者对标准化与经济发展的关系，尤其是标准化对经济发展的影响领域进行了有益的探索。研究成果主要集中在以下两个方面：

（1）研究成果主要集中于从宏观与中观层面，基于不同的理论思想与定量分析构建模型，探析标准化对经济发展的影响程度。例如：

1）在宏观层面，Blind（2004）根据新经济增长理论测度了标准对德国、英国劳动生产率的定量影响。Zhao J，Gao X（2009）在借鉴德国和英国相关定量研究成果基础上，建立了衡量标准对经济发展贡献的计量经济学模型。Valaga，Lyudmyla Y（2013）系统地分析了国际标准化对国民经济的增长贡献程度，提供了有效的国际标准统计数据。

2）在中观层面，Ginevicius R，Podvezko V（2004）等利用特定问题细分为一系列子问题的标准的结构化思维模式，构建了区域的经济社会发展评估模式。Wang L H 等（2009）采用“问卷调查—主成分分析—回归方法”思路探究了区域标准的发展与地方经济增长的质量关系。Zhang N 等（2012）研究了农业环境标准可以作为经济可持续发展的制度保障，提出了农业环境标准化的建议。

（2）学术成果集中于不同类型的标准与经济发展之间的关联性探索领域。从质量标准对经济发展的影响来看，Abhulimen，Joseph A（2012）汇总 1993 年至 2008 年间的相关数据，评估 ISO 9000《质量管理体系》标准与经济持续发展相关的程度；R K，EM Z（2016）基于 Solow 增长模型的计量经济学模型来测试由专利存量衡量的质量标准和创新存量对经济增长的影响。

（二）技术标准化对经济发展影响的研究

技术标准对经济增长的定量研究开始颇早，比较典型的研究是 DIN 运用计量方法对德国、奥地利和瑞士三国标准化总体经济效益进行测量。研究结果显示，经济平均增长 3.3%，其中技术标准化的贡献占到 0.9%。之后，Knut Blind（2004）继续研究德国标准化的经济效益，指出标准化的作用在德国的经济增长中位居第二，占年均增长率的 0.2% ~ 1.5%，而且由于受产品生命周期缩短以及 20 世纪 80 年代早期以来标准存量增速降低的影响，标准对经济增长的影响降到了新的水平。

总体来看，技术标准对经济增长的作用是非常显著的，技术标准化会直接或间接地影响国家或者企业的经济发展态势。

（1）在国家层面上，技术标准对国际贸易产生一定作用，一般对本国出口会产生积极作用，进而对国际经济发展产生影响。Swann、Temple 与 Shurmer（1996）考察了英、德两国国家标准对英国 1985 年至 1991 年间的净出口、出口和进口的影响，采用回归分析方法得出：英国国家标准对自身的进出口都有正面影响；德国的国家标准限制了英国的出口。Sunil Mani 和 M.Parameswaran（2007）认为在国际贸易竞争中，单靠改进产品质量和服务来提高市场份额是不够的，还必须能够吸引客户，这对于以出口为主、又缺少知名品牌的发展中国家是很现实的问题。由此可见，在技术不够成熟且无法克服贸易壁垒的情况下，解决这一问题的必要手段是采用普遍认可的国际质量标准（如 ISO 系列标准）、执行国际标准，这样才能促进出口贸易，维持国际经济发展秩序。

（2）在企业层面上，技术标准通过技术扩散和技术内容支持技术创新和知识传播，改善企业的技术能力，从而促进经济发展。Blind（2004）发现技术标准对新技术扩散及最终促进经济增长方面有重要作用，通过对德国 1960 年至 1996 年间的 700 家企业的调查得知，德国 GDP 的 1% 和经济增长的 1/3 归因于标准。公开的、非专属性的标准所含信息是比较容易获得的，企业获取这些标准中大量的技术知识，对知识的传播起到重要作用，而且，这些信息可以自由跨国传播，技术标准起到了国内外技术扩散导管的作用，德国的经验研究证明了这一点。产业部门集中了国内外供应商的各种零部件，技术标准能够统一质量、协调供应商之间技术先进程度和步伐、吸收同行的新技术，从而促进了部门内的技术扩散。标准化活动在规范产品的同时规范了供应商的生产、维修技术，以及与技术相关的研发、市场渗透等活动，提高了产品在生命周期内的效率，迎合了许多因素综合的内在复杂性和系统性正常运作的要求，促进越来越多的材料和设备供应商、产品制造商和服务提供者构成具有高技术特征的供应链，加快了市场中相关技术的传播，也降低了传递的成本，创造了更多的利润空间。此外，Zhao S，Yu H（2012）通过使用 Johansen 协整检验、格兰杰（Granger）因果关系检验、脉冲响应函数、方差分解等基于向量自回归（VAR）模型的经验方法，对技术标准、技术创新与经济增长之间的关系进行研究，结果表明技术标准、技术创新与经济增长之间存在长期稳定的均衡关系。Ernst D，Lee H，Kwak J（2015）认为，技术标准在专利方面可促进经济增长。可见，技术标准、技术创新与经济增长相互作用与相互联系，技术标准与经济发展存在着不可分割的关系。

（三）标准化经济效益评价研究

标准化经济效益问题备受 ISO 和各国专家学者的关注，开展了许多研究：

1979 年，国际标准实践联合会（IFAN）建立了第一工作组——标准化经济效果工作组，经过几年的研究，提出了指导性文件《公司标准化经济效果的计算方法》和手册《标准化的效益》；ISO 标准化原理研究常设委员会（STACO）在经过大量调查研究的基础上，撰写了《经济效果的计算》《产品国际标准化经济效果的判断》等一系列文件；日本在 1971 年提出了《公司级品种简化的经济效果计算方法》，在 1998 年提出的国际技术标准化活动经济效益计算方法是："修改国际技术标准产生的经济效益" 减去 "修改国际技术标准所需费用"，其结果就是实际经济效益，结果显示：通过对国际技术标准提出合理化建议，将日本的技术条件和要求反映到国际技术标准中去，会带来较大的经济效益；美国则提出 "公司级标准化节约的计算方法" 等 9 项标准；苏联先后制定和修订了《标准化经济效果、计算方法基本规定》等 7 项国家标准；2000 年 DIN 董事会对 "标准化总体经济效益" 进行了历时 2 年的大规模调查，这是一次较为系统、全面的标准化经济效益研究；2010 年以来，ISO 在成员国进行了大量的标准经济效益的研究，希望将标准经济效益评价结果作为国家、行业和企业制定标准化战略和政策的重要依据。

经过多年的研究，各发达国家对标准经济效益评价均取得了较大进展。

1. 英国标准化经济效益评价

2005 年，DTI 采用标准数量贡献法评价了标准对劳动生产力增长的贡献度。利用 1948 年至 2002 年间的数据，建立了一个估计劳动生产力增长与标准关系的模型，结果表明英国劳动生产力增长中有约 13% 应归功于标准。

2. 德国标准化经济效益评价

2006 年，DIN 采用 C–D 生产函数法，从国家层面宏观评价标准经济效益，对德国、奥地利、瑞士三国标准化的经济效益问题进行研究分析。随后，DIN 在其 2011 年的研究中试图更新和改进有关标准化经济效益（DIN，2000）的初始研究结果。该项研究通过对劳动力、资本、标准、专利和许可证产出价值的评估，来测量总增加值（GVA）。研究结果表明：标准与经济产出有显著的正相关性，然而这种关系的重要性随时间而变化，这是由于德国经济经历了经济震荡。考虑到这些因素后的研究结果显示：德国统一后，标准数量变化 1%，经济增长则变化 0.7% ~ 0.8%，呈正相关性。

3. 澳大利亚标准化经济效益评价

2006 年，澳大利亚国际经济中心（CIE）开展了标准化经济效益评价研究工作，CIE 试验了两个独立的评价模型。第一个评价模型，分析研发（R&D）和标准对全要素生产率（TFP）的影响，从而论证了标准数量增长 1% 而 TFP 相应增加 0.17%；第二个研究模型，将研发与标准结合在一起，创建一个澳大利亚经济中的知识存量指数，结果表明：知识存量每增加 1%，TFP 就相应增加 0.12%。

4. 加拿大标准化经济效益评价

加拿大会议委员会（CBC）于 2007 年测量了 1981 年至 2004 年间，标准和资本劳动比率对加拿大劳动生产率的影响。研究结果表明：标准与劳动生产率有直接、重要的正相关性，如标准数量产生 1% 的变化，劳动生产率就有 0.356% 的变化。

5. 日本标准化经济效益评价

2007 年，日本学者采用标准效果成本法对标准经济效益进行评价。该方法通过对日本参与制修订国际标准所需要的项目投入费用和日本的某项国家标准被采纳为国际标准后，因获得相关知识产权，而给日本产业界带来经济效益，即“费用对比效益”进行计算，从而得出制修订国际标准项目投入费用和制修订国际标准所产生的经济效益的数据。

6. 法国标准化经济效益评价

法国标准化协会（AFNOR）于 2009 年开展了标准对经济增长影响的宏观经济研究，并采用 TFP 作为测量指标。研究结果表明：自 1950 年以来，通常标准对经济增长的影响是显著的，如标准数量有 1% 的变化，TFP 就有 0.12% 的变化，呈正相关性。

7. 新西兰标准化经济效益评价

新西兰于 2011 年实施了一个二阶段评价程序：首先确定标准、专利和 TFP 之间的关系；然后确定资本劳动比率和 TFP 与劳动生产率的关系。结果显示：标准和 TFP 之间存在显著的正相关关系，如标准数量有 1% 的变化，TFP 就增加 0.10%，从而劳动生产率增加 0.054%。

有关企业层面标准化经济效益评价典型研究成果主要体现在，2010 年 ISO 在罗兰贝格管理咨询公司（Roland Berger）的支持下，制定了一套用以评价和量化标准经济效益的方法论。ISO 标准经济效益评估方法测度了标准对企业经营效益的影响，其主要目标是：提供一组方法来衡量标准对组织（企业）创造价值的影响；为决策者提供明确且易于管理的标准来评估标准的经济价值；为评估特定行业内标准经济效益的研究提供指导。

三、国内标准化与经济发展关系研究综述

我国经济目前处于持续稳定发展阶段，开展标准对经济贡献率的研究无论从宏观层面还是从微观层面来说都具有非常重要的意义。我国学术界对标准与经济发展关系的研究成果集中于宏观、中观和微观层面上标准与经济发展作用，以及标准化经济效益评价，技术标准化与经济发展关系等方面。较为典型的研究包括：卜海等（2015）、张宏等（2014a，2014b）、范洲平（2013）和杨峰等（2008）对国内外出现的评价标准化经济效益的几类模型、方法论及其优缺点进行了归纳梳理。其中张宏等认为，评价标准化经济效益，国家层面和行业层面（宏观和中观）宜采用 C-D 生产函数法，行业层面宜采用 ISO 的价值链方法。

（一）宏观层面的标准化与经济发展研究

1. 标准化与经济发展的定量研究

国内众多学者对标准化与经济发展进行了定量分析，一般结果表明标准化会促进经济

增长与发展。

（1）部分学者侧重于研究标准化、其他因素与经济增长之间的互相关联，例如：赓金洲（2016）利用我国1985年至2007年间的专利数据、国家标准存量和实际GDP值，通过回归分析、Granger因果关系检验，并以VAR模型为基础，通过脉冲响应函数和方差分析等方法，对技术标准化、技术创新和经济增长的数量关系进行了相关测度研究；任坤秀（2013）以1990年至2009年间数据为基础，采用对数回归方法，实证分析中国国家标准、产品质量与出口和国民经济增长之间的定量关系；刘慷、李世新（2010）根据我国1985年至2007年间的宏观经济数据，通过建立VAR模型对知识产权保护、标准化与经济增长之间的动态关系进行了实证分析。

（2）部分学者侧重于标准化与经济增长两者之间的关系探究。例如：

1）高潇博和陈慧敏等（2016），郭璟坤和奚园（2016）分别采用时间序列数据平稳性检验、协整检验和Granger因果检验方法和统计分析的方法，研究了标准化对经济增长的作用。其中，高潇博、陈慧敏等认为标准化可以通过直接或间接的方式影响经济增长的速度，以及经济增长的质量；郭璟坤、奚园研究了标准化对经济增长具体的影响程度，当标准数量增长1%时GDP就会增长0.783844%。

2）庞淑婷、冯竹等（2016）开展了标准与经济增长质量的相关性研究，得出结论：在宏观产业层面，国家标准存量与江苏经济增长质量具有高度相关性，相关系数为0.8811；在化工行业与纺织行业两个层面，所有标准因素与经济增长质量的相关性均显著，各类标准都对经济增长质量有明显促进作用，而标龄则有明显抑制作用。任坤秀（2012）以我国1990年至2009年间的数据为基础，采用实证分析方法，研究了我国国家标准与国民经济增长之间的关系。

3）有关标准对经济的贡献率层面，于欣丽（2008）通过研究提出我国1979年至2007年间国家标准存量的年平均增长率约为10%，运用生产函数法测算出技术标准对实际GDP增长的年度贡献率为0.79%，并探讨了标准化促进经济增长的作用形式和作用机理。刘振刚（2005）选取我国1990年至2002年间数据，运用生产函数法计算得出标准对经济贡献率为4.8%。

2. 标准化与经济发展的定性分析

国内学者主要从循环经济标准化、知识经济标准化和低碳经济标准化与经济发展的关系展开研究，提出三者在经济发展中的作用、内涵和对策建议等。循环经济发展与标准化的关系是学术界研究较为深入的领域，许多学者都认识到发展循环经济中优化和提升标准化战略的必要性。其中比较有代表性的学者观点有：

（1）从现状剖析来看，洪生伟（2010）、付允、刘玫等（2011）着眼于我国循环经济标准化的现状和存在的问题，并针对问题提出了循环经济标准化的对策建议。王理（2006a，2006b）分析了标准化在发展循环经济中的重要作用，提出标准化发展是调整经济结构、实现科技创新和产业升级的技术支撑，也是执行环境法规与跨越国外“绿色壁垒”的必要保障。潘玉普（2008）认为标准化在结构调整、合理利用资源、执行法规、国际竞争方面的循环经济中起到关键作用。建立健全循环经济标准化管理指标体系也是研究重点内容之一，吕丹（2007）、杨孟雨（2010）重点阐述了如何建立循环经济标准化管理指标体系，分别基于模型建立和探索关联因素等方式构建指标体系。付允、刘玫（2010a，2010b）着重分析了标准化在循环经济发展中的作用，并在此基础上提出循环经济标准化的特征，并应用系统科学的理论，界定了循环经济标准化模式的内涵。

（2）从知识经济标准化角度入手，姜晓宇（2007）、王晓莉（2009）、尹立军（2011）都阐述了知识经济时代标准化的重要性，论述了知识经济与标准化的关系，提出加强知识经济时代标准化发展的建议。

（3）从低碳经济标准化发展来看，闫宗乐、侯军岐（2010）从低碳标准、技术标准和低碳经济审计标准三个方面探讨低碳经济标准化，旨在能够对中国低碳经济的发展起到战略指导意义。张琳琳、叶锦皓（2011）在低碳经济的视角下，探讨了绿色农业标准化的内涵、意义、内容。何江、朱云（2010），李超、何江等（2011）提出标准化与低碳经济在持续改进与螺旋渐进的规律下相互作用、共同发展，并以一种柔性的技术渗透方式嵌入到社会发展体系中。

（二）中观层面的标准化与经济发展研究

1. 标准化与区域经济发展研究

关于标准化与区域经济协调发展，国内学者从不同的角度进行探索研究。

（1）学者杨锋、王金玉（2011）在有关两者协调发展、共同促进方面，提出4个有益建议：一是加快制定区域性标准化战略，以统筹区域力量，协同发展；二是围绕区域性自主创新示范区建设，大力开展标准化先行先试工作；三是大力发展标准联盟，从产业链角度规划区域重要产业布局；四是加快推进企业标准化，强化其主体地位，增强核心竞争力。

（2）袁永娜、石敏俊等（2012）通过实证分析方法，结合低碳发展角度，基于30省区可计算的一般均衡（CGE）模型，模拟分析了碳排放许可的强度分配标准对我国区域协调发展的影响。

（3）更多学者以具体问题具体分析的思路重点研究标准化与实际地区的经济发展关系，例如：田彦清（2016）通过对西安经济技术开发区企业安全生产标准化工作的调查，总结了国家级开发区安全生产标准化推行现状，找出推行安全生产标准化和区域经济增长的交互因素，并且对经济增长和安全生产标准化的关系和促进机理进行分析。张晓博（2013）以广州市实施标准化战略工作为例，探讨标准化战略对经济社会发展的助推机理。侯俊军、李田田和王耀中（2009）选取湖南省 1985 年至 2007 年间的数据，以扩展的生产函数为基础，构建经济增长实证模型，得出如下结论：国家标准存量对湖南省经济增长的作用排在第二位；国家标准存量对 GDP 的要素贡献弹性系数达到 0.463，即国家标准数量每提高 1 个百分点，湖南省 GDP 将增加 0.463 个百分点，可见标准对经济增长具有较高的贡献率。赖明发、曹芳（2013）在标准经济学视角下，以福建省历史数据为依据，通过尝试构建标准与区域经济增长的实证模型对此做探讨。肖均、曾其勇（2010），赵建新（2010）和杨树金（2010）分别以浙江省慈溪市、鄞州市的一些代表性乡镇、青浦区和长汀县为实践对象，探究了标准化对地区经济的影响，并提出相关解决对策。

2. 产业领域标准化与经济发展研究

（1）农业标准化与经济发展研究。农业标准化与经济发展的研究是以农林为主的第一产业标准化建设与实施对农林经济增长的贡献程度为主线。

一方面，耿宁、李秉龙等（2014）系统阐述了农业标准化内涵与发展动因，并从生产、消费和市场效率三个方面对农业标准化的经济理论进行梳理，所涉及的经济效应主要从标准化的经济增长效应、标准化与农产品国际贸易效应和微观领域农业标准化的实施效果三个方面进行文献梳理。此类研究较为全面地剖析了农业标准化与经济发展的关系。

另一方面，针对农林标准化的经济效益贡献，许多学者主要以 C–D 生产函数或其改进形式为辅助研究工具，研究了农业标准化贡献测算。典型测算研究主要包括：王艳花（2012）探讨了农业标准化对陕西农业经济增长的贡献，结果表明：农业生产投入的增加显著促进农业产出增长，各个层级农业标准存量显著促进了农业生产效率的提高。张建华（2012）对建立农业标准化在经济增长中贡献的评价模型和具体形式，参数的估计和评价计算方法进行了探讨。邱方明、沈月琴等（2014）在浙江省 45 个林业标准化项目实施统计数据的基础上，实证分析了林业标准化实施对林业经济增长所产生的影响，结果表明：林业标准化的实施对林业产出具有显著的正向影响，从林业标准适用范围和实施强度两个角度测算出林业标准化的实施对林业经济增长贡献率分别为 19.98% 和 20.80%，表明林业标准化的推广实施对林业经济增长具有明显的促进作用。

（2）工程建设标准化与经济发展研究。工程建设标准化对经济增长和国民经济发展有一定的促进作用。徐泮（2011）认为工程建设标准的实施是通过“传导机制”发生的，工程建设标准对国民经济的影响在工程建设以及建筑物建成使用过程中得以实现，从企业和国家两个层面阐述了工程建设标准化对国民经济的影响。梁小珍等（2010）运用 C–D 生产函数建模测算研究工程建设标准对我国经济增长影响。王超（2009）分析了工程建设标准影响国民经济的作用机理、影响国民经济的作用效果，应用 CGE 模型测算得出量化结果：工程建设标准化对我国 GDP 的拉动为 0.4 个百分点左右。在研究过程中，部分学者较为关注北京市工程建设领域标准化的经济效果，其中，张宏（2014a，2014b）研究成果较具有代表性，其研究显示工程建设标准化对北京市国民经济的贡献率为 0.45%。

（3）服务标准化与经济发展研究。服务标准化的建设与发展对经济增长具有推进作用，有研究运用一种新的量化模型——复合矩阵方法，对服务标准化的贡献进行了定量测算。从微观企业的调查入手，利用企业对服务标准化贡献的认定，经层层复合，最终得出其在国民经济中的贡献率为 1.0408%，这意味着该项工作共计创造了 4142.207 亿元的新增 GDP。由此可见，服务标准化对经济发展具有重要意义。在当今互联网信息时代下，物流标准化发展是服务标准化中的关键环节之一，提升物流标准化发展有助于提高全球化经济增长速度与质量，有不少学者在此领域进行深入研究，例如：邹杨运（2008）、彭欣（2009）和郭丽环（2010）分别探析了我国物流标准化的发展现状和面临的问题、发达国家国际物流标准化建设的现状和海西物流标准化现状，并分别提出有益的建议与措施，且共同表达了物流产业的发展与经济全球化的浪潮结合的意向。陶晶（2010）则是从低碳经济、低碳化物流与标准化内涵和关系角度进行了阐述，分析了我国物流标准化发展的影响因素，并提出了低碳经济下物流标准化的发展思路。

（三）微观层面的标准化与经济发展研究

在微观层面上展开的研究如下：

（1）国内学者的研究多集中在市场经济形势下企业标准化工作与经济发展的联系。其中，滕巾帼（2016）以经济新常态为背景依托，分析了企业标准化工作对于技术创新、优化管理秩序、提高工作效率、提升产品质量的重要意义；姜举娟、徐晶（2008），李萍（2008），刘俊霞（2007）和罗德福（2006）阐述了市场经济形势下，企业完善标准化工作的重要性，认为标准化是企业适应市场化经济的必然。

（2）有关企业标准化管理战略的创新建设，学者杨宝双（2016），李文仰、赵爱萍（2008）和戴桂珍、孙秀兵（2008）进行了相关的剖析与阐述。其中，杨宝双、戴桂珍和孙秀兵着重分析了企业标准化管理创新的内涵及战略意义，以及企业标准化管理创新的内容和经济效益；李文仰、赵爱萍则在战略层面上，探讨了企业参与市场竞争中标准化战略的重要性和紧迫性，并提出了集团企业标准化战略及战略措施。

（3）有关企业标准化经济效益评价研究，国内学者卜海、高圣平（2015）和张宏等（2014）分别调研了国内外标准经济效益评价方法与原理，以及对企业、行业、国家层面的标准化经济效益的贡献率进行了对比，较为全面地探究了标准化经济效益的作用，且从研究过程中发现，ISO 标准经济效益评估方法成为标准化经济效益评价的主流。邓丽娟、白韬光等（2015），付强、王益谊等（2013），戚彬芳、宋明顺等（2012）和邵雅文（2012）系统研究了 ISO 标准经济效益评估方法相关工作概况以及评估方法的主要步骤，且充分肯定了 ISO 标准经济效益评估方法的科学有效作用能为企业带来经济效益。

（4）在测算企业经济效益上，中国标准化研究院（2007）运用层次分析法和从管理创新角度测算的两种方法对企业标准化效益分别进行研究；阿扎提·皮尔多斯等（2015）用ISO价值链方法对新疆中亚食品（有限公司）研发中心标准对开展的企业经济效益贡献率进行了深入研究。

（四）技术标准化对经济发展影响的研究

国内诸多学者中展开了技术标准化对经济发展影响的研究，并取得了一定的研究成果。

（1）张利飞等（2007）汇总梳理研究成果形成技术标准化经济效益评价的整体性框架，见表1。可见，技术标准化对经济增长具有积极作用。再具体细分，众多学者对专利标准化对经济发展的影响以及技术标准、技术创新和经济增长之间的关系进行了有益的研究。

表1　技术标准化经济效益评价框架

纵向评价	国家层面（宏观）	技术标准化对 GDP 的贡献
		技术标准化对国际贸易的作用
		技术标准化对国家技术创新体系的作用
	行业层面（中观）	技术标准化对行业产值的贡献
		不同行业技术标准化经济效益的比较
	企业层面（微观）	技术标准化对企业产出的贡献
		技术标准化为企业节约的费用
		技术标准化对产品、工程和服务质量的影响
		技术标准化对企业风险的影响
		技术标准化对企业技术创新的作用
横向评价	不同标准的经济效益比较	产品标准、工艺标准和服务标准
		国际标准、国家标准、行业标准和企业标准
		兼容性不同的技术标准

（2）在专利标准化研究领域中，程鉴冰（2008）通过政府技术标准规制对经济增长的实证研究得出政府的技术标准规制显著影响了经济增长。宋明顺、张华（2012）在对国内外关于标准与国际贸易关系研究现状综合分析的基础上，从法理性、网络性、传播性等方面研究了专利标准化对促进国际贸易产生的积极效应。总体来看，专利标准化对经济增长具有正面效应。

（3）在技术创新与技术标准化对经济增长的影响分析上，赓金洲（2016），薛羽翔（2016），赵树宽、余海晴等（2012）和胡彩梅、韦福雷（2011）都重点分析了技术创新行为、技术标准与经济增长之间的关系。研究结果表明，技术创新和技术标准与经济增长有显著的计量关系，技术创新与技术标准在长时期内促进经济增长。

四、文献评述

1. 国外的研究

综上所述，在对国外的相关研究文献资料的梳理中得出：

第一，提出展开标准化与经济发展关系研究的发起者主要为各国标准化组织与相关学术科研机构组织，如德国 DIN、英国 BSI、法国、加拿大、新西兰、印度尼西亚等国标准化组织，以及国际标准化组织 ISO。

第二，标准化对经济发展影响方向的研究主要从宏观与中观两个层面展开，并梳理了英国、德国、澳大利亚、加拿大、日本、法国和新西兰的标准化经济效益评价结果。此外，技术标准对经济发展影响定量研究也是各国研究的重点。

第三，标准化与经济发展关系评价采用的方法主要为：ISO 标准经济效益评估价值链法、Solow 增长模型、Johansen 协整检验、Granger 因果关系检验、脉冲响应函数、方差分解等基于 VAR 模型的经验方法；主成分分析法、柯布—格拉斯生产函数法等统计分析方法和计量经济学模型。

2. 国内的研究

我国的标准化与经济发展关系研究与国外相比起步相对较晚，但是在宏观、中观、微观三个层面都有深入的研究和很有价值的学术成果。

（1）国内学者在宏观层面对标准化与经济发展的研究主要采用了定量与定性分析方法，例如：采用定量方法分析和研究了标准化、其他因素与经济增长之间的互相关联，以及标准化与经济增长两者之间的关系；采用定性方法论证了知识经济标准化、循环经济标准化和低碳经济标准化与经济发展之间的关系。

（2）在中观层面上，标准化与经济发展的研究重点着眼于标准化与区域经济发展，一般倾向于各地区经济发展关联；同时，不同产业领域标准化与经济发展也是研究热点，在此将产业领域标准化划分为农林标准化、工程建设标准化、服务标准化等。

（3）在微观层面上，国内学术界主要探讨了企业标准化建设的重要意义，指出在市场经济形势下，企业应当加强标准化工作、制定和创新标准化管理战略以及建立健全有效的企业标准化效益评价体系，不断提升主体活力。此外，我国学者对技术标准化对经济发展影响的研究成果也颇为丰富。

五、研究展望

通过前述分析可见，标准化与经济发展关系的研究已取得了较多研究成果。标准化科学属于交叉学科，需要引入多种学科的基础理论与方法进行深入研究，使得标准化与经济发展关系研究领域拓宽、研究思路更加清晰，逐步对标准化经济效益的概念、原理、评价方法等形成更具有理论与实践价值的研究成果。关于标准化与经济发展关系的研究，本文有如下建议：

第一，从标准化与经济发展关系理论研究的系统性与完整性角度考虑，可借鉴国外相关方面的研究及国家标准化组织展开并推动的经验，由我国标准化组织或研究机构通过前期需求分析、规划论证与组织选题进而从多层次、多方位深入开展研究和挖掘，致力于形成一套比较完整的标准化与经济发展关系研究体系。此外，在标准化理论研究方面，应借鉴我国著名的标准化专家李春田教授专著《标准化概论》《新时期标准化十讲——重新认识标准化的作用》《现代标准化方法——综合标准化》等，以及我国众多标准化理论研究与实务工作者在标准化理论研究方面取得的开拓性研究成果。标准化与经济发展关系后续研究的展开仍需以此为基础，并不断丰富与完善，致力于形成系统而完整的理论体系，以更有效地指导实践。

第二，从标准化与经济发展关系研究的实践意义角度考虑，需紧密结合并服务于我国标准化体系改革的背景趋势。国务院 2015 年 3 月 11 日公布《深化标准化工作改革方案》明确提出，要改变我国现行标准“难以满足经济提质增效升级的需求，不利于统一市场体系的建立，不适应社会主义市场经济发展的要求，制约了标准化管理效能提升”的现状，并提出了要“激发市场主体活力”，使标准更好地为经济建设和社会发展服务等一系列要求，即要提高当前国内标准化工作的水平和加快标准更新，增强标准的实用性、先进性。国务院办公厅 2015 年 12 月 17 日公布《国家标准化体系建设发展规划（2016—2020 年）》，主要阐明标准化事业发展的指导思想、基本原则、发展目标、主要任务、重点领域和保障措施，为保障深入实施标准化战略，全面提升标准化发展的整体质量效益，服务经济社会又好又快发展提供依据。由此，标准化研究工作，包括标准化与经济发展关系的研究需要结合国家、产业、社会发展的新需求，发挥标准化对经济建设和社会发展具有的支撑、引领、保障作用。

顾孟洁认为，我国有两件重要事件代表着“标准化向真正意义上的科学殿堂迈进的起步台阶”，首先是国家标准 GB/T 13745：1992 学科分类代码中为“标准科学技术”正式留了“席位（410.50）”；其次是 2001 年我国正式出版了百科全书《质量标准化计量百科全书》的标准分编。李春田和金光认为，“标准化是一门学科，同时又是一项管理技术，其应用范围几乎覆盖人类活动的一切领域……它是一门年轻又有发展前途的横断学科”。刘双桂从经济学的角度说明“标准化学”应该是一门“关于协调的专门科学，标准化学的发展会促进每一个领域协调成本的降低”。标准化如何协调成本的降低？如何达到促进经济发展的目的？标准化与国家经济发展存在怎样的关系？标准化经济效益如何进行评价？笔者从国内外对标准化与经济发展关系的研究成果展开梳理，希望得到一些具有实践指导意义的结论，并起到抛砖引玉的作用，待各位学者后续展开深层次的挖掘和深入的理论探析。

参考文献

[1] Christophe N. Bredille. Genesis and role of standards：theoretical foundations and socio-economical model for the construction and use of standards [J]. International Journal of Project Management, 2003（21）：463–470.

[2] Pat Picariello. A Global Standards Strategy by industry, for industry [J]. Standardization News, 2002（5）：57–68.

[3] 高晓红，丁日佳. 标准化与企业竞争力的关系 [J]. 经济论坛，2004（1）：48–49.

[4] 丁日佳，李翕然. 技术标准、科技研发和成果转化系统论 [J]. 世界质量与标准化，2004（1）：37–39.

[5] Department of Trade and Industry（DTI）. The Empirical Economics of Standards [J/OL]. DTI ECONOMICS PAPER, 2005（NO. 12）. http://immagic. com/eLibrary/ARCHIVES/GENERAL/UK_DTI/T050602D. pdf.

[6] ISO Central Secretariat. Economic benefits of standards：International case studies [M]. Geneva：ISO, 2011.

[7] Blind, Knut. The Economics of Standards：Theory, Evidence, Policy [M]. Edward Elgar Publishing Limited, 2004.

[8] Swann, Peter. The Economics of Standardization：Report for the UK Department of Business, Innovation and Skills（BIS）, Complete Draft Version 2. 2 [R/OL]. Innovative Economics Limited, 2010. https://www. gov. uk/government/uploads/system/uploads/attachment_data/file/461419/The_Economics_of_Standardization_-_an_update_.pdf.

[9] Zhao J, Gao X. Empirical Research on the Contribution of Standard to Chinese Economic Growth [M] //ZHU K, ZHANG H. 2009：1242–1246.

[10] Valaga, Lyudmyla Y. Economic Efficiency of International Standardization [J]. Actual Problems of Economics / Aktual’ni Problemi EkonomÃ¬ki，2013，148（10）：54.

[11] Ginevicius R, Podvezko V. Comprehensive evaluation of economic and social development of Lithuanian regions based on a structured set of criteria [M] //Filho W L, Dzemydiene D, Sakalauskas L, et al. 2006：194–199.

[12] Wang L H, Ren Z J, Wang Y, et al. Effects of Local Standard Development on Local Economic Development [C] //Qi E S, Cheng G, Shen J A, et al. International Conference on Industrial Engineering and Engineering Management IEEM. 2009：576.

[13] Zhang N, Guo H, Zhang Y, et al. Agricultural Environment Standards and Economic Sustainable Development [M] //Iranpour R, Zhao J, Wang A, et al. Advanced Materials Research. 2012：4383–4386.

[14] Abhulimen, Joseph A. The Relationship Between International Organization for Standardization（ISO）9000 Quality Standards and Economic Development in Developed and Developing Nations [D]. ProQuest Dissertations and Theses, 2012：235.

[15] R K, EM Z. The impact of standardization and innovation on economic growth – an empirical study：case of processing industries in Morocco [J]. International Journal of Innovation and Scientific Research, 2016, 24（2）：373–378.

[16] DIN. Economic Benefits of Standardization [M]. Berlin：Beuth Verlag Publishing Company, 2000.

[17] Swann, Peter, Temple, Paul & Shurmer, Mark. Standards and Trade Performance：The British Experience [J]. Economic Journal, 1996（106）：1279–1313.

[18] Sunil Mani and M. Parameswaran, The Other side of the story：Industrial standards and technological capability building at the industry level—A Study based on Indian Automotive Industry [C] //5thinternational conference of

globelics Russia. Saratov, Volga Region, 2007.

[19] 赓金洲．技术标准化与技术创新、经济增长的互动机理及测度研究［M］．北京：经济管理出版社，2016.

[20] Knut Blind, Nikolaus Thumm. Interrelation between Patenting and Standardization Strategies：Empirical Evidence and Policy Implications［J］．Research Policy, 2004（33）：1583- 1598.

[21] Zhao S, Yu H. An Empirical Study on the Dynamic Relationship between Technology Standard. Technological Innovation and Economic Growth［C］//HUA L. International Conference on Management Science and Engineering-Annual Conference Proceedings. 2012：1646-1650.

[22] Ernst D, Lee H, Kwak J. Standards, innovation, and latecomer economic development：Conceptual issues and policy challenges［J］．Telecommunication Policy, 2014, 38（10SI）：853-862.

[23] 张利飞，曾德明，张运生．技术标准化的经济效益评价［J］．统计与决策，2007（22）：149-151.

[24] 麦绿波．测试类概念的标准化［J］．标准科学，2014（2）：6-9.

[25] 张宏，乔柱，孙锋娇．工程建设标准化经济效益评价方法的对比研究［J］．标准科学，2014（7）：23-27.

[26] 王忠敏．英国归来——谈标准的实证经济学研究［J］．标准科学，2005（12）：25-28.

[27] 卜海，高圣平，王玉英，等．国内外标准经济效益评价方法现状及发展趋势［J］．石油工业技术监督，2015（7）：15-17.

[28] Beuth verlag. Economic benefits of standardization：summary of results［R］．DIN German institute for standardization, 2006：20-23.

[29] 范洲平．标准化经济效益评价模型研究［J］．标准科学，2013（8）：26-29.

[30] 郝德仁．标准成本制度：日本的经验与启示［J］．财经科学，2007（5）：68-73.

[31] 李春田．标准化概论［M］．北京：中国人民大学出版社，2014.

[32] Daniele Gerundino, Michael Hilb. The ISO Methodology Assessing the economic benefits of standards［J］．ISO Focus+, 2012，10-16.

[33] 张宏，乔柱，孙锋娇．标准化对经济效益贡献率的对比分析［J］．标准科学，2014（6）：16-20.

[34] 杨锋，王益谊，王金玉．标准化的经济效益研究综述［J］．世界标准化与质量管理，2008（12）：25-29.

[35] 任坤秀．国家标准与产品质量对我国经济增长贡献的关联实证研究［J］．标准科学，2013（7）：25-27.

[36] 刘慷，李世新．知识产权保护、标准化与经济增长的动态关系——基于VAR模型的实证分析［J］．山西财经大学学报，2010（7）：55-62.

[37] 高潇博，陈慧敏，庞淑婷，等．标准化对经济增长的影响路径分析［J］．中国标准化，2016（23）：61-64.

[38] 郭璟坤，奚园．标准化对发展中国家经济增长的影响分析［J］．生产力研究，2016（2）：69-71.

[39] 庞淑婷，冯竹，程光伟，等．标准与经济增长质量的相关性研究［J］．中国标准化，2016（12）：80-83，88.

[40] 任坤秀．我国国家标准对经济增长贡献的实证研究［J］．标准科学，2012（3）：22-26.

[41] 于欣丽．标准化与经济增长——理论、实证与案例［M］．北京：中国标准出版社，2008.

[42] 刘振刚．技术创新、技术标准与经济发展［M］．北京：中国标准出版社，2005.

[43] 洪生伟．循环经济是我国标准化的重要领域——初谈循环经济标准化［J］．大众标准化，2010（2）：44-46.

[44] 付允，刘玫，陈亮．我国循环经济标准化存在的问题及对策研究［J］．标准科学，2011（4）：9-12.

[45] 王理．探讨发展循环经济的标准化战略［J］．世界标准化与质量管理，2006 a（3）：32-35.

[46] 王理．发展循环经济与资源节约标准化［J］．机电信息，2006 b（2）：6-9.

[47] 潘玉普．浅议标准化在循环经济中的作用［J］．中国质量技术监督，2008（6）：58-59.

[48] 吕丹．循环经济标准化管理指标体系新论［J］．财经问题研究，2007（8）：20-24.

[49] 杨孟雨．循环经济标准化体系建设浅论［J］．硅谷，2010（7）：146，205.

[50] 付允，刘玫．循环经济标准化的内涵与特征［J］．科学与社会，2010（3）：10-13.

[51] 付允，刘玫．循环经济标准化模式的理论探讨［J］．标准科学，2010（12）：10-14.

[52] 姜晓宇．知识经济时代标准化工作的思考［J］．机械工业标准化与质量，2007（9）：48-50.

[53] 王晓莉. 知识经济下的标准化工作 [J]. 大众标准化，2009（S2）：33-34.
[54] 尹立军. 浅析知识经济时代的标准化工作 [J]. 船舶标准化工程师，2011（5）：41-43.
[55] 闫宗乐，侯军岐. 浅析中国低碳经济标准化 [J]. 价值工程，2010（22）：11-12.
[56] 张琳琳，叶锦皓. 低碳经济视角下的绿色农业标准化问题浅析 [J]. 企业技术开发，2011（14）：42-43.
[57] 何江，朱云，杨艳. 论标准化对推动我国低碳经济发展的作用及规律 [J]. 标准科学，2010（9）：4-8.
[58] 李超，何江，朱云. 论标准化与低碳经济发展的互动关系 [J]. 标准科学，2011（2）：36-41.
[59] 杨锋，王金玉. 标准化与区域经济 [J]. 标准科学，2011（7）：12-15.
[60] 袁永娜，石敏俊，李娜，等. 碳排放许可的强度分配标准与中国区域经济协调发展——基于 30 省区 CGE 模型的分析 [J]. 气候变化研究进展，2012（1）：60-67.
[61] 田彦清. 国家级开发区经济增长与安全生产标准化交互因素研究 [J]. 中国安全生产科学技术，2016（S1）：210-216.
[62] 张晓博. 浅析实施标准战略对经济社会科学发展的助推作用——以广州市实施标准化战略工作为例 [J]. 中国标准化，2013（9）：82-84.
[63] 侯俊军，李田田，王耀中. 标准对湖南省经济增长影响的实证研究 [J]. 经济地理，2009（9）：1464-1468.
[64] 赖明发，曹芳. 标准因素与区域经济增长实证研究——基于福建省 1985-2011 年的经验解析 [J]. 福建江夏学院学报，2013（3）：22-28.
[65] 肖均，曾其勇，王坤，等. 电子产品质量与标准化对地区经济的影响调查研究——以浙江省慈溪市和鄞州市为例 [J]. 电子质量，2010（10）：49-52.
[66] 赵建新. 充分发挥标准化工作为区域经济发展的作用——上海青浦区推行标准化战略初探 [J]. 上海质量，2010（5）：70-72.
[67] 杨树金. 浅析标准化建设与地方经济的融合 [J]. 科技风，2010（21）：80.
[68] 王艳花. 陕西农业标准化经济效应研究 [D]. 咸阳：西北农林科技大学，2012.
[69] 张建华. 生产函数在农业标准化经济效益评价中的应用 [J]. 标准科学，2012（2）：17-21.
[70] 邱方明，沈月琴，朱臻，等. 林业标准化实施对林业经济增长的影响分析——基于 C-D 生产函数 [J]. 林业经济问题，2014（4）：324-329.
[71] 徐洋. 工程建设标准化对国民经济的影响 [J]. 知识经济，2011（6）：14.
[72] 梁小珍，陆凤彬，李大伟，等. 工程建设标准对我国经济增长影响的实证研究——基于协整理论、Granger 因果检验和岭回归 [J]. 系统工程理论与实践，2010（5）：841-847.
[73] 王超. 工程建设标准化对国民经济影响的研究 [D]. 北京：北京交通大学，2009.
[74] 孙锋娇，张宏，乔柱，等. 国内外工程建设标准化经济效益研究现状 [J]. 工程建设标准化，2014（6）：48-52.
[75] 张宏，乔柱，孙锋娇，等. 工程建设标准化对国民经济的影响——以北京市为例 [J]. 建筑经济，2014（9）：5-10.
[76] 郭政，季丹. 服务标准化对经济增长的贡献研究 [J]. 标准科学，2013（4）：20-24.
[77] 邹杨. 经济全球化背景下的中国物流产业标准化研究 [J]. 物流工程与管理，2008（12）：19-21.
[78] 彭欣. 全球经济发展中的国际物流标准化研究 [J]. 技术与市场，2009（7）：77.
[79] 郭丽环. 海西经济建设下福建省物流标准化问题研究 [J]. 物流工程与管理，2010（8）：104-106.
[80] 陶晶. 低碳经济下物流标准化发展 [J]. 企业研究，2010（10）：78-79.
[81] 滕巾帼. 经济新常态下企业标准化人才培养刍议 [J]. 中国标准化，2016（5）：68-70.
[82] 姜举娟，徐晶. 标准化是企业适应市场化经济的必然 [J]. 中国科技信息，2008（5）：162-163.
[83] 李萍. 市场经济条件下如何发挥企业标准化的作用 [J]. 信息技术与标准化，2008（6）：44-46.
[84] 刘俊霞. 浅谈市场经济下企业标准化重要性 [J]. 现代农业，2007（3）：77-78.

［85］罗德福. 企业标准化工作要适应市场经济发展的需要［J］. 金属热处理，2006（S1）：163–164.
［86］杨宝双. 企业标准化管理创新及其经济效益探讨［J］. 企业改革与管理，2016（20）：18.
［87］李文仰，赵爱萍，郑淑莉. 试论市场经济与企业标准化战略［J］. 机械工业标准化与质量，2008（8）：34–35.
［88］邱湘煜. 探讨新经济下企业标准化管理［J］. 科学之友，2011（6）：82–83.
［89］邓丽娟，白韬光，华霖，等. 用ISO方法研究船用起重设备可拆卸零部件国际标准的经济效益［J］. 船舶工程，2015（S1）：287–289.
［90］付强，王益谊，王丽君，等. 基于ISO标准经济效益评估方法在中国开展的案例研究［J］. 标准科学，2013（11）：23–25.
［91］戚彬芳，宋明顺，方兴华，等. ISO标准经济效益评估方法的实证研究［J］. 标准科学，2012（11）：11–15.
［92］邵雅文. 标准经济效益评价：用事实说话［J］. 中国标准化，2012（8）：10–15.
［93］中国标准化研究院. 标准化若干重大理论问题的研究［M］. 北京：中国标准出版社，2007.
［94］阿扎提·皮尔多斯，戚晨晨，付强，等. 技术标准化提高果蔬加工企业经济效益案例研究［J］. 标准科学，2015（8）：25–30.
［95］张利飞，曾德明，张运生. 技术标准化的经济效益评价［J］. 统计与决策，2007（22）：149–151.
［96］程鉴冰. 政府技术标准规制对经济增长的实证研究［J］. 数量经济技术经济研究，2008（12）：58–69.
［97］宋明顺，张华. 专利标准化对国际贸易作用的机理研究及实证——基于标准与国际贸易关系研究现状［J］. 国际贸易问题，2012（2）：92–100.
［98］薛羽翔. 技术创新行为、技术标准与经济增长质量的计量关系研究——基于VAR模型［J］. 中外企业家，2016（6）：127–128.
［99］赵树宽，余海晴，姜红. 技术标准、技术创新与经济增长关系研究——理论模型及实证分析［J］. 科学学研究，2012（9）：1333–1341，1420.
［100］胡彩梅，韦福雷. 技术创新、技术标准化与中国经济增长关系的实证研究［J］. 科技与经济，2011（3）：16–20.
［101］叶柏林. 质量标准化计量百科全书［M］. 北京：中国大百科全书出版社，2001.
［102］刘双桂，陈建明，王俊秀. 企业成功的秘密：标准转型与标准运作［M］. 北京：中国标准出版社，2001.

撰稿人：施　颖　丁日佳

标准化与创新研究新进展

一、引言

“创新”的概念最早由美籍奥地利经济学家约瑟夫·阿罗斯·熊比特（J.A.Schumpeter）在他于1912年发表的《经济发展理论》一书中提出的，他认为“开动资本主义的发动机并使它继续动作的基本推动力来自新消费、新生产或运输方法、新市场，或是资本主义企业所创造的产业组织的新形式。这种产业上的突变过程……它不断使这个经济结构革命化，不断毁灭老的，又不断创造新的结构。这个创造性的毁灭过程就是创新。”在随后的经济发展过程中，“创新”这一概念不仅被广泛应用，而且含义也不断延伸和扩展。到现在制度创新、技术创新、管理创新、组织创新、知识创新、市场创新、机制创新等创新概念不断涌现、层出不穷。党的十八大明确提出“科技创新是提高社会生产力和综合国力的战略支撑，必须摆在国家发展全局的核心位置”，强调要坚持走中国特色自主创新道路、实施创新驱动发展战略。科技创新具有乘数效应，不仅可以直接转化为现实生产力，而且可以通过科技的渗透作用放大各生产要素的生产力，提高社会整体生产力水平。实施创新驱动发展战略，可以全面提升我国经济增长的质量和效益，有力推动经济发展方式转变。

二、标准化与创新国内研究综述

（一）标准化与创新的关系

对于标准化与创新的关系，李春田（2003，2004）曾进行了系统的论述。他认为创新是事物发展过程中的转折点或者说是一次跳跃、一次质变。而这种转折、跳跃或质变的发生是有前提条件的。条件具备，就有创新的可能；条件不具备，想创新也创不出来。标准化对创新来说似乎是矛盾的、相互对立的，其实它们是对立的统一。如果只有创新而没有适时的标准化，则创新的成果就很难转化为经济福利和未来创新的制度基础。但若过分强调标准化，则容易形成官僚化的管理体制从而扼杀创新。健康的增长模式是在创新与标准化之间权衡，标准化不仅不会限制创新，而且恰恰是为创新准备必要的条件，两者存在着互动关系。

1. 标准化与技术创新积累

技术创新是突破、是质变，甚至是对以往的扬弃和否定。但通常情况下，质变是以量变为基础的。许多技术创新成果中常常凝结着一代人甚至几代人的成就，它实际上是经验和技术的积累过程。没有积累也就无所谓质变和创新。标准化过程本身就是知识和经验的积累过程。一项标准的产生，要做许多工作、经历许多环节，但最关键的一环就是要把截止时间某一点为止人类社会在该领域的实践经验和科学成果加以总结和提炼，纳入标准，这就是积累。而标准的实施过程就是普及化过程，在这个过程中又会有新经验和技术的再创新，随着标准的修订，这些经验和创新成果又被纳入标准，这就是技术的再积累。这个标准的“制定—实施—修订”过程，恰是经验和技术的“创新—普及—再创新”过程。标准好比建筑工地上砌砖工人站成一排的脚手架，只有站在这上面才能把砖砌高，同时砖砌高了它才能再升高。标准化就是托起技术创新和产品创新的一个平台。因为有了这个平台，创新活动才有立足点和坚实的基础；也正因为有这个平台，创新才不至于一切从头摸索和从零起步，给创新带来了节约和效率。至今人们还不认为标准化也是创新活动，但创新与标准化之间的这种互动关系，标准化为创新做积累、打基础的这个平台作用，还是易于被理解的。

2. 标准化与提高技术创新效率

标准化给创新者准备了一个平台，凭借这个平台，可以最大限度地提高技术和产品的创新、开发效率。零件标准化是专业化、大量生产的前提条件，也可以说是一个效率平台。专业化、大量生产方式在整个工业化时代占据统治地位，创造出前所未有的生产高效率，凭借的就是零件标准化平台。到了后工业化时代，在大量生产将逐步被多品种、小批量乃至定制式生产所取代的情况下，这个平台同样是这种新生产方式的前提条件。因为这种生产方式更要讲究开发效率和生产效率。产品系列化是当今制造业首选的产品开发策略。产品成系列开发，由于系列内部具有几何相似性和零件通用性，开发效率可以成倍提高，并且可以最大限度地覆盖市场。例如：按尺寸和功能参数形成的系列产品，可以满足各种功能要求的消费者的需要；按豪华程度形成的系列产品，可以满足不同层次的需求；变型（派生）系列产品则是应对不断变化的需求和各种特殊需求的极好对策。产品创新走系列化的路线，既能提高创新效率，又可降低开发风险，使企业积累的标准化优势随着市场的变化不断延伸，形成一个以不变应万变、以少变求多变的产品发展平台。企业一旦把这样的平台搭建起来，就会得心应手地应对市场的风云变幻。

3. 标准化与创新技术扩散

创新成果的传播扩散有多种途径，标准化是较好的途径之一，标准化的产品和零件、材料，易于形成较大的需求量，为实现集中专业化生产准备了必要条件。由于集中专业化生产的技术优势和经济优势，特别是产品质量稳定可靠、价格便宜、供货及时、企业信誉好，这又会进一步扩大其影响，占领更大的市场份额，获得较好的经济效益。标准化的创新扩散作用，不仅仅是可以使创新企业获得可观的经济效益，更重要的是通过技术创新扩散过程的展开所产生的累积效应，会对整个国民经济的运行产生重大影响。同技术的创新扩散相类似，标准化也有个关联特性。所谓关联性是指标准之间相互配合、相互衔接、相互保证的关系所表现出来的标准整体或标准体系的一种特性。标准化的作用在多数情况下是通过一个标准集合或标准体系来完成的。一个产品的创新及其标准化，推动起一批产品的创新，甚至导致新行业的诞生。创新与标准化的这种交互扩散，不仅能有力地推动材料、新能源和先进技术装备的出现，还能通过生产方法和管理创新及标准化，降低原材料和能源消耗，提高劳动生产率，使创新企业获得发展机遇，将无创新能力的企业淘汰出局。在部门间的交互扩散，使上下游产业之间形成创新与标准化的互动，导致各产业部门要素生产率、生产成本和产品质量的变化，有的扩张、有的收缩，从而推动产业结构的变化。创新与标准化的这种交互扩散所产生的影响，可以称之为“交互扩散效应”，它既是揭示标准化与创新之间关系的一把钥匙，又可能是探索市场经济条件下标准化内在规律，尤其是标准体系形成机制的切入点。

王道平、方放、曾德明（2007）论述了产业技术标准与企业技术创新之间的相互作用与影响，并对协调两者发展关系的研究进行了梳理。他们认为，技术标准的出现对技术创新起到了“双刃剑”的作用，一方面推动、促进技术创新的开展，另一方面也将阻碍技术创新的进步。潘海波、金学军（2003）也指出在技术标准和技术创新之间存在着复杂和动态的关系。赵树宽、余海晴、姜红（2012）从理论角度厘清技术标准、技术创新与经济增长的关系，并用计量经济学方法对三者的长期动态关系进行了研究，发现技术标准、技术创新与经济增长之间存在长期动态均衡关系。

（二）标准化创新

李春田（2003，2004）认为当今的标准化是工业时代的产物，所谓的“传统工业”的产物。标准化的某些观念、理论和方法，是从这个“传统工业”所固有的特性中派生出来的，并且是为这个“传统工业”的体制和生产方式服务的，在中国则是为计划经济体制服务的。然而，随着经济的发展和技术的进步，这种生产组织形式已渐渐失去了优势，尤其在市场需求日益呈现个性化、多样化和瞬息万变的情况下，它必将为更先进的生产组织形式所取代。面对这一系列变革，标准化该怎么办？它要求标准化将自身的理论基础从工业经济时代转向知识经济时代；从为计划经济服务转向为市场经济服务；从适应大量生产的要求拓展到适应个性化、多样化需求和市场形势多变的要求，以及适应经济全球化的要求。

1. 标准化理论、原则和观念的创新

在长期的计划经济体制下形成的一系列标准化观念和思维方式，都是与计划经济体制一脉相承的，其中有的是与市场经济格格不入的。我国在向市场经济转轨过程中，许多领域都经历过理论和观念的大讨论，从而确立了社会主义市场经济的理论基础。而标准化没有经历这个“痛苦”转变，基本上沿着过去的轨道“和平”过渡的。不能说没有改革，但根本问题是，到现在我们还难以在实际工作中区分清楚，哪些是计划经济留下的、不利于市场经济的、应该取消和淘汰的；哪些是发展市场经济需要的，是我们应该做好的，等等。这种情况告诉我们，市场经济这一课是要补上的。过去那些在计划经济年代和经济、技术发展比较缓慢时期形成的理论、原则和那些已经习以为常的观念，有的要创新、发展，有的则要摒弃。必须建立能正确地反映新生产力水平和新的社会经济结构要求的新理论、新原则和新观念。

2. 标准化方法论的创新

为了适应和满足市场的个性化、多样化、多变化以及国际化的要求，企业管理也把重点由产品形成过程的后期提到前期，特别重视产品的创新开发。企业的产品创新开发能力对企业市场竞争胜负有决定性的影响，成了企业竞争力的核心内容。在这种形势下，要发挥标准化的作用，就不能只凭现行的一部《中华人民共和国标准化法》，要有能解决企业最关心的实际问题的方法，其中最迫切需要的是提高企业核心竞争力相关的方法。标准化是一项实用技术，方法论是它的核心内容。其实，现代意义的标准化，从它诞生之日起就不断地开发和创新它的科学方法，形式也不断增多，较为古典的形式有简化和统一化，后来又有了通用化，到了20世纪后半叶广为流行的系列化、组合化和模块化。这些标准化形式是标准化学科最精彩的内容，也是对提高企业核心竞争力最为有用的技术。标准化方法论的创新关系到它到底能不能承担起它的历史使命的大问题。

3. 标准化管理和体制的创新

标准化是社会、经济、技术发展的基础性工作，国家必须建立起自己完整的标准体系，并明确国家标准化战略重点。在国际间经济竞争日趋激烈、技术创新对国家经济实力产生重大影响的当今时代，国家标准化工作重点的确定是事关全局的大问题。因为它不仅仅是哪个领域多制定或少制定几项标准的问题。由于标准对技术发展的前导性作用和在国际市场中的规范性作用，国家之间的标准之争常常对产品的市场竞争起决定性影响。由此，我们便不难理解近期包括美国、日本、欧盟在内的一些工业发达国家和地区几乎同时都在制定自己的标准化发展战略。

2015年3月11日，国务院印发《深化标准化工作改革方案》，《方案》指出：“标准化工作改革，要紧紧围绕使市场在资源配置中起决定性作用和更好发挥政府作用，着力解决标准体系不完善、管理体制不顺畅、与社会主义市场经济发展不适应问题，改革标准体系和标准化管理体制，改进标准制定工作机制，强化标准的实施与监督，更好发挥标准化在推进国家治理体系和治理能力现代化中的基础性、战略性作用，促进经济持续健康发展和社会全面进步。”

《方案》提出本次改革的总体目标是：“建立政府主导制定的标准与市场自主制定的标准协同发展、协调配套的新型标准体系，健全统一协调、运行高效、政府与市场共治的标准化管理体制，形成政府引导、市场驱动、社会参与、协同推进的标准化工作格局，有效支撑统一市场体系建设，让标准成为对质量的‘硬约束’，推动中国经济迈向中高端水平。”

《方案》提出：“通过改革，把政府单一供给的现行标准体系，转变为由政府主导制定的标准和市场自主制定的标准共同构成的新型标准体系。政府主导制定的标准由 6 类整合精简为 4 类，分别是强制性国家标准和推荐性国家标准、推荐性行业标准、推荐性地方标准；市场自主制定的标准分为团体标准和企业标准。政府主导制定的标准侧重于保基本，市场自主制定的标准侧重于提高竞争力。同时建立完善与新型标准体系配套的标准化管理体制。”

三、标准化与创新国外研究进展

（一）国外研究进展概述

2008 年，欧盟发布了题为《标准化对创新的贡献日益增加》的通讯，指出标准化对创新和竞争力的贡献日益明显，提出利用其创新性的市场来强化欧盟利用其知识经济优势的竞争地位。英国商业、创新和技能管理部门（BIS）2010 年发布了题为《标准经济学》的报告，对标准和技术创新的关系进行了深入细致的分析。2013 年，著名标准化研究者 Knut Blind 以《标准化和标准对创新的影响》为题对标准和创新之间的研究进行了系统总结。Choi，Lee 和 Sung（2012）对 1995 年至 2008 年间科学网（Web of Science）上发表的 528 篇标准化和创新的相关研究进行了系统分析，发现标准化与创新正在引起越来越多学者的关注（图 1），这些研究主要分布在管理、经济、商业、工程管理、计算机和通信等研究领域（图 2）。

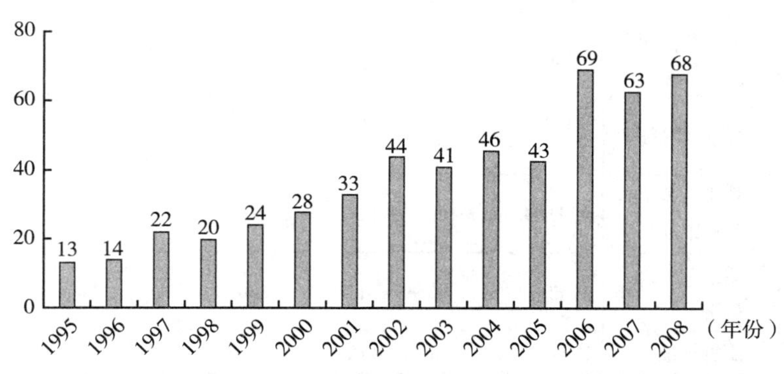

图 1　1995—2008 年标准化与创新相关研究论文的数量

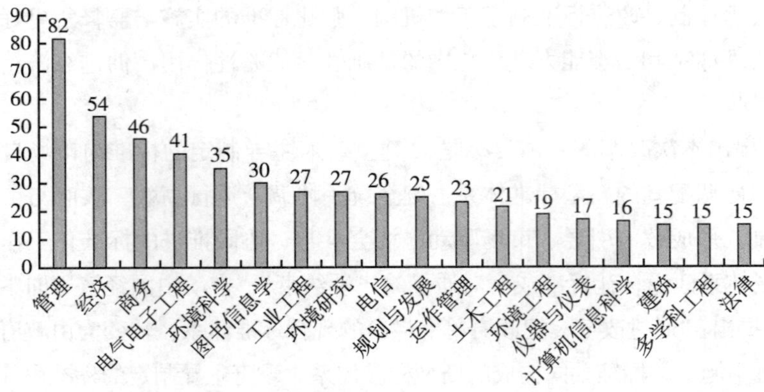

图 2　标准化与创新相关研究的领域分布

Choi，Lee 和 Sung（2012）对这 528 篇文献的标题、关键词和摘要进行汇总，并利用摘要信息对这些文献进行聚类，发现这些研究主要分布在三大领域：标准化对创新的功能作用，这一领域的研究文献合计 165 篇；标准化战略和影响，这一领域的研究文献合计 181 篇；不同类别的标准，这一领域的研究文献合计 182 篇。各领域代表性学者和研究领域见表 2。

表 2　标准化与创新主要研究领域分布情况

研究类别		代表性研究
标准化对创新的功能作用（165 篇）	标准化和创新的关系	Allen and Sriram（2000）；Teece（2006）；Rovati，et al.（2000）
	技术和知识的扩散	Abrahamson and Rosenkopf（1997）；Zhu，et al.（2006）；Hurmelinna et al.（2007）
	规制工具	Brunnermeier and Cohen（2003）；Gann，et al.（1998）；Unnevehr and Jensen（1996）
	标准和知识产权	Encaoua and Hollander（2002）；Lemley 2002；Rysman and Simcoe（2008）；Allred and Park（2007）；Hausman and Leonard（2006）
标准化战略和影响（181 篇）	标准化影响和竞争战略	Gallagher（2007）；Montero（2002）；Sahay and Riley（2003）
	标准化和绩效	Debackere，et al.（1997）；Ehrhardt（2004）；Link and Naveh（2006）；Braaet al.（2007）
不同类别的标准（182 篇）	技术标准和产品标准	Sedlacek and Muller（2006）；Bennett，et al.（1994）
	质量和管理标准	Kanji（1998）；Naveh and Marcus（2004）；Cole and Matsumiya（2007）
	服务标准	Tether et al.（2001）；Yoo，et al.（2005）

（二）不同类型标准在创新活动中的作用

技术变革，更确切地说是伴随技术变革的创新，是经济繁荣的保证。然而，仅仅依赖于研究人员和发明家产生大量的新思想是不够的。要使产品创新和流程创新能够产生显著的、积极的经济影响，还必须使之成功地走向市场并得以有效扩散。标准化能够促进技术的扩散。但是，由于新技术、新产品需要与那些用户更为熟悉的现存技术和产品进行竞争，而现有的技术领域往往已经投入了额外的人力资本和物质资本，这使得已有的标准也有可能会成为新技术、新产品的障碍。Knut Blind（2000，2013）在综合现有研究基础上，对标准在创新活动中的作用进行了深入的分析和汇总。他将标准划分为兼容性标准、质量标准、品种简化标准以及信息标准四种类型，对不同类型标准在创新中所发挥的作用进行了详细论述（表 3）。

表 3　标准对技术变革的影响

标准类别	对创新的正面影响	对创新的负面影响
兼容性 / 接口标准	· 网络外部性 · 避免就技术的锁定 · 增加系统产品的种类 · 提高供应链效率	· 形成垄断 · 当网络外部性非常强时锁定在过时的技术中
最低限度质量 / 安全标准	· 避免逆向选择 · 增强信任 · 降低交易成本	增加对手的成本
品种简化标准	· 规模经济性 · 降低成本，使新产品达到临界容量	· 品种减少 · 市场集中 · 选择不完善的技术
信息标准	有关技术现状的信息，为技术创新提供来源	

注：表格来源于 Knut Blind（2013）。

1. 兼容性与接口标准

信息技术和通信技术的快速发展，使得兼容性标准和接口标准的重要性日益显现。由于网络外部性和转换成本这些现象的同时存在，双方都不愿意向更好的方向转换，使得市场有被锁定在次等方案中的风险。网络外部性有两种主要的类别（Katz 和 Shapiro，1985）：直接的和间接的。对电话网用户而言，其价值以一种明显的、直接的方式依赖于其他用户的数量。如果很少有其他人使用这一网络，那么网络的效用就会受到限制。在直接网络外部性存在的条件下，个人效用函数由两大类要素构成：一类是独立于网络的自变量参数；另一类是依赖于网络规模的要素。与直接网络外部性形成对照的是间接网络外部性，间接网络外部性产生于每个用户必须拥有两种或者更多的系统组件才能从中获益的范式中。由于网络外部性现象的存在，在网络技术（比如个人电脑、录音设备、录像机格式等）领域出现的一些标准竞赛中，从技术性能的角度来看，胜出的技术未必是那些“最好的”技术。胜出技术的所有者通常是那种成功地建立起了追随者网络，以及按照他自己的技术特性提供互补产品（比如软件）的第三方厂商网络的人。

在这些过程中出现的标准通常并不是正式意义上的标准。它们并不是由某个委员会或多或少地经过某些正式阶段所制定的，更确切地说，它们更多的是代表了为获取市场主导地位而进行的专利设计，因此被称之为“事实标准”。当兼容性标准是一种专利设计，而不是其内容可被所有有关当事人所使用的开放性的公共文档时，专利设计的所有者就能够滥用他的垄断权力。从静态效率视角来看，一般而言，公共、公开的标准比专利标准（Proprietary Standards）更可取，尽管不可否认的是，一些行业的成长是以专利标准为基础的。然而，专利标准也为公司开发新技术以超越现有技术提供了强大的激励。因此，从动态效率角度来看，开放的公共标准或许不是最优的选择。

2. 最低限度质量和安全标准

在标准的新古典主义产品市场模型中，通常假定产品是同质的，而且消费者拥有该产品特征的完全信息。然后，在现实中往往存在非常多的产品，消费者经常并不拥有关于产品特征的完全信息，因而面临着所谓的信息不对称。当产品的特征只有在使用时才会被发现时（比如体验商品），这种不对称程度将会增加。最后，可信商品（比如安全系统或者药品）的质量同样受到不被厂商控制的外部因素的影响。这种信息不对称的后果便是逆向选择或者道德风险。Akerlof（1970）表明，买者和卖者之间的信息不对称可导致逆向选择以及严重的市场失灵。如果买者在购买前不能区分质量优劣，那么质量高的卖者将很难维持一个溢价（Price Premium）。当缺乏这种溢价，或者高质量卖者的成本高于低质量卖者的成本时，高质量卖者将被迫退出市场，出现劣币驱除良币的现象，优质产品市场将被中断，交易停止，从而使得优质产品的厂商剩余和消费者剩余减少。

最低限度质量标准或者质量区分标准可以解决逆向选择的现象。如果这些质量标准存在并且被很好地接受，那么买者在购买前就能有效地将高质量的产品从低质量的产品中区分出来，从而质量高的卖者可以维持与其优质产品相对应的价格。即使这些最低标准不是“公共的”，它们也具有“俱乐部产品”的特征，可以使那些合作定义标准的有限数量的俱乐部成员获益。然而，如果最低限度质量标准是由专业团体或产业联盟来制定的，那么存在设定过高标准以形成行业壁垒的可能，以便通过限制总供给和提高产品价格来获取额外利润。除使高质量的产品市场成为可能外，最低限度质量标准或者质量区分标准还可以降低经济学家所谓的交易成本和搜寻成本（Hudson 和 Jones，1996，2001）。如果一种标准缩小了产品特征的范围，那么便可以降低消费者的不确定性。因此，消费者没有太多必要在购买前花费时间和金钱来评价产品。在商品市场，交易者甚至不需要查看商品就能够买卖数量庞大的商品，但是，只有对正在进行交易的产品特征有完全的自信时，以上才会成为可能。因此，必须要有一个明确限定的标准，并且必须保证所有交易的商品符合标准规范。

3. 品种简化标准

大部分标准具有将产品限定在一定范围之内，或者限定产品的型号、质量等此类特性参数数值的功能。一个著名的例子是纸张的格式标准系列（比如 DIN A4）。品种简化（Variety Reduction）标准履行两种不同的功能。

第一种功能，品种简化标准可以通过减少产品甚至技术的种类而形成规模经济。围绕同一标准，首先可以实现原料投入的规模化，其次标准允许大规模生产，再次标准可以获得大规模流通的优势。这三个方面集合到一起，最终会导致单位成本的下降。

此外，品种简化标准还有第二个功能，这项功能不仅有利于生产者，同样也有利于消费者，因而显得更为重要。品种简化标准也可以降低供应商所面临的风险，标准的存在和使用通常可以调整未来技术的开发路径，同时也是新市场开发和成长的工具（Dosi，1982）。对一项新技术而言，其市场的早期阶段，由于供给者和用户太过分散，在市场发展过程中没有形成集中点或者临界容量，有时会造成技术始终被锁定在试验阶段，此时，标准能够起到创造集中点和凝聚不同企业的作用。品种简化标准可以帮助形成聚点，从而帮助市场起飞。

然而，品种简化标准是最难分析的一类标准，因为它既能起到提高创新的作用，又有可能抑制创新。品种简化，最典型的功能就是形成规模经济，但生产量的增加往往会提高技术流程的资本密集度。这种在很多产品的生命周期中都遵循的技术演进模式，通常会减少供应商的数量，增加他们的平均规模。不能确定这种趋势一定会减少竞争，但由于最低有效规模门槛的增加，那些小的、具有创新潜力企业的进入通常会受到日益增加的排斥。

4. 信息和测试标准

信息和产品描述标准经常被认为是与上述三类标准不同的一类标准（Tassey，2000），但是在很多情况下，信息和产品描述标准可以被看成是上述三类标准的一种混合。那些与市场密切相关的测试看上去与这类产品描述标准有很多的共同之处，通过测量可以确保产品是被期望的产品。厂商可以确信出售的产品确实是他所期望要出售的产品，这既可以降低厂商（赔偿或者诉讼）的风险，也可以减少消费者的风险。原则上，消费者可以有把握地购买商品，而不需要自己再进行单独的测验，来看看购买的商品是否是所期望的商品。同样，这种合格性测试有助于降低交易成本，使市场更好地运行。在科学技术领域，通过描述、量化和评价产品特征的出版物、电子数据库、术语以及测试测量方法等形式，标准有助于提供经评估的科学和工程信息（Tassey，2000）。在高科技现代制造业产业，一系列测量测试方法标准可以提供很多信息，这些信息如果被广泛地接受，就可以极大地降低买者和卖者之间的交易成本。

四、标准化与创新协同发展战略

企业技术创新、知识产权战略及标准化战略三者之间相互存在密切联系，三者之间有必要实现高度融合。技术创新促进技术标准战略和知识产权战略的相互融合，技术标准战略和知识产权战略的融合对技术创新具有双刃剑作用。三者只有协同发展，才能实现良性循环，共同提高技术创新主体的核心竞争力。自主创新要与自主品牌、知识产权和标准化相结合，自主品牌、知识产权和标准化被称为自主创新的三大战略，因此要大力推进技术专利化、专利标准化和标准产业化。

（一）标准化、知识产权与创新协同战略

王黎萤、陈劲、杨幽红（2003）认为技术标准作为人类社会的一种特定活动，已经从过去主要解决产品零部件的通用和互换问题，转变为倡导新的技术理念，并成为技术壁垒的重要组成部分。技术标准发展具有两大趋势：一方面，技术标准逐渐成为产业竞争的制高点，技术标准的竞争说到底是对未来产品、未来市场和国家经济利益的竞争。另一方面，技术标准与专利技术越来越密不可分，对于高新技术产业来说，经济效益更多地取决于技术创新和知识产权，技术标准逐渐成为专利技术追求的最高体现形式。但是专利影响的只是一个或若干个企业，而标准影响的却是一个产业，甚至是一个国家的竞争力，所以从战略高度上重视和加强技术标准的研究势在必行。技术标准战略是指组织从自身的发展出发，利用技术标准的建立和推广，在技术竞争和市场竞争中谋求利益最大化的策略。技术创新的发展对技术标准战略提出了新的要求，推动了技术标准战略与知识产权战略的相互融合。三者之间体现为复杂的关系。

1. 技术标准战略和知识产权战略的融合对技术创新的推动作用

技术标准战略贯穿于新产品的研究、设计、开发、应用和产业化的全过程，对技术创新具有促进作用。大量的国际标准、国外先进标准和国家、行业、地方标准，是国内外专家经过长期试验、研究、讨论的结晶，是宝贵的技术成果，也是国际、国内公认的对产品质量的基本要求。企业充分了解和采用这些标准，可使产品的质量在国内外市场上具有竞争力，进而促进产品研发创新。对于有竞争力的企业来说，市场竞争的优势，在很大程度上是从知识产权保护中来的。只有让企业的技术战略和知识产权战略有效融合，才能真正推动技术创新的发展，形成企业的竞争优势。大量的技术竞争会造成未来占统治地位支配市场的技术的不确定性，这会使消费者在选用技术产品时产生顾虑，而技术标准战略和知识产权战略的实施，可以减少这种不确定性的作用。技术标准化和知识产权制度是整合技术创新系统、优化资源配置、实现产业可持续发展的两个关键性因素，二者对技术创新的作用不是各自分裂、对立矛盾的，而是相互融合、协同发展的。因此，我们一方面要加强技术领域的自主知识产权成果的研制开发，积极参与国内外技术标准的制定，拓宽自己的生存与发展空间；另一方面，要有效地运用有关知识产权的法律法规，努力提高原始性创新能力，更多地掌握具有自主知识产权的核心技术和关键技术，从而增强我国企业的国际竞争力。

2. 滥用技术标准战略和知识产权战略对技术创新的阻碍作用

从创新的角度来讲，对知识产权保护不足和保护过度都会阻碍技术创新。保护不足，则其创新热情将会随其创造收入而减少；保护过度，市场中涉及知识产权的产品的价格会上扬，产品的传播会受到阻碍，创新的成本会增加，因为创新本身离不开对前人和别人成果的借鉴。技术标准在许可中涉及知识产权的许可，而标准化组织或标准持有人有可能利用标准的优势从事垄断市场或滥用标准、滥用知识产权的行为。

（二）标准化、知识产权与创新协同发展路径

技术创新是促进企业发展的根本，技术标准是技术创新过程中的重要内容，知识产权制度是技术创新的激励制度。技术标准战略应与知识产权战略相互融合，形成一条“技术专利化—专利标准化—标准许可化”的链条。凭借这一链条与技术创新协同作用，从而实现技术标准和技术创新的互促发展和良性循环，共同提高技术创新主体的核心竞争力，真正做到“标准制胜”。在技术标准战略、知识产权战略与技术创新协同发展过程中，企业还必须掌握几个关键点（王黎萤、陈劲、杨幽红，2003）：首先，以市场为导向是三者协同发展的基础。技术标准对技术创新的作用更多的是通过市场竞争表现出来。其次，标准先行是三者协同发展的关键。知识经济时代是标准先行的时代，所以从技术创新的研发初始就要有知识产权战略与技术标准战略的介入。在研发初期，通过技术预测把握行业技术发展及技术标准形成方向，使企业研发方向与之一致。再次，利用各种信息渠道，分析技术发展中知识产权状况，使企业专利工作、标准化工作与研发同步。最后，不能忽视技术标准领域的利益平衡问题。

程军（2010）从技术标准、专利与技术创新的相关理论出发，重点就技术标准、专利与技术创新的内在联系和联动模式进行阐述，提出技术标准、专利和技术创新之间存在联动关系，这种联动可分为“技术创新—专利技术—技术标准”异步递进联动循环模式、“技术标准—技术创新—专利技术”异步递进联动模式和“技术创新 + 技术标准—专利技术”的创新与标准化同步递进联动模式。舒辉（2013）认为技术创新模式与技术标准形成之间存在着辩证统一的关系。在分析技术创新驱动力和技术标准形成机制的基础上，以技术创新的驱动力与标准形成机制为参照系，提出了基于技术标准形成机制的四种技术创新模式：“市场竞争型”“技术竞争型”“技术指导型”和“市场指导型”，同时对它们的典型特征、机理分析、关键问题和实施条件进行了探讨。在技术标准协同战略的模式和路径上，华鹰（2009）针对企业所面临的外部环境差异及内部资源条件的不同，提出四种典型的模式。

1. 产业扩展型企业技术标准战略——掌控技术标准影响整个产业链

产业扩展型企业是指企业所处的行业面临激烈的技术标准竞争，但尚未形成完整的行业标准体系，企业本身又拥有非常强大的技术研发、创新能力，并且已具有相当竞争实

力的系列产品。这时，企业可以通过内外部资源整合，在行业或产业层面开展技术标准竞争，从整体上实施突破，以强占行业或产业技术标准制高点，向海外强势扩展。产业扩展型企业要有主导标准的意识，积极参与行业标准、国家标准甚至是国际标准的起草工作，争取标准话语权。而构建专利联盟（专利池）整合各种分散的必要专利资源，是产业扩展型企业建立技术标准体系的主要路径。通过专利池的构建，形成行业或产业的技术标准。

2. 产品竞争型企业技术标准战略——抢占技术标准制高点

产品竞争型企业在行业（或产业）的技术标准竞争中并不处于绝对优势，而且行业（或产业）的技术标准体系也已基本完善，企业本身仅在个别产品上拥有较强的技术研发与创新能力，而且产品技术标准领先，但要在行业整体上取胜比较困难。这时，企业可以在个别产品标准竞争上进行突破，生产出高技术含量、高附加值的产品。通过开拓高端产品，向全球市场扩展，避免形成产品同质化—价格战—反倾销—公司超微利甚至亏损的恶性循环。产品竞争型技术标准战略一般比较适合技术比较成熟、市场竞争充分的家电、电子、精细化工、机械设备等传统产业。

3. 市场引领企业技术标准战略——“事实标准”引领市场

企业制定技术标准体系能否取得成功是有一定风险的，制定技术标准的风险主要是技术标准可能由于某种原因而不被市场所接受而失败。标准在市场竞争中的主导地位不容置疑，但标准最终只能市场化才能体现其价值。没有一定数量用户的产品，即使制定有非常高的技术标准，仍然会被束之高阁或被市场淘汰。与之相反，如果企业现有产品或技术拥有庞大用户和市场潜力，虽然其技术标准并不是最先进的，但企业同样可以通过市场先确立“事实标准”，再谋求标准国际化，从而最后赢得竞争。目前，我国最大的优势之一就是拥有巨大的市场，这种规模效应完全可以催生技术普及成为标准。在国外难以形成标准的技术，在中国可能因市场的迅猛普及反而会更快形成标准，并向全世界扩散。

4. 采标跨越型企业技术标准战略——定位追赶重点突破

采用国际标准和国外先进标准，跨越国外技术贸易壁垒，是我国大部分特别是传统行业和企业参与全球技术标准竞争的主要途径。在多数情况下，我们只能被动地执行国外或国际标准，受制于人。如果企业现有产品执行的技术标准整体水平较低，要跨越国外技术壁垒，分享全球化带来的国际分工，唯一的途径就是采用国际标准和国外先进标准。如何找准企业自身技术特点和潜力，根据所处行业的技术发展动态和趋势，制定适合自己的企业技术标准体系和企业标准战略，做到定位追赶、重点突破、向国际标准靠拢，是企业产品升级、参与全球市场竞争的关键。

五、标准化创新实践

随着经济发展逐步由要素驱动快速向创新驱动转变，标准化战略已成为提升企业核心竞争力、促进优势传统产业转型升级、引领新兴产业发展的关键性核心要素。标准不仅是企业为社会提供产品和服务的质量保证，也不仅是规范市场竞争行为的准则，更是引领技术创新发展的标杆和动力。在经济发展新常态下，行业结构调整与转型升级、技术和产品提升优化都有赖于标准的创新和提升。此部分选择电子商务质量管理与大数据两个新兴领域，对其标准化创新实践进行简要介绍。

（一）电子商务质量标准化研究进展

2014 年中国电子商务市场交易规模为 12.3 万亿元，比 2013 年的 10.2 万亿元增长了 21.3%；2013 年网络零售交易额达到 1.85 万亿元，2014 年前三季度网络零售交易额达 1.8 万亿元，同比增长 49.9%。2014 年中国网络购物交易规模市场份额达到 22.9%，比 2013 年提升 4.2 个百分点；未来几年，中国网络购物市场仍将保持快速发展，网络购物在电子商务中的占比将会继续提升。电子商务企业数量及交易规模如图 3a、3b 所示。网络购物市场交易规模如图 4 所示。

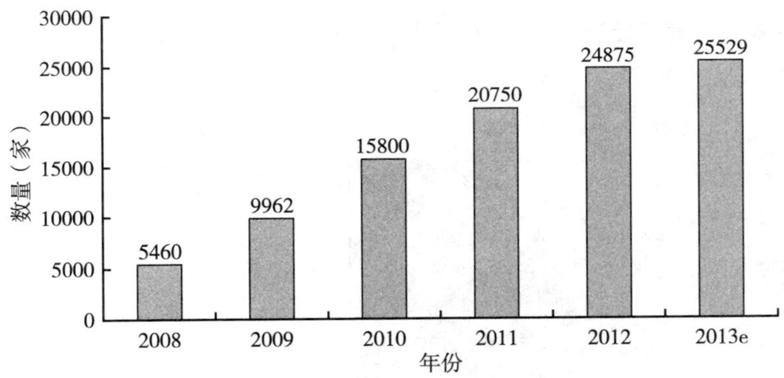

图 3a　2008—2013 年中国 B2C、C2C 电子商务企业数量

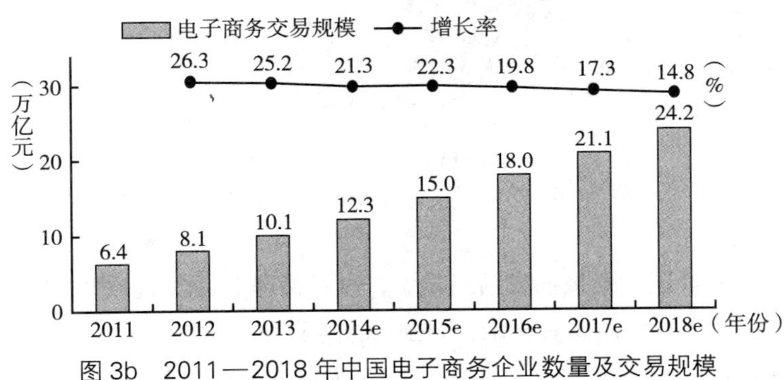

图 3b　2011—2018 年中国电子商务企业数量及交易规模

图 4　2011—2017 年中国网络购物市场交易规模

据中国电子商务投诉与维权公共服务平台监测数据显示，2013 年（上）网络购物投诉占电子商务类投诉的 45.40%，占据最大的比例，团购紧随其后，占据 13.15%，移动电子商务领域投诉占据 9.50%，B2B 网络贸易领域投诉占据 5.83%，物流快递领域投诉占据 6.64%，第三方支付领域投诉占据 4.32%，如图 5 所示。

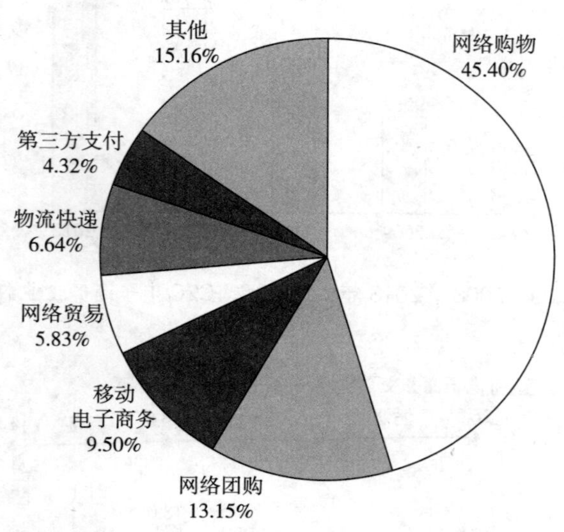

图 5　2013 年（上）电子商务投诉领域分布

2014 年产品质量国家监督抽查结果显示，电子商务产品质量抽样合格率只有 73.9%，质量状况不容乐观。有媒体调查显示，41.9% 的网购维权者投诉卖家销售假冒伪劣产品。电子商务是国家重点发展的商业模式，在其蓬勃发展的过程中受到假冒伪劣电子商务交易产品的困扰，网上假冒伪劣产品成为阻碍电子商务产业发展的最大障碍之一。

传统零售企业供应商数量一般只有几十家，产品数量通常不过百余件。企业质量管理大多基于 ISO 9001《质量管理体系》标准和质量管理人员的经验和能力。整个管控侧重于供应链、产品设计、生产加工、检验检测等环节，抽检反映的也是产品批次质量合格率或企业产品质量总体状况。而电商平台质量管理模式与传统企业质量管理模式存在显著的差异。以阿里集团为例，其平台商品质量管理面临着 1000 多万商家、10 亿量级商品的庞大体系。平台质量管理基于商品属性、标准化产品单元（SPU）、品牌、类目、模型、抽检的塔形商品管理体系，需要依靠大数据建立各种模型、算法、产品，实现商品信息的标准化、数据化运营，实现商品信息和实物信息的确定性。这也使得电商平台的抽检目标是指向劣质商品打击，不以反映平台商品质量总体状况为主要目的。虽然近年来国家标准化管理委员会（SAC）先后发布了几十项电商相关标准，但对于常用的电商业务缺乏统一的标准。

2016 年 4 月 6 日，全国电子商务质量管理标准化技术委员会（SAC/TC 563）在杭州成立，此举标志着中国电商迎来标准化时代。全国电子商务质量管理标准化技术委员会将围绕电子商务的基础通用、质量管理、诚信体系、质量风险防控等制定国家标准。

（二）大数据标准化研究进展

从 2012 年大数据元年到如今，大数据（Big Data）作为一场遍及学界和业界的革命，已经在逐渐改变着我们的学习、生活和思维方式。在大数据及与大数据相关的数据挖掘、机器学习、人工智能等领域，目前已有十分丰富的实践和研究。当前，大数据发展特征体现为不再局限于某一或者某几个学科领域，而是成为跨越计算机科学、数学、统计学、经济学和工程学等众多学科的交叉领域。大数据应用是一项涉及多主体和多元化应用场景的系统工程，而大数据标准化作为一项迫切而又基础的实际性研究工作，正是解决上述问题的有效途径。

1. 大数据标准化研究现状

大数据相关技术的发展与应用使得国际各标准化组织将工作焦点聚集于大数据的标准化研究工作，国际标准化组织（ISO）、国际电工委员会（IEC）、国际电信联盟（ITU）等国际标准化组织，美国国家标准与技术研究院（NIST）、全国信息技术标准化技术委员会（TC 28）等国家标准化组织相继建立标准化工作组开展大数据标准化研究工作。截至目前，各标准化组织关于大数据标准化虽然取得了诸多成就，出台了一系列标准，但就大数据整体技术体系和发展规模而言，当前大数据标准化研究仍处于起步阶段。本文就以上各标准化组织关于大数据标准化研究历程和目前取得的一些成果进行一个简单的梳理，旨在厘清当前大数据标准化研究现状。

（1）ISO/IEC JTC1。ISO/IEC JTC1 进行大数据标准化研究工作的包括 ISO/IEC JTC1 WG9 工作组和 ISO/IEC JTC1 SC32 分技术委员会。ISO/IEC JTC1 WG9 工作组是由负责大数

据国家标准化的ISO/IEC JTC1 SG32于2014年11月提议成立的大数据工作组，主要负责研制包括参考架构和术语在内的基础性大数据标准；对潜在的大数据标准化需求进行识别和认定；保持和大数据相关的JTC1其他工作组之间的联系等。ISO/IEC JTC1 WG9的最近一次会议于2016年10月12日在北京召开，会议讨论了过去两年来WG9工作组一直在研制的大数据标准：ISO/IEC TR 20547–1《信息技术 – 大数据参考架构——第1部分：框架和应用过程》、ISO/IEC TR 20547–2《信息技术 – 大数据参考架构——第2部分：用例和派生要求》、ISO/IEC 20547–3《信息技术 – 大数据参考架构——第3部分：参考架构》、ISO/IEC TR 20547–5《信息技术 – 大数据参考架构——第5部分：标准路线图》，并决定这4项标准的研制进度，其中第2项标准于2017年6月发布。

作为与大数据最为密切相关的标准化组织，ISO/IEC JTC1 SC32“数据管理和交换”分技术委员会致力于研究信息技术系统下的数据管理和交换标准，以期协调不同行业之间数据交换。ISO/IEC JTC1 SC32主要研究的大数据标准内容包括：协调现有和新生数据标准化领域的参考模型和框架；研发数据域定义、数据类型和数据结构以及相关的语义等标准；用于持久存储、并发访问、并发更新和交换数据的语言、服务和协议等标准；用于构造、组织和注册元数据及共享和互操作相关的其他信息资源的方法、语言服务和协议等标准。SC32下包括4个工作组：WG1“电子业务”、WG2“元数据”、WG3“数据库语言”和WG4“SQL多媒体和应用包”。

（2）ITU–T。ITU早在2013年11月就发布了名为《大数据：今天巨大，明天平常》的技术观察报告，该报告对彼时尚为新兴的有关大数据应用案例进行了剖析，对大数据的基本特征和大数据应用技术进行了深度的解释，并对大数据可能面临的挑战及其电信标准化部门（ITU–T）要开展的标准化工作进行了初步的说明。ITU–T认为大数据面临的最大挑战在于数据保护、隐私和网络安全以及相关法律法规的制定等问题。ITU–T目前开展的标准化工作包括大数据网络基础设施；网络数据抓取、挖掘和分析标准；开放数据标准等。其大数据标准化工作主要由SG13（第13研究组）负责展开，具体由下设的Q2（第2课题组）、Q17（第17课题组）和Q18（第18课题组）实施。其中：Q2主要研究课题为“针对大数据的物联网具体需求和能力要求”，已于2016年6月完成报批；Q17的主要研究课题为“基于云计算的大数据需求和能力”，该课题相关的标准已于2015年8月发布；Q18涉及的研究课题为“大数据即业务的功能架构”，相关的标准研制也已于2016年10月报批。三个课题组由Q17牵头开展大数据标准化研究工作并负责向电信标准化咨询委员会（TSAG）汇报。

（3）NIST。NIST针对大数据标准化系列工作成立了大数据公共工作组（NBD–PWG），其工作宗旨是将业界、学界和政府在有关大数据定义、术语、安全参考体系结构和技术路线图形成一致性意见。工作组认为大数据技术在当前和未来应用中应满足互操作性、可移植性、可用性和扩展性需求等要求。工作组下设术语和定义、用例和需求、安全与隐私、参考体系结构和技术路线图5个分组，截至2016年底已完成《大数据定义》《大数据分类》《大数据用例和需求》《大数据安全和隐私需求》《大数据参考架构调研白皮书》《大数据参考架构》和《大数据技术路线图》等输出物 V2.0 版本。

（4）国内大数据标准化工作。在大数据浪潮下，我国大数据标准化研究工作在工业和信息化部及国家标准委的支持下也得以快速展开。2014 年 2 月，TC 28 成立大数据标准工作组，主要负责研制我国大数据领域的标准体系，对大数据相关技术标准展开研究。国务院在 2015 年 8 月 31 日发布的《促进大数据发展行动纲要》中明确指出："建立标准规范体系。推进大数据产业标准体系建设，加快建立政府部门、事业单位等公共机构的数据标准和统计标准体系，推进数据采集、政府数据开放、指标口径、分类目录、交换接口、访问接口、数据质量、数据交易、技术产品、安全保密等关键共性标准的制定和实施。加快建立大数据市场交易标准体系。开展标准验证和应用试点示范，建立标准符合性评估体系，充分发挥标准在培育服务市场、提升服务能力、支撑行业管理等方面的作用。积极参与相关国际标准制定工作。"为了加快大数据相关标准的研制，TC 28 大数据标准工作组于 2015 年 7 月成立了 7 个研究专题组，分别为总体专题组、国际专题组、技术专题组、产品和平台专题组、安全专题组、工业大数据专题组、电子商务大数据专题组，各专题组研究大数据领域不同方向的标准化工作。截至 2016 年底，工作组在研的 10 项国家标准均已进入报批阶段。

中国电子技术标准化研究院联合 TC 28 于 2014 年 7 月发布了《大数据标准化白皮书 V1.0》，并持续于 2015 年 12 月和 2016 年 5 月发布了《大数据标准化白皮书 V2.0》和《大数据标准化白皮书（2016）》版本，对当前大数据的基本概念、特征与作用、发展现状与趋势分析、大数据关键技术、大数据标准化现状、大数据标准体系和我国今后一段时间内大数据工作重点的一些建议进行了详细而又全面的阐述，这也是我国大数据标准化工作的一个里程碑事例。作为通信行业的标准化研究组织和管理单位，中国通信标准化协会（CCSA）近年来也相继开展了大数据标准化研究工作，目前 CCSA 在研的 11 个大数据标准化项目设计包括大数据需求架构、大数据可视化技术、大数据环境下数据质量要求与数据质量评估方法以及电信互联网大数据开放平台标准化研究等方面。

（5）大数据标准化研究总结。从前述国内外各标准化组织关于大数据标准化的研究情况分析，随着大数据技术发展相对成熟之后，虽然大数据标准化研究工作已有加速发展之势，但就总体而言，大数据标准化研究工作仍处于起步阶段，而且这个阶段会随着大数据技术的持续创新而长期存在。大数据标准从本质上而言是一种技术标准，技术标准的一个重要特征是其成功与否很大程度上取决于技术与市场对该领域的影响。大数据标准作为一种需求导向型标准，技术与市场的内在驱动是其不断发展与完善的动力，目前大数据标准化研究工作正是因此而不断发展。技术标准在成为市场"事实标准"的过程中，通常会经过研发阶段、产业化阶段和市场化阶段，当前大数据标准仍然处于大数据技术标准研发阶段，且大数据标准化工作与大数据处理技术融合度较低，进一步推动大数据标准与技术的融合是未来发展需要考虑的。

2. 大数据标准体系

为实现大数据领域的技术标准化而形成的体系称之为大数据标准体系，在此领域内的大数据标准都存在着相互依存、相互衔接、相互补充和相互制约的内在联系，最后形成系统的科学整体。建立先进科学的大数据标准体系，首先要遵循标准化的工作原理，充分利用系统科学理论与方法；其次要充分结合大数据技术框架，大数据技术框架是大数据技术标准化的直接参照。

（1）大数据技术框架。所谓大数据技术并不是某一种单独的技术，而是一群技术的集合，按照当前业界的大数据处理分析流程，大数据技术包括数据采集技术、数据清洗与加工技术、数据分析与挖掘技术、数据可视化技术、数据存储技术等。结合当前业界大数据处理分析流程和国际标准化组织研究成果，本文提出包含四个层次要素的大数据技术框架体系，如图 6 所示。

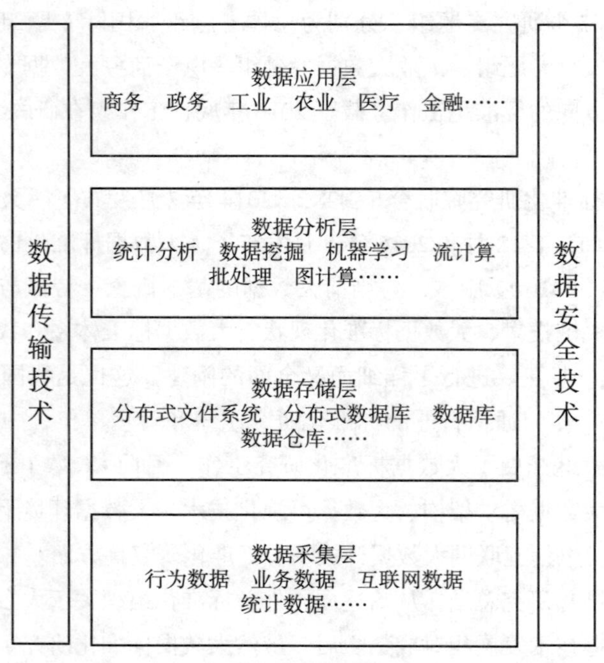

图 6　大数据技术框架

数据采集层负责采集、抓取各类数据资源并汇集成初步的基础大数据资源；数据存储层是将采集来的数据进行清洗、去噪等预处理之后形成可供分析的标准化数据并存储于数据库之中；数据分析层则是根据实际的业务问题运用一系列大数据算法和机器学习工具对数据进行分析和建模；数据应用层是将分析好后的数据应用于各项实际业务中，实现数据的价值转换。数据传输技术为各个层次要素的数据传输提供了一个通道，使得数据价值最后能落到实处，而数据安全技术则为大数据提供了一个安全可靠的信息保障环境，提升了数据采集、传输和储存的安全水平。

（2）大数据标准体系。综合分析当前大数据标准化研究现状，以大数据技术框架为参考，响应大数据应用潜在需求和未来发展趋势，我们结合《大数据标准化白皮书（2016版）》给出大数据标准体系，如图 7 所示。

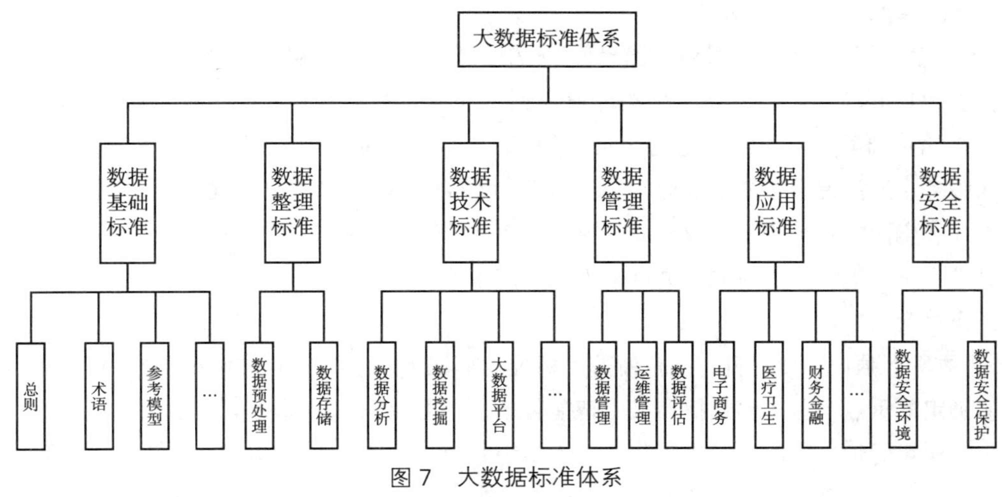

图 7　大数据标准体系

大数据标准体系由数据基础标准、数据整理标准、数据技术标准、数据管理标准、数据应用标准和数据安全标准六个类别的标准组成。

1）数据基础标准为整个大数据标准体系提供标准化指南，包括总则、术语、参考模型等基础性标准。

2）数据整理标准是对采集来的非结构化数据的预处理和存储标准，如清洗、去噪和归约、存储模式与结构等，保证数据分析前数据的可用性和科学性。

3）数据技术标准主要是针对大数据相关技术进行规范，包括数据分析、数据挖掘、大数据相关平台和工具及其技术、功能、接口等标准。

4）数据管理标准是贯穿数据整个生命周期各个阶段的支撑性标准，由数据管理、运维管理和数据评估三个方面构成。

5）数据应用标准主要是为了大数据在各个行业的应用与服务所制定的标准，各行业大数据应用标准由其行业所涉及的数据特征所决定，大数据应用标准领域包括电子商务、金融、工业、医疗卫生等行业。

6）大数据安全标准作为大数据标准的另一个支撑，贯穿于整个数据生命周期，包括数据安全环境和数据安全保护两个子类。

（三）地方标准化创新的探索——浙江标准化改革综合试点

标准是国民经济和社会发展的基础制度，也是国家治理体系和治理能力现代化的重要手段。2016 年 12 月，国务院批复同意浙江省开展国家标准化综合改革试点工作，浙江成为目前全国唯一获批的省份。2017 年 1 月 18 日，浙江省人民政府印发《浙江省国家标准化综合改革试点工作方案》，对标准化综合改革试点工作提出了具体要求。

1. 构建七大“浙江标准”

《方案》提出，浙江省将建设新型“浙江标准”体系，按照突出重点、分步实施的原则，着力抓好产业转型发展、生态环境资源、基本公共服务等重点领域的标准制定与实施。在此基础上，以国内外先进标准为标杆，全面构建浙江制造、浙江环境、浙江民生、浙江服务、浙江建设、浙江农业、浙江治理七大标准体系，以先进标准引领治理模式、生产方式和生活方式转变，形成更高、更严、更优的新型“浙江标准”体系优势，推动浙江省更进一步、更快一步争取标准话语权，以高水平的“浙江标准”引领浙江省建设高水平的小康社会。

《方案》强调，要提升“浙江制造”标准。浙江省将围绕《中国制造 2025 浙江行动纲要》确定的重点产业，立足机器人、智能装备、新能源汽车、新材料、仪器仪表、机械电子、海洋船舶、生物医药等先进制造业，纺织服装、皮革鞋类等传统优势产业和丝绸、黄酒、茶叶、中药等历史经典产业，构建国内领先、国际先进的“浙江制造”标准体系，以高标准实现高品质、高水平的本土制造。标准并不仅仅与制造业相关，还与社会经济发展中的多个方面有密切关系。完善“浙江环境”标准、健全“浙江民生”标准、创新“浙江服务”标准、发展“浙江农业”标准、构建“浙江治理”标准，将在浙江逐一展开。比如，在水环境方面，加强污水排放控制、防洪防涝、供水安全、饮用水水源地污染监控、工业节水等标准制定，形成科学合理、系统配套的“五水共治”标准体系；在社会治理方面，围绕深化“放、管、服”改革，全方位构建政府治理标准体系等。

2. 发挥“标准化 +”效应

实施“标准化 +”战略，是促进标准化与经济社会各领域深度融合的必然要求。《方案》指出，以标准促进创新发展，建立以“浙江制造”标准带动企业技术改造机制，推动企业对照“浙江制造”标准开展质量提升活动；以标准推动协调发展，扎实推进农村综合改革和新型城镇化标准化试点创建；以标准保障绿色发展，健全生态补偿标准，倒逼落后产能淘汰、退出；以标准带动共享发展，加快公共教育、医疗卫生、公共交通、居家养老、社会保障等领域标准化试点项目建设，带动基本公共服务均等化。

目前，浙江省拥有节能环保地方标准 63 项、农业地方标准 340 项、工业地方标准 77 项、服务业（含社会管理与公共服务）224 项等，已有 4 个国际标准化技术委员会及工作组、40 个全国标准化技术委员会落户浙江。此次改革试点将主要围绕体制改革、机制创新、新型“浙江标准”体系、“标准化 +”效应和改革支撑能力 5 个方面展开，按照“整体推进、分步实施”原则，力争尽快形成改革试点建设的政策红利。到 2020 年，建成并理顺具有浙江特色的标准化工作体制机制；基本建成结构合理、衔接配套、覆盖全面、水平先进的新型“浙江标准”体系，“浙江标准”影响力不断提升；标准供给成为制度供给的重要支撑，“标准化 +”融入经济社会各领域，成为治理体系和治理能力现代化的重要标志。

3. 以标准供给支撑制度供给

把政府单一供给的标准体系转变为由政府主导制定的标准与市场自主制定的标准共同构成的、合理布局的新型标准体系，是全面深入推进标准化工作的重要任务。浙江省按照标准化的理念和方法，在全国首创“四张清单一张网”制度，全面、系统、依法规范各级政府、各部门权力配置和运行程序，省级部门行政权力事项已经从 1.23 万项精减到 4174 项；省级实际执行的行政许可事项已从 1266 项减少到 215 项，非行政许可审批事项全面取消，40 多个部门全部实行一站式网上审批。《方案》提出，浙江省将制定标准化服务业发展指导意见，建立充分竞争、便捷高效的标准化技术服务市场。培育和发展标准化中介服务机构，提升标准化研究机构、标准化技术委员会研究和服务能力，提供标准化战略制定、标准分析研究以及试验验证、检验检测、认证咨询等专业化服务。加强全省标准藏馆和标准信息公共服务平台建设，构建标准云平台，推动与国际标准组织、国外标准机构的标准信息资源交换与合作，完善国际标准销售和服务体系，提升标准服务供给能力。

参考文献

[1] 唐良富，唐榆凯，杨德屏，等. 美国创新战略（2011）中标准发展布局分析［J］. 科技管理研究，2013（9）：1–4.

[2] 陶爱萍，张丹丹. 技术标准锁定、创新惰性和技术创新［J］. 中国科技论坛，2013（3）：11–16.

[3] 赵树宽，余海晴，姜红. 技术标准、技术创新与经济增长关系研究——理论模型及实证分析［J］. 科学学研究，2012（9）：1333–1341，1420.

[4] 高俊光. 面向技术创新的技术标准形成路径实证研究［J］. 研究与发展管理，2012（1）：11–17.

[5] 侯俊军，王庆. 标准促进创新成果产业化的实证研究——以高技术产业为例［J］. 标准科学，2009（10）：4–7.

[6] 舒辉，肖敏. 企业技术创新战略与技术标准战略的关联性分析［J］. 江苏商论，2009（5）：100–102.

[7] 曾德明，彭盾. 技术标准引致的产业创新集群效应分析［J］. 科研管理，2008（2）：74，97–102.

[8] 王道平，方放，曾德明. 产业技术标准与企业技术创新关系研究评述［J］. 经济学动态，2007（12）：105–109.

[9] 刘曙光，郭刚. 从企业标准到全球标准：技术创新及标准化问题研究［J］. 经济问题探索，2006（7）：89–92，126.

[10] 王黎萤，陈劲，杨幽红. 技术标准战略、知识产权战略与技术创新协同发展关系研究［J］. 科学学与科

学技术管理，2005（1）：31-34.

［11］李春田. 标准化与创新［J］. 上海改革，2003（9）：17-21.

［12］李春田. 第五讲标准化与创新——社会发展的动力之源［J］. 中国标准化，2004（5）：60-70.

［13］《大数据发展研究报告》编写组. 综合分析冷静看待大数据标准化渐行渐近（上）［J］. 信息技术与标准化，2013（9）：14.

［14］Demchenko Y, Laat C D, Membrey P. Defining Architecture Components of the Big Data Ecosystem［C］// International Conference on Collaboration Technologies and Systems. IEEE, 2014：104-112.

［15］宋明顺，周立军. 标准化基础［M］. 北京：中国标准出版社，2013.

［16］中国电子技术标准化研究院. 大数据标准化白皮书 V2.0［R］. 北京：中国电子技术标准化研究院，2016.

［17］中华人民共和国国务院. 促进大数据发展行动纲要［J］. 成组技术与生产现代化，2015，32（3）：51-58.

［18］王道平，韦小彦，方放. 基于技术标准特征的标准研发联盟合作伙伴选择研究［J］. 科研管理，2015，36（1）：81-89.

［19］克努特·布林德. 标准经济学：理论证据与政策［M］. 北京：中国标准出版社，2006.

［20］Swann G. M. P. The Economics of Standardization：Final Report for Standards and Technical Regulations Directorate Department of Trade and Industry［R］. Manchester Business School：Manchester，2000.

［21］Swann G. M. P. The Economics of Standardization：An Update［R］. Innovative Economics Limited：Manchester, 2010.

［22］Blind K. The Impact of Standardization and Standards on Innovation, Compendium of Evidence on the Effectiveness of Innovation Policy Intervention［R］. Manchester, 2013.

撰稿人：宋明顺　郑素丽

标准化中专利相关法律纠纷处理规则的新进展

一、引言

随着科技创新和经济一体化程度的加深，标准在技术推广和市场竞争中的重要作用越来越凸显。然而，随着近年来全球专利申请数量的激增和专利丛林（Patent Thicket）现象的出现，技术标准的制定再也无法回避专利问题。因为先进技术普遍受专利权保护的客观现状和专利权人的商业策略安排，在技术标准中出现了大量标准必要专利（Standard Essential Patents，英文简称 SEPs）。所谓标准必要专利，概括而言是指实施某一标准所必然使用的专利技术。在专利技术高度密集、技术更新迅速的产业（例如通信产业），标准的更新也较迅速，这导致不同代际标准所包含的标准必要专利相互重叠，由此产生了数量庞大的标准必要专利。虽然目前主流的标准化组织已经通过其知识产权政策建立了标准必要专利信息披露制度，但是由于标准本身在封标之前处于不断修订过程中，而专利申请和专利权的法律状态也会出现动态的变化，因此无论是披露信息的专利权人还是标准化组织都不对（也无法对）相关标准必要专利的完整性、真实性、准确性做出担保。由此，寄希望于通过标准必要专利信息披露制度完全查清专利技术高度密集产业的标准必要专利情况再进行相关专利许可只是一种过于理想化的观点。

在这种情况下，就会出现市场拓展和许可周期之间的矛盾：产业技术更新快，使得整个产业的经营者都希望能尽快进行产品更新并拓展市场；而标准必要专利许可谈判的复杂性又使得相关许可谈判周期过长。市场拓展不可能等待许可谈判周期。为了尽力避免标准必要专利的许可问题阻碍标准化进程，世界各标准化组织普遍制定专利政策，要求或鼓励其成员遵照“公平、合理和无歧视”（Fair，Reasonable and Non-Discriminatory，

FRAND[①]）的原则对其所拥有的标准必要专利进行许可。虽然主流标准化组织已经普遍建立 FRAND 许可声明制度，但是该制度仍存在若干含义模糊不清之处。出于维护专利权人和标准使用者利益平衡的考虑和基于标准化组织成员在核心问题上意见分歧巨大的现状，标准化组织澄清 FRAND 许可制度的进程一直非常缓慢，也因此埋下了产生相关法律纠纷的隐患。

从 2012 年以来，随着有关标准必要专利的法律纠纷案件在各国的激增，在世界范围内围绕标准必要专利纠纷的研究也如火如荼，形成了一批研究成果。而与此同时，美国、欧盟、日本、中国等国家和地区的法院和反垄断执法机构近年来也相继做出了一些有关 FRAND 许可的司法判决或反垄断审查决定。在学术研究和司法执法实践的共同推动下，有关标准必要专利的纠纷解决路径乃至 FRAND 许可规则都在快速形成之中。

二、国内外有关标准中专利纠纷的研究概况

如何妥善处理标准化与专利之间的关系、如何妥善解决 FRAND 许可法律纠纷不仅事关专利权人和标准实施者之间的利益博弈，更关系到相关技术和产业的发展以及市场竞争秩序的维护，因此，近年来有关 FRAND 许可的法律问题引起了各国学术界的高度关注。近十年间，国际组织和各国学术研究机构纷纷发布有关研究报告，例如：

（1）2009 年 3 月，世界知识产权组织（WIPO）发布《标准与专利》研究报告，梳理了主要标准化组织的专利政策，罗列了有关标准必要专利的法律争议并分析了《竞争法》对标准必要专利许可问题的主要关注点。

（2）2010 年美国国家科学院（ANS）和美国专利商标局（USPTO）联合启动有关标准必要专利的研究课题，并于 2013 年 10 月出版了研究报告《全球化时代标准化所面临的专利挑战——通信产业的教训》，分析了目前标准化组织在标准必要专利许可方面所面临的主要问题。

（3）2014 年国际电信联盟（ITU）下属的电信标准局（ITU–T）发布研究报告《在互联世界中对专利、竞争和标准化的理解》，介绍了近年来标准化组织所关注和重点讨论的标准化中的专利问题。

（4）2016 年 12 月欧盟委员会（EC）资助柏林大学的教授完成了《欧洲标准必要专利研究报告》，统计了标准必要专利在标准化组织的数量分布情况和世界各公司拥有标准必要专利数量的排名情况，统计了遵从 FRAND 许可协议的标准必要专利数量占比，提供了

① FRAND 是欧洲标准化组织常用的表述，而 RAND 是美国标准化组织常用之表述，二者在内涵上基本相同，结合该术语在我国使用的情况，除部分引文沿用其原有表达外，本章采用 FRAND 表述方式。

SEPs 重要性检查的必要性和可行性的关键论据。①

除了上述由国际组织和学术研究机构组织的宏观研究之外，世界各国的学者还针对标准中具体的专利纠纷展开了更为细致的研究。概括而言，近几年来世界各国关于标准化中有关专利法律问题的探讨可以分为以下三个主要板块：第一，标准必要专利的禁令救济问题；第二，标准必要专利合理许可费裁定问题；第三，对标准必要专利许可行为的反垄断审查问题。围绕这三个板块，近年来国内外学者都形成了一定的研究成果。

（一）围绕标准必要专利与禁令救济问题展开的研究

禁令救济（Injunctive Relief）概括而言是指由法院发布的要求当事人为或不为某一特定行为的命令。简单地讲，专利禁令救济就是在专利权人发现有人未经许可使用其专利权时请求法院裁判其停止继续使用该专利权。围绕标准必要专利的权利人是否可以申请并获得禁令救济，学界展开了热烈的讨论。

1. 国外的研究

对此持反对意见者认为：标准必要专利专利权人寻求禁令救济的行为会使相关潜在被许可人处于不利的谈判地位，从而产生标准化中的专利劫持（Hold-up）现象。例如，2007 年美国学者马克·莱姆利（MarkA.Lemely）和卡尔·夏皮罗（Carl Shapiro）撰文论述了永久禁令与专利劫持现象的关系，两位学者认为“永久禁令极大提高了专利权人的谈判能力，从而导致专利许可费超过了正常的基准范围……如果法院延缓永久禁令的效力，给予被告企业时间重新设计他们的非侵权产品，那么，因永久性禁令而引起的劫持问题就会减轻。”② 类似的，菲利普·察帕特（Philippe Chappatte）也认为“拥有相关必要专利的权利人有能力要求明显高于该技术不被纳入标准时或者纳入标准之前的专利许可费，而且因此会排除竞争（就是所谓的“劫持”问题）。”③

但是，也有学者对上述观点进行了反驳。例如，J. 格里高利·西达克（J.Gregory Sidak）认为莱姆利和夏皮罗关于专利劫持问题的阐述缺少实证支撑。而学者达瑞安·格瑞丁（Damien Geradin）、安娜·莱恩-安法勒（Anne Layne-Farrar）和乔治·帕拉迪（Jorge Padilla）对 60 家公司有关第三代蜂窝电话技术标准（3G）的专利许可行为进行了实证分析，并没有发现许可费叠加和专利劫持问题。④ 对此，达瑞安·格拉丁认为：当专

① Dr. Tim Pohimann, Prof. Dr. Knut Blind, Landscaping Study on Standard Essential Patent (SEPs), IPlytisc GmbH, 2016.

② Mark Lemley and Carl Shapiro, Patent Hold up and Royalty Stacking. Texas Law Review, 1991, 85: 1991-1993.

③ Philippe Chappatte, “FRAND Commitments - The Case for Antitrust Intervention”, (2009) 2 European Competition Journal 319.

④ See Damien Geradin，Anne Layne-Farrar& A. Jorge Padilla，Royalty Stacking in High Tech Industries: Testing the Theory 29 - 32 (May 31，2007) (unpublished manuscript，available at http://ssrn.com/abstract=949599).

利劫持问题被夸大的时候，创新者在标准化领域所面临的创新风险就有可能被忽略，从而带来专利反劫持（Reverse Hold-up）问题，即标准必要专利权人不仅不会被过度补偿，相反会被迫接受低于其技术对标准贡献价值的许可费，而获得不足的补偿。①

2. 国内的研究

近年来，随着国内有关标准必要专利的侵权纠纷案件逐渐出现，国内也形成了一批围绕该主题的研究成果。例如，史少华在《标准必要专利诉讼引发的思考—— FRAND 原则与禁令》（2014）一文中，介绍了标准必要专利禁令救济产生的背景以及业界围绕标准必要专利禁令救济问题展开的争议；② 魏立舟在《标准必要专利情形下的反垄断法规则——从“橘皮书标准”到“华为诉中兴”》（2015）中，介绍了德国法院有关标准必要专利的典型案例及有关审判规则的演变情况；③ 李剑在《专利法司法解释（二）第二十四条之解读》（2016）中，围绕最高人民法院有关标准必要专利停止侵权司法审判规则的规定进行了阐释；焦彦在《关于标准必要专利若干法律问题的思考》（2017）中，就如何在涉及标准必要专利的侵权纠纷中判断双方当事人的过错以及法院如何确定是否给予禁令救济进行了阐释；丁文联在《标准必要专利禁令适用与信息披露的博弈分析》（2017）中，运用博弈论分析了标准必要专利禁令救济规则对标准必要专利许可谈判及市场竞争的影响；于连超、王益谊在《论我国标准必要专利问题的司法政策选择——基于标准化体制改革背景》（2017）一文中，结合《中华人民共和国标准化法》修订和标准化体制改革背景论述了对我国标准必要专利禁令救济规则建设的构想；④ 赵启杉在《论标准必要专利侵权案件停止侵权抗辩规则的构建——兼论德国标准必要专利停止侵权抗辩规则之新发展》（2017）一文中，介绍了华为中兴案后德国法院有关标准必要专利禁令救济的新判例，并结合我国的有关司法解释规定对如何构建我国的相关司法规则提出了建议；郝元在《标准必要专利的禁令救济不宜被“原则性”剥夺》（2017）一文中，介绍了国际上有关专利劫持和反劫持的争议，并就对标准必要专利构建禁令救济特殊规则的法理基础进行了论证。

（二）围绕标准必要专利许可费确认问题展开的研究

在 FRAND 许可谈判中，谈判双方最难达成合意的内容是关于合理许可费的计算。在双方无法就合理许可费达成合意的前提下，当事人可以请求法院裁定合理许可费，具体而

① Damien Geradin，Reverse Hold-ups: The (Often Ignored) Risks Faced by Innovators in Standardized Areas. Paper prepared for the Swedish Competition Authority on the Pros and Cons of Standard-Setting，Stockholm，12 November 2010，P1.

② 史少华 .《标准必要专利诉讼引发的思考—— FRAND 原则与禁令》，载《电子知识产权》2014 年第 1 期，第 76–79 页。

③ 魏立舟 .《标准必要专利情形下禁令救济的反垄断法规则——从“橘皮书标准”到“华为诉中兴”》，载《环球法律评论》2015 年第 6 期，第 83–101 页。

④ 于连超，王益谊 .《论我国标准必要专利问题的司法政策选择——基于标准化体制改革背景》，载《知识产权》2017 年第 4 期，第 53–58 页。

言包括两种情形：第一，由专利权人提起侵权之诉，以请求损害赔偿的方式请求法院确定合理的许可费；第二，由被许可人请求法院确定许可费率，此时案件可能属于合同纠纷案件或者一般民事纠纷案件。近年来，随着请求法院裁判标准必要专利许可费的案例出现，学界关于 FRAND 许可费司法裁判的问题也展开了一系列的讨论。

1. 国外的研究

2012 年，瑞典学者戈兰斯坦（Granstrand，O）和霍格森（Holgersson，M）撰文探讨了美国专利侵权判断中常用的“拇指原则”在裁判 FRAND 许可费率中的局限性，并就 FRAND 许可费裁判方法提出了构想；[①] 2013 年美国学者马克·莱姆利（MarkA.Lemely）和卡尔·夏皮罗（Carl Shapiro）撰文论述了用仲裁的方式裁判 FRAND 许可费的可能性。[②] 另外，随着有关诉讼的展开，一些结合案件裁判情况讨论 FRAND 许可费率的论文也不断出现。例如：美国学者孔特雷拉斯（Jorge L.Contreras）撰文评析了美国微软诉摩托罗拉案并论述了美国法院关于合理许可费裁判的演变情况；[③] 美国学者斯达克（J.Gregory Sidak）撰文评析了爱立信诉 D-Link 案，分析了法院适用可比较许可协议法判断 FRAND 许可费的优越性，并反驳了一些学者关于许可费裁判基础的观点。

2. 国内的研究

中国学者对标准必要专利合理许可费的裁判问题也进行了研究。有关的论文主要包括：叶若思等共同撰写的《标准必要专利使用费纠纷中 FRAND 规则的司法适用》（2013），介绍了我国第一个有关 FRAND 许可案件判决情况；张豫吉《标准必要专利“合理无歧视”许可费计算的原则与方法》（2013），介绍了美国微软诉摩托罗拉案中法官计算合理许可费的思路；李阳、刘影《FRAND 标准必要专利许可使用费的计算》（2014）则对我国华为诉 Inter Digitial（简称 IDC）案和美国微软诉摩托罗拉案进行了对比分析；李剑《标准必要专利许可非确认与事后明偏见——反思华为诉 IDC 案》（2017）从法官对事实认知的局限性论述了在司法裁判中关注市场竞争状况对准确裁判合理许可费的意义。

（三）学界关于标准必要专利许可行为反垄断审查的讨论

除标准化组织和法院之外，近年来反垄断执法机构也对有关标准必要专利许可行为给予高度的关注。就纠纷解决视角而言，《合同法》或《专利法》着眼的是对单个许可合同

① Granstrand, O. and Holgersson, M. (2012) ‘The 25% rule revisited and a new investment-based method for determining FRAND licensing royalties’, les Nouvelles, Vol.47, No.3, pp.188-195.

② Mark A. Lemley, Carl Shapiro, “A Simple Approach to Setting Reasonable Royalties for Standard-Essential Patents”, 30 March 2013, http://ssrn.com/abstract=2243026, 最后访问日期：2017 年 3 月 31 日。

③ Jorge L. Contreras, “A Brief History of FRAND”, (January 15, 2015). Antitrust Law Journal, Forthcoming; American University, WCL Research Paper No. 2014-18. Available at SSRN: http://ssrn.com/abstract=2374983，最后访问日期：2017 年 4 月 2 日。

有关争议条款的确定；而《反垄断法》则着眼于对拥有市场支配地位的标准必要专利权人许可模式的调整；前者着眼于对被许可人个体的保护，而后者则着眼于对所有被许可人、对维护市场竞争的保护。反垄断执法机构着眼于对竞争的保护而非对竞争者的保护，因此尽管可能是因为某个标准实施者的请求而启动反垄断调查，但其分析要旨却是专利权人的许可行为或者商业模式是否产生或会产生危害市场的后果。

关于标准必要专利许可行为在何种情况下会触犯《反垄断法》，国内外的学者都给予了高度的关注。

1. 国外的研究

就国外学者而言，2013 年美国学者凯特恩（Joseph Kattan）撰文论述了在《谢尔曼法》第 2 条下解决 FRAND 许可纠纷的可能性；同年，美国学者孔特雷拉斯（Jorge L.Contreras）撰文特别就通过专利池进行标准必要专利许可的行为进行了反垄断分析；而英国学者达米安·格拉丁（Damien Geradin）和米格尔·睿托（Miguel Rato）则在《欧洲竞争法》框架下分析了 FRAND 许可承诺的意义。

2. 国内的研究

近年来，也有不少国内的学者围绕《反垄断法》下有关标准必要专利许可的问题展开讨论。比较有代表性的文献包括：林秀芹、刘禹《标准必要专利的反垄断法规制——兼与欧美实践经验对话》（2015），介绍了欧美在《反垄断法》下分析标准必要专利许可行为的框架和思路，并结合我国的情况给出了执法建议；朱理的《标准必要专利的法律问题：专利法、合同法、竞争法的交错》（2016），论述了在处理标准必要专利纠纷时，不同部门法的视角和边界区分问题；谭袁《标准必要专利加之增值的审视及制度构建》（2016），则集中论述了如何运用《反垄断法》解决标准必要专利许可定价过高的问题。

三、标准化中的专利侵权禁令救济问题

如前文所述，关于标准必要专利许可谈判是否会因为权利人申请禁令救济产生专利劫持问题，学界展开了激烈的争议。事实上，在标准必要专利许可谈判过程中专利劫持和专利反劫持的现象都有可能出现。比较理想化的谈判状态是双方都能以诚信的态度就被许可的专利、许可地域范围、许可产品范围、许可使用方式以及许可费计算方式和价格等关键性内容进行充分协商，就相关核心条款达成共识，签订合同。但在谈判过程当中，双方基于自身的商业考虑，很难快速地就上述各项核心条款达成共识，因此在一些技术更新较快的行业中（例如通信产业）普遍存在着对标准必要专利“先使用后谈判”的现象。[①] 而当

① 事实上被许可方和许可方都在一定程度上默认了“先使用后谈判”的商业模式。一方面被许可方不希望因为冗长的标准必要专利许可谈判而阻碍其新产品快速市场化的进程；而另一方面专利权人也不愿意过早为标准必要专利定价，因为了解标准必要专利的被使用情况将更有利于其估算标准必要专利的市场定价。

标准必要专利许可谈判陷入僵局时，专利权人是否可以寻求禁令救济或者以禁令救济相威胁就会成为决定双方许可谈判地位的重要砝码。从理论上讲，如果标准必要专利专利权人很容易获得禁令救济，就可以通过阻止潜在被许可人使用相关技术和对相关产品的市场化使得其前期投入成为沉没成本，从而迫使潜在被许可人接受许可人提出的许可条件；相反，如果标准必要专利权人不可或者很难获得禁令救济，则潜在被许可人有动力拖延许可谈判进程，而新技术的不断涌现和专利权有效期的限制将会进一步削弱许可人的谈判实力。所以从正向的角度而言，禁令救济规则不应该成为 FRAND 许可谈判中一方胁迫另一方的工具，而应该发挥其推动双方积极谈判的作用。较好的禁令救济规则，应该是能够推动双方以诚信的态度就所争议的内容进行积极磋商，通过商业谈判消除分歧，形成合意。

（一）标准化组织关于专利侵权禁令救济问题的讨论与政策发展

近年来，包括 ITU、欧洲电信标准化协会（ETSI）和美国电气和电子工程师协会（IEEE）在内的标准化组织都多次组织谈判是否需要修订相关政策文件就标准必要专利的禁令救济问题做出明确规定。

2012 年 10 月 10 日，ITU 邀请美国和欧盟的竞争执法机构、其他标准化组织、学术机构以及相关行业的公司企业就标准化中的专利问题召开了一次大型的圆桌会议。[①] 在此次会议上，学者、反垄断执法官员、标准化组织代表和部分公司代表就目前标准化组织 FRAND 许可政策规定的不足进行了讨论，提出了建议和意见。会后，ITU 电信标准局局长马尔科姆·詹森（Malcolm Johnson）敦促 ITU 电信标准局知识产权特别工作小组加快修订“共同专利政策”和“政策指南”的进程，特别是就“共同专利政策”中禁令救济与 FRAND 许可的关系以及 FRAND 许可声明中的“合理”的含义等问题进行澄清。因此，2012 年至 2013 年 ITU 电信标准局知识产权特别工作小组频繁召开工作会议，讨论是否需要就禁令救济问题修改其专利政策。与 ITU 的举措类似，ETSI 近年来也频繁召开会议，积极推动有关专利政策的修订，其政策修订的重要关注问题之一即是禁令救济与 FRAND 许可声明的关系问题。然而由于 ITU 和 ETSI 成员结构复杂，截至本报告完成之时，其成员尚未就禁令问题达成共识。

但是，IEEE 在 2015 年 2 月通过其专利政策新修订方案，率先就标准必要专利权人申请禁令救济的条件做出了限制。在 2015 年 IEEE 的新专利政策中明确规定：已经向 IEEE 做出 FRAND 许可声明的标准必要专利权利人不得寻求禁令或者以寻求禁令相威胁，除非标准实施者（潜在的被许可人）没有参与谈判，或者拒绝执行有管辖权的法院有关合理许可费和其他合理许可条件的裁判或者有关专利有效性、可实施性、必要性、侵权、损害赔

① http://www.itu.int/en/ITU-T/Workshops-and-Seminars/patent/Pages/default.aspx，最后访问时间：2014 年 3 月 30 日。

偿以及其他抗辩或者反诉的裁判。然而，IEEE 的新政策实施之后，并没有得到所有成员的一致拥护，甚至出现了部分会员以在 FRAND 许可声明中选择“不给予许可”进行消极对抗的情况。这再次体现出禁令救济问题的敏感性，因此有关利益各方很难达成共识。加之标准必要专利的许可谈判又较一般的专利许可谈判更具复杂性，也很难在简单的政策规则中涵盖各种复杂的情况。因此，标准化组织通过其专利政策预防和消除有关标准必要专利禁令纠纷的可能性不容乐观。

（二）标准必要专利禁令救济规则在各国的发展情况

1. 标准必要专利禁令救济规则在美国的发展

美国法上的永久禁令应属于《衡平法》救济范畴，因此仅在《普通法》提供的救济（金钱赔偿）不充分的前提下才得以适用。在 2006 年美国最高法院 e–Bay v.MercExchange 案判决之后，美国联邦上诉巡回法院（CAFC）和美国各联邦地方法院均严格遵循“四要素”检验标准，对永久禁令的颁发进行慎重裁决。所谓“四要素”是指：①是否存在不可弥补损失；②金钱赔偿是否不足以弥补权利人的损失；③诉讼当事人双方的利益平衡；④禁令是否会对公共利益造成损害。①

除法院颁布的禁令之外，美国国际贸易委员会（ITC）作为一个独立的联邦机构可以依据《1930 年关税法》第 1337 条颁布排除令（Exclusion Orders），禁止侵犯专利权的产品进口到美国市场，ITC 排除令不同于法院永久禁令判决：第一，ITC 是行政机关，所以排除令救济具有行政性救济和准司法救济的性质，其程序与法院审理侵权诉讼案件的程序不同；第二，专利权人在法院提起侵权诉讼，可以请求禁令和 / 或金钱损害赔偿，而在 ITC 则不能获得金钱损害赔偿；② 第三，因为 ITC 裁判的依据是国会制定的特别 337 条款而非《专利法》，因此 CAFC 认为排除令不属于《衡平法》范畴，ITC 在颁布排除令时也不必遵循 e–Bay 案的“四要素”检验标准。然而，就 ITC 排除令的实施效果而言，对被控侵权人会产生类似于永久禁令的法律约束力，因此被认为属于广义的“禁令”概念范畴。

近年来，ITC 处理了一些有关标准必要专利的侵权纠纷案件，并围绕 FRAND 许可中排除令颁布条件问题展开了一系列的讨论。2010 年 10 月 6 日，摩托罗拉移动公司向 ITC 提请进行 337 调查请求，称苹果公司进口和销售的部分产品侵犯了其所拥有的 6 项美国专

① e–Bay Inc. v. MercExchange, L.L.C., 547 U.S. 388 (2006)。

② ITC 可以提供的救济主要包括两类：排除令和停止令（ cease and desist orders ）。排除令是阻止进口侵权产品，而停止令是停止销售已经进口并存储于美国的侵权产品。另外，类似于司法救济中的中间禁令，ITC 也可以发布初步排除令和初步停止令，这两种初步救济措施也属于民事诉讼程序救济。初步排除令和初步停止令同样需要考虑美国国内产业状况及公共利益。

利，违反了337条款的规定。[①] ITC在对该案的审查中就FRAND许可与排除令之间的关系提出了8个问题并公开征求书面意见。[②] 虽然最终摩托罗拉诉苹果公司337调查案以ITC裁定苹果公司不构成专利侵权结案，但是该案有关FRAND许可义务是否阻碍了排除令的颁布及二者与337条款下公共利益因素关系的讨论，对之后相关337调查案的裁决产生了一定的影响。2013年6月4日，ITC裁定苹果公司在进口特定设备时侵犯了三星公司所持有的美国专利，并对苹果公司进口上述侵权产品颁布了排除令。但是2013年8月3日，奥巴马总统通过美国贸易代表迈克尔·佛罗曼（Michael Froman）否决了该案中的排除令，理由是该排除令未充分考察相关公共利益。这是26年以来第一次由美国总统否决ITC颁布的排除令，并且要求ITC对涉及标准必要专利的案件要特别注意主动收集证据调查涉案专利是否为标准必要专利（如双方对此有争议）和是否存在专利劫持/反劫持状况，并以之作为考察相关公共利益和决定是否颁布排除令的重要依据。关于ITC会在今后的类似案件中如何把握该要求还有待进一步的跟踪研究。

就法院而言，2012年以来美国法院也处理一些有关标准必要专利禁令救济问题的专利纠纷。2012年6月22日，波斯纳法官（Judge Posner）在苹果诉摩托罗拉专利侵权案的判决中就重申了“禁令不是责任认定后的自然或推定结果……损害赔偿救济的不足通常是禁令救济的先决条件”。而在具体分析该案中，摩托罗拉就其标准必要专利申请永久禁令时，波斯纳法官认为摩托罗拉公司没有证明其损害未获得足够弥补，不可申请永久禁令。该案判决之后，其他地方法院的一些法官也陆续接受了波斯纳法官的观点，认为标准必要专利专利权人做出FRAND许可声明的行为本身已经表明权利人有义务给所有标准实施者以FRAND许可，而e-Bay案标准中“不可弥补损失”条件在这类案件中也很难被证明。然而，2014年4月25日，CAFC在苹果诉摩托罗拉专利侵权案的二审判决中部分否定了波斯纳法官的一审判决，认为波斯纳法官关于禁令救济不能适用于标准必要专利的观点是武断和错误的，“四要素”检验标准已经为法院提供了足够的自由裁量空间，足以覆盖标准必要专利案件，因此无需再另外创设规则。

2. 标准必要专利禁令救济规则在德国和欧盟的发展变化

德国的专利侵权案件，一般情况下只要法院确定专利侵权行为成立，就会支持原告“停止侵权”的诉讼请求。从法律效力上讲德国专利侵权诉讼中的停止侵权判决就相当于

---

① 在该案中，摩托罗拉的一项专利(US6，246，697)，是关于3G标准（UMTS和CDMA）必要专利，也为摩托罗拉做出FRAND许可声明所覆盖。

② ITC在2012年6月25日的公告中罗列了13个问题，其中问题6至问题13涉及FRAND许可声明与公共利益考量和侵权救济措施关系的讨论。7月9日，它收到了苹果、Motorola以及第三方爱立信、GTW、InterDigital、微软、OUII、高通、RIM、三星、创新联盟、威瑞森通信和法学院的书面意见书。7月16日，它收到了苹果、Motorola、OUII、高通的回复意见书。

永久禁令[①]，而此时如果被认定侵权的被告想要阻止停止侵权判决，则可以提出强制许可抗辩，举证证明专利权人存在违反《竞争法》或滥用知识产权的情形。如果法院认定强制许可抗辩成立，可要求专利权人进行强制许可。从法律效力上讲，法院认定强制许可抗辩成立也就意味着拒绝了给予专利权人以禁令救济。

德国关于标准必要专利侵权案件禁令救济规则的第一个转折点是2009年德国联邦最高法院审理的“橙皮书标准”（Orange Book Standard）案。在该案中，德国联邦最高法院认为如果原告的专利已经成为进入相关市场必不可少的前提条件且原告的拒绝许可缺乏合理性和公正性，则被告可以根据《欧盟运作条约》第102条的规定提出强制许可抗辩。另外，德国联邦最高法院也对提出强制许可抗辩的被告本身提出了限制性的要求：

（1）被告已经向原告提出了无条件的（Unconditional）、真实的（Genuine）、合理的（Reasonableness）和易于被接受的（Readily Acceptable）要约。具体而言，被告提出的要约必须：

1）包含标的物、授权范围、签约双方、使用费等所有合同必备要素。

2）价格必须很高，高到如果专利权人再多要求许可费就将违反《反垄断法》（在“橙皮书案件”中虽然被告主张3%以下的许可费才是合理的许可费，但是法院最终判决5%以下的许可费都是合理的），为保险起见，被告的要约出价必须达到或者超出FRAND许可合理许可费的上限，如果被许可人不能就合理的许可费做出判断则可以请求法院进行判断。

3）被告提出的要约不能以专利有效为条件、不能以证明实际存在专利侵权为条件。

（2）被告须预期履行（Anticipatory Performance）其合同相关义务。具体而言：

1）被告需要向原告提供其财务账单，以便原告查证被告使用其专利、获取收益的情况。

2）被告需要事先审慎而合理地判断原告可能要求的专利许可费，并在合理期限内准备足额的专利使用费。

3）将自己准备的专利使用费存于专门的托管账户上。

在“橙皮书案”中并不存在标准必要专利权人向标准化组织做出FRAND许可声明的情况，因此德国联邦最高法院所确定的“橙皮书案”规则中不涉及FRAND许可声明问题。但“橙皮书案”对德国法院随后处理的一系列做出了FRAND许可声明的标准必要专利纠纷案件还是产生了深远影响。如在2011年摩托罗拉诉苹果公司案中，初审和二审法院均认为如果被许可人向专利权人提出许可邀约中没有包含不继续挑战相关专利有效性的承诺，则不能满足“橙皮书案”确定的强制许可抗辩条件。又如在2012年5月摩托罗拉诉微

① 在此需要注意的是，德国的禁令救济规则（停止侵权）与美国的永久禁令救济规则存在根本性的差异，二者的逻辑思路大相径庭：在美国《专利法》下，禁令救济是作为损害赔偿的补充救济手段，法院以不颁发永久禁令为原则，权利人需举证证明“四要素”后才可能获得永久禁令；而在德国《专利法》下，禁令救济是作为损害赔偿的前提，其法律逻辑是“因为发生了侵害受法律保护权利的行为，所以应当立即停止，以恢复权利人的权利状态”。

软公司标准必要专利侵权案中，法院再次援引“橙皮书案”，要求被告在进行“强制许可”抗辩前应该提出接近“明显过多”的许可费报价以证明专利权人拒绝许可的行为构成了滥用。[①] 很明显2012年德国法院前后判决的两个摩托罗拉诉苹果公司案都对“橙皮书案”进行了扩展性的解读，进一步提高了潜在被许可方挑战专利权人获得禁令救济的门槛。

德国联邦法院的“橙皮书案”确立了德国法院在涉及标准必要专利的案件中如何分析禁令救济和强制许可抗辩的规则。但是这一规则由于过于偏向标准必要专利权人而受到了来自欧盟委员会的质疑。由此导致了杜塞尔多夫法院在处理华为诉中兴案时中止了审理，并提请欧洲法院（ECJ）就如何在涉及标准必要专利的侵权案件中适用禁令救济进行解答。继2014年11月ECJ佐审官就华为中兴案提出其见解之后，2015年7月15日，ECJ对该案做出了初步判决，就杜塞尔多夫法院提出的问题进行了详尽的回答。就ECJ的判决要点而言，主要包括三点内容：

（1）从FRAND许可声明产生信赖利益的角度阐释了对标准必要专利权人寻求禁令救济行为给予限制的理由。

（2）对做出FRAND许可声明的标准必要专利权人规定了一系列在许可谈判中必须履行的义务：第一，做出FRAND许可声明的标准必要专利权人如果认为其标准必要专利受到了侵权，必须首先警告被控侵权人并指明其具体的侵权方式；第二，如果被控侵权人提出了进行FRAND许可谈判的意愿，则标准必要专利权人必须首先提供包含FRAND许可条款的书面要约，特别是必须包含具体的许可费和该许可费的计算方式；第三，只有当被控侵权人不按照商业惯例或者诚信原则积极磋商，而是采取策略性、拖延性的措施（例如不积极回复权利人要约、继续使用相关标准必要专利）时，标准必要专利权人才应该寻求禁令救济。鉴于在FRAND许可中，许可谈判双方往往无法就合理的许可费达成合意，ECJ判决认为：在双方同意的前提下，可以请求独立的第三方及时就许可费做出裁定。

（3）为FRAND许可谈判中的被许可人设定了一定的行为要求：第一，被许可人在接到专利权人的要约后必须积极回应，如果被许可人不同意专利权人的要约，则必须及时提出书面的反要约；第二，被许可人如果在许可达成之前已经使用了专利权人的专利，则在其反要约被拒绝时就应该向专利权人披露销售数据，说明其使用标准必要专利的情况，并按该行业的商业惯例提供适当的担保，例如提供银行担保或者预存所需金额。与此要求相应的是，标准必要专利的权利人也可以要求被许可人披露销售数据和提供担保。另外，ECJ认为鉴于标

① 关于被诉侵权人在反要约中应该提出的许可报价数额存在两种观点：一种观点认为，在标准必要专利权人做出了FRAND许可声明的情况下，专利权人仅能请求被许可人支付FRAND许可费，因此被诉侵权人也应该仅提供等于FRAND许可费的许可报价；另一种观点则认为，未经专利权人许可使用专利本身已经有过错，如果无论以往是否使用了专利都仅需支付FRAND许可费，则将没有人自愿提出许可请求、主动进行谈判，因此被诉侵权人的报价应该超过FRAND许可费，包含专利权人可能提出的全部损害赔偿请求，这在某种意义上既是对专利权人权利的全面保护，也是对被诉侵权人“侵权在先”的惩罚。在该案中曼海姆法院最终采纳了后一种观点。

准化组织并未查验所谓标准必要专利是否有效或者是否真正“必要”，且被控侵权人亦有权获得有效的司法保护，因此被许可人（被控侵权人）在磋商过程中或者许可中质疑专利的有效性、必要性或保留质疑的权利都不应该受到责难。这一澄清在一定程度上降低了被控侵权人对抗标准必要专利权利人禁令救济的难度，也进一步平衡了双方的谈判地位。

ECJ 对华为中兴案的裁决确立了欧洲境内标准必要专利禁令救济规则的基本框架，但是关于这个框架的细节以及如何在具体案件中进行适用，ECJ 留给了各成员国法院在个案中发展。截至 2016 年 11 月，德国法院在 ECJ 华为中兴案裁决后已经判决了 6 个有关标准必要专利的侵权纠纷案件，其中 5 个对于如何适用 ECJ 的规则进行了进一步的阐释。可以说欧洲各成员国法院对具体案件的处理将继续推动 ECJ 规则的不断完善。

3. 标准必要专利禁令救济规则在日本的发展

与美国和欧盟国家的做法不同，日本法院是通过引用权利滥用来处理有关对标准必要专利禁令救济的纠纷。

2014 年，日本东京地方法院驳回了三星公司就其标准必要专利申请针对苹果公司的临时禁令救济请求。在该案中三星公司拥有 ETSI 制定的通用移动通信系统（UMTS）标准相关标准必要专利。作为 ETSI 的成员，三星遵照 ETSI 相关专利政策做出了 FRAND 许可声明。2011 年 4 月，三星公司向日本东京地方法院请求临时禁令；而后至 2014 年 3 月间，双方就 FRAND 许可事宜进行了磋商，但未达成协议。2014 年三星公司向日本东京地方法院重新申请临时禁令，苹果公司则指称三星公司的行为属于“报复性对抗措施”，违背了 FRAND 许可义务和诚信义务。对此，东京地方法院细致分析了双方有关谈判磋商的往来信件，认为双方已经进入缔约谈判阶段。依据往来信件的内容，东京地方法院认为，三星公司虽然向苹果公司提出了许可报价，但是没有提供该许可费率的计算依据，也没有应苹果公司的要求提供其与公司签订类似许可协议的信息以便苹果公司判断其报价是否符合 FRAND 条款；而后苹果公司就许可费率计算提出了自己的见解并建议进行交叉许可，但三星公司也未对此进行回应。虽然三星公司主张苹果公司在反要约中保留了质疑专利权有效性的权利且其报价过低，从而表明苹果公司并没有真正缔约的意愿，但该主张并未被法院所采纳。综上所述，东京地方法院认为三星公司未能向苹果公司提供有关缔约的重要信息，未能按照诚实信用原则认真履行缔约磋商义务，从而构成《日本民法》第 1 条第 3 款规定的权利滥用。法院据此驳回了三星公司的临时禁令救济申请。

考察日本东京地方法院对三星公司申请临时禁令案件的处理，其主要依据的是《民法》上的诚实信用原则，对该原则在缔约谈判阶段的运用进行了阐释，并从对当事双方在谈判过程中往来函件内容的分析对双方是否有“诚信缔约”的态度进行了判断。从着重于对谈判过程中双方行为的考察而言，可以说是与 CAFC 和 ECJ 在类似案件中的分析殊途同归。遗憾的是，日本东京地方法院没有在《民法》原则和《专利法》禁令救济规则的衔接上做出阐释，其裁判似乎已经完全跳出了《专利法》的制度框架，从而在一定程度上削弱了其裁判的说服力。

4. 标准必要专利禁令救济规则在中国的发展变化

我国有关标准必要专利的司法审判规则正在形成过程中。2016 年 3 月 21 日最高人民法院颁布《关于审理侵犯专利权纠纷案件应用法律若干问题的解释（二）》[以下简称《司法解释（二）》]，其中第二十四条就标准必要专利的禁令救济问题做出了规定：

> 第二十四条　推荐性国家、行业或者地方标准明示所涉必要专利的信息，被诉侵权人以实施该标准无需专利权人许可为由抗辩不侵犯该专利权的，人民法院一般不予支持。
>
> 推荐性国家、行业或者地方标准明示所涉必要专利的信息，专利权人、被诉侵权人协商该专利的实施许可条件时，专利权人故意违反其在标准制定中承诺的公平、合理、无歧视的许可义务，导致无法达成专利实施许可合同，且被诉侵权人在协商中无明显过错的，对于权利人请求停止标准实施行为的主张，人民法院一般不予支持。

本条第二款所称实施许可条件，应当由专利权人、被诉侵权人协商确定。经充分协商，仍无法达成一致的，可以请求人民法院确定。人民法院在确定上述实施许可条件时，应当根据公平、合理、无歧视的原则，综合考虑专利的创新程度及其在标准中的作用、标准所属的技术领域、标准的性质、标准实施的范围和相关的许可条件等因素。

法律、行政法规对实施标准中的专利另有规定的，从其规定。

最高人民法院的上述规定是对构建适用于中国的 FRAND 许可规则的大胆尝试，而《司法解释（二）》颁布以来，国内已经相继出现了一系列有关标准必要专利的司法纠纷案件，因此有关如何在具体案件审判中理解和适用《司法解释（二）》第二十四条是目前要继续解决的重要问题。为此，北京高级人民法院在 2017 年 4 月颁布新修订的《专利侵权判定指南》，其中新增第 149 条至第 153 条，进一步细化了有关分析规则。其具体内容如下：

> 149. 推荐性国家、行业或者地方标准明示所涉标准必要专利案件中，被诉侵权人经与专利权人协商该专利的实施许可事项，但由于专利权人故意违反其在标准制定中承诺的公平、合理、无歧视的许可义务，导致无法达成专利实施许可合同，且被诉侵权人在协商中无明显过错的，对于专利权人请求停止标准实施行为的主张一般不予支持。虽非推荐性国家、行业或者地方标准，但属于国际标准组织或其他标准制定组织制定的标准，且专利权人按照该标准组织章程明示且做出了公平、合理、无歧视的许可义务承诺的标准必要专利，亦做同样处理。
>
> 对明示的判断应依照上述标准制定组织的相关政策规定，结合行业惯例进行。
>
> 标准必要专利是指为实施技术标准而必须使用的专利。
>
> 150. 在标准必要专利的许可谈判中，谈判双方应本着诚实信用的原则进行许可谈判。作出公平、合理和无歧视许可声明的专利权人应履行该声明下所负担的

相关义务；请求专利权人以公平、合理和无歧视条件进行许可的被诉侵权人也应以诚实信用的原则积极进行协商以获得许可。

151. 专利权人在标准制定中承诺的公平、合理、无歧视许可义务的具体内容，由专利权人承担举证责任。专利权人可以提交以下证据予以证明：

（1）专利权人向相关标准化组织提交的许可声明文件和专利信息披露文件。

（2）相关标准化组织的专利政策文件。

（3）专利权人作出并公开的许可承诺。

152. 没有证据证明标准必要专利的专利权人故意违反公平、合理、无歧视的许可义务，且被诉侵权人在标准必要专利的实施许可协商中也没有明显过错的，如被诉侵权人及时向人民法院提交其所主张的许可费或提供不低于该金额的担保，对于专利权人请求停止标准实施行为的主张一般不予支持。

有下列情况之一，可以认定专利权人故意违反公平、合理、无歧视的许可义务：

（1）未以书面形式通知被诉侵权人侵犯专利权，且未列明侵犯专利权的范围和具体侵权方式。

（2）在被诉侵权人明确表达接受专利许可协商的意愿后，未按商业惯例和交易习惯以书面形式向被诉侵权人提供专利信息或提供具体许可条件的。

（3）未向被诉侵权人提出符合商业惯例和交易习惯的答复期限。

（4）在协商实施许可条件过程中，无合理理由而阻碍或中断许可协商。

（5）在协商实施许可过程中主张明显不合理的条件，导致无法达成专利实施许可合同。

（6）专利权人在许可协商中有其他明显过错行为的。

153. 专利权人未履行公平、合理和无歧视的许可义务，但被诉侵权人在协商中也存在明显过错的，应在分析双方当事人的过错程度，并判断许可协商中断的承担主要责任一方之后，再确定是否应支持专利权人请求停止标准实施行为的主张。

有下列行为之一的，可以认定被诉侵权人在标准必要专利许可协商过程中存在明显过错：

（1）收到专利权人的书面侵权通知后，未在合理时间内积极答复的。

（2）收到专利权人的书面许可条件后，未在合理时间内积极回复是否接受专利权人提出的许可条件，或在拒绝接受专利权人提出的许可条件时未提出新的许可条件建议的。

（3）无合理理由而阻碍、拖延或拒绝参与许可协商的。

（4）在协商实施许可条件过程中主张明显不合理的条件，导致无法达成专利实施许可合同。

（5）被诉侵权人在许可协商中有其他明显过错行为的。

北京高级人民法院的《专利侵权判定指南》在遵循最高人民法院《司法解释（二）》第二十四条所确定的标准必要专利停止侵权问题处理基本原则的基础上，进一步明确了有关规则的法律性质，强调了许可谈判双方需要遵循诚实信用的原则积极推进许可谈判，并对谈判过程中双方可能出现的过错行为进行了描述，对有关抗辩规则的适用条件进行了阐释。上述规定不仅有助于法院在审理标准必要专利侵权纠纷中准确把握有关司法审判规则，更是对标准必要专利许可谈判双方确定了诚信谈判的基本行为准则，从而为相关市场交易规则的形成产生了积极的推动作用。

四、标准化中的专利许可费率的确认规则

（一）司法确认标准必要专利许可费的案件类型

目前，有关标准必要专利许可的纠纷大体可以分为三种诉讼类型，即标准必要专利侵权之诉、标准必要专利合理许可费裁判之诉和有关标准必要专利的反垄断之诉。在这三类案件中都可能直接或间接地涉及标准必要专利合理许可费问题。从理论上讲，三类案件当事人的诉讼请求不同、案件性质不同，对合理许可费问题的分析也应有所不同。

1. 标准必要专利侵权之诉

在标准必要专利侵权之诉中，如果已经确定侵权成立，则应重点考察并判断双方在标准必要专利许可谈判过程中是否存在过错行为，从而通过禁令的颁布与否纠正不诚信的谈判行为，促使双方以诚信态度继续谈判。[①] 而关于侵权诉讼判决赔偿的范围，目前还存在争议。有观点认为侵权诉讼中涉诉专利仅为专利组合中的一部分，如果最终侵权案件判决颁布禁令，则法院应就涉案专利判决过往赔偿，如果不颁布禁令，则法院应就涉案专利判决过往赔偿和未来合理的许可费；但也有观点认为，从提高司法效率的角度讲，法院可以将裁判范围扩大到相关专利组合的许可条件。[②]

2. 标准必要专利合理许可费裁判之诉

在许可费裁判之诉中，当事人一般会请求就涉诉专利组合裁判许可费。目前，关于许

① 笔者认为在有关标准必要专利的禁令救济问题上，不宜以分析权利人在谈判中某次或数次许可报价是否是 FRAND 费率作为判断权利人是否具有主观过错或是否颁发禁令的标准。许可谈判是双方往来博弈的过程，最终合理的许可费是双方“讨价还价”后达成合意的许可费。在此过程中，应该为双方留下一定的商业谈判空间，使得双方通过谈判逐步找到双方能够接受的合理价格。如果苛责权利人的第一次报价就必须是“合理”的，无疑会迫使权利人减小议价空间，从而也削弱了商业谈判对市场定价的作用。

② 目前部分美国法院采用了第一种观点，例如在摩托罗拉诉微软案、In re Innovatio 案和爱立信诉 D-Link 案中，法院仅就涉案专利判决赔偿和许可费。但审理无线星球诉华为案的比尔斯法官却持第二种观点，他在该案中就相关专利组合的全球许可费率进行了裁判，同时指出：“专利权人的实际损失在于其在相关许可中可能获得的许可费……如果无线星球在将来就同一年出售的相同手机，用不同的标准必要专利再起诉华为，则其损失应为零，因为相关损害赔偿已经在本案中被涵盖并支付。” Unwired Planet International Ltd. V. Huawei Technologies Co. Ltd, Royal Courts of JHP, Case No: HP-2014-0000005，04/05/2017，800-801.

可费裁判之诉有两个主要的争议问题：第一，许可费裁判之诉的定性问题。美国法院将标准必要专利权人做出的FRAND许可声明视为第三方受益合同，因此许可费裁判之诉被定性为合同之诉。但在大陆法系，关于FRAND许可声明和许可费裁判之诉的性质仍存在争议。第二，许可费裁判之诉的范围问题。比较理想的情况是当事人双方经过充分协商，就许可标的已经没有争议，分歧仅在许可条件（或集中体现于许可费），此时法院应双方或一方当事人的请求裁判许可条件不会受到其他诉讼的干扰。相反，如果当事人双方对许可标的仍然存在争议，而一方当事人请求法院裁判全球专利组合的许可条件，则受理许可费裁判的法院将很容易面临管辖权异议和不同法域下相关诉讼相互干扰的问题。

3. 标准必要专利的反垄断之诉

在涉及标准必要专利的反垄断之诉中，判断的要点在于标准必要专利权人的相关商业模式或者一贯坚持的许可条款是否构成垄断行为并产生排除、限制竞争的后果。《反垄断法》保护的是竞争，而非竞争者。因此《反垄断法》的分析视角并不仅限于争议双方的许可谈判分歧，也不着眼于计算出具体的许可费，而是着眼于根据有关证据确认专利权人的许可行为对竞争会产生怎样的影响。①

综上所述，在有关标准必要专利的法律纠纷中，真正需要确定合理许可费的案件情形仅限于以下两种情况：①在合理许可费裁判之诉中需要就涉案专利组合的许可费进行直接裁判；②在相关侵权之诉中，可以分析并参考有关专利组合许可情况以帮助确定涉案专利的损害赔偿（或许可费）。

（二）司法裁判标准必要专利许可费的主要方法

从2012年至今，中国、美国、欧盟法院陆续审理了一些有关标准必要专利许可费纠纷的案例，就目前国内外有关标准必要专利合理许可费的司法裁判实践而言，法院确定标准必要专利合理许可费大体有两类分析路径：商业路径和技术路径。商业路径采取宏观视角，以商业谈判结果—可比较许可协议（Comparable License）为参照物，确定涉案专利组合或相关专利的合理许可费；技术路径采取微观视角，通过分析技术贡献度探求具体涉案标准必要专利的技术价值。另外，在欠缺有关证据的情况下，法院还可能综合其他辅助性因素确定许可费。

1. 参考可比较许可协议法

参考可比较许可协议法所依据的法理基础在于：行为人是自己行为所获利益的最佳判断者。亦即，适用参考可比较许可协议法的假设前提是：对理智的被许可人而言，其接受

① 在反垄断之诉中，可能会涉及费率问题的是对权利人许可是否构成不公平高价的判断。不公平高价属于“剥削性”定价行为，其核心在于销售者的售价严重偏离市场定价，过高的价格超出了下游生产厂商的承受能力，从而导致下游市场供应者减少，最终提高终端产品的售价。所以在对不公平高价的分析中，分析要点不是计算具体的合理许可费，而是寻找证据证明权利人许可费偏离市场正常定价的程度。

许可协议一定是因为其认为使用专利所获得的价值高于其为使用该专利而支付的许可费。同样，对权利人而言，签订许可协议也比不签订许可协议更有利可图。因此，寻找通过自由协商达成的、交易条件基本类似的许可协议是法院在计算合理许可费时常用的方法之一。

例如，在 2013 年华为诉 IDC 合理许可费确认案①中，华为公司主张 IDC 公司已经向 ETSI 做出 FRAND 许可声明，却违背 FRAND 许可义务，为相关标准必要专利许可设置苛刻的许可条件，特别是向华为要求的许可费数倍于 IDC 公司向市场同类竞争者收取的许可费，并且 IDC 公司在要约中坚持其每项要约都是整体条件不可缺少的部分，拒绝任何一项要约均构成对要约整体的拒绝，由此双方已无谈判余地，故请求法院确定 IDC 公司中国标准必要专利的合理许可费。在该案中，原被告双方并未向法院提出自己所主张的合理许可费计算方法，原告华为公司向法院提交了相关市场竞争者销售额数据和 IDC 公司与三星、苹果公司签订的许可协议证据。

在审理中，一审法院认为确定标准必要专利合理许可费应注意四个要点：第一，标准必要专利许可费数额与相关专利技术利润即专利产品销售总利润之间的关系；第二，标准必要专利自身价值与标准价值之间的剥离；第三，将标准必要专利许可与非标准必要专利许可相剥离；第四，参照行业惯例，考虑专利许可费所占产品利润的比例和多个专利权人之间专利许可费的分配比例。为此，一审法院主要审查了以下证明材料：①无线通信行业相关产品大致获利水平；② IDC 公司拥有标准必要专利的情况以及相关研发投入情况；③本案涉及的专利许可范围。

尽管如此，在具体计算时，法院主要适用的仍是参照可比较许可协议法。在该案中，一审和二审法院认为 IDC 公司与三星公司的许可协议是在 IDC 公司在美国起诉三星的情况下签订的，存在被许可人受胁迫的可能性，不能作为参考依据；而 IDC 公司与苹果公司的许可协议是双方自愿达成的。该许可协议是 IDC 公司与苹果公司于 2007 年 9 月 6 日达成的全球范围内的、不可转让的、非独占的、固定许可费总额的专利许可协议，许可期间从 2007 年 6 月 29 日起为期 7 年，覆盖当时的 iPhone 和将来的智能移动电话，许可费为每季度 200 万美元，总额为 5600 万美元。另外，法院认定苹果公司 2007 年到 2014 年的销售收入为 3135 亿美元，因此推算出该交易的许可费率为 0.018%。类比后，一审法院确定 IDC 公司就其中国标准必要专利应向华为公司收取的许可费率应为 0.019%，二审法院支持了一审法院关于合理许可费率的裁定。

无独有偶，在 2017 年英国高等法院审理的无线星球公司诉华为公司侵权案中，英国法官也适用了可比较许可协议法确认相关标准必要专利组合的全球许可费。在无线星球诉华为案中，原告无线星球公司拥有多项有关 2G/3G/4G 通信标准的全球性标准必要专利组合，其中大部分专利组合是从爱立信公司收购而来。从 2014 年 3 月，无线星球公司诉华

① (2013) 粤高法民三终字第 305 号。

为、三星和谷歌侵犯其专利组合中的6项英国专利，其中5项为标准必要专利。在审理过程中，谷歌、三星先后与无线星球达成和解，退出诉讼；而华为则质疑涉诉专利的有效性和标准必要性，并反诉无线星球公司的报价不符合FRAND原则，提起诉讼请求禁令违反《反垄断法》。经法院审理，法院最终确定华为侵犯了无线星球2项标准必要专利。在诉讼过程中，当事人双方又分别提出了多次要约和反要约，其分歧点不仅在于具体费率报价的差异，更集中于无线星球公司倾向于给予全球标准必要专利组合许可，而华为公司则坚持仅接受英国范围内的标准必要专利组合许可。①

审理此案的比尔斯法官支持了全球标准必要专利组合许可的主张，并依据双方提供的证据，具体计算了无线星球公司全球标准必要专利组合的合理许可费率。比尔斯法官指出，计算全球标准必要专利组合的合理许可费主要有两种方法：

（1）专利权人专利价值评估法：即计算有关标准全部的标准专利许可费负担T，再计算某一权利人标准必要专利组合在全部标准必要专利中的占比S，则该权利人就其标准必要专利组合应获得的许可费为T×S。

（2）参考可比较许可协议法：可以参考的协议包括经自由谈判达成的许可协议、有关费率的在先判决以及有关仲裁协议。其中，最直接的可比较许可协议为专利权人就涉诉专利组合已签订的许可协议，在欠缺该类可比较许可协议证据时，可以寻找与涉诉专利组合相关的第三方许可协议。例如在本案中，涉案的无线星球标准必要专利组合均受让自爱立信，因此可以参考爱立信签订的许可协议。如果爱立信签订的、包含无线星球专利组合的许可协议许可费为E，而受让前无线星球的专利组合在爱立信专利组合中的占比为R，则无线星球应获得的许可费为E×R。

在本案中，比尔斯法官以可比较许可协议法为基本的计算方法，同时将专利价值评估法作为验证方法。最终比尔斯法官确定的无线星球公司全球许可费率见表4。

---

① 诉讼过程中双方的要约和反要约情况如下：2014年4月，无线星球提出全球性专利组合（包括SEP和非SEP）报价被华为拒绝；2014年7月无线星球就全球SEP专利组合提出报价，费率为4G-LET标准必要专利组合0.2%；其他标准必要专利组合0.1%；以移动终端设备平均销售价格（ASP）和基站设施销售收入为计价基础。2015年6月，无线星球提出了多种可选择的许可要约：全球性SEP专利组合许可要约、英国SEP专利组合许可要约和被许可人可选择的任何SEP专利许可要约，其中任意选择专利许可要约报价高于英国SEP组合许可要约，而英国SEP组合许可要约又高于全球SEP专利组合许可要约，全球SEP专利组合许可要约报价保持于2014年7月的报价不变。2015年6月华为提出仅涵盖涉案5项SEP的许可反要约，费率分别为0.034%（4G-LTE）、0.015%（3G-UMTS），以及零百分率（2G-GSM）。2016年8月无线星球提出新的要约费率为：①4G-LTE：基础设备0.42%，移动终端0.55%；②GSM/UMTS：基础设备0.21%，移动终端0.28%。同月华为提出的反要约为（仅覆盖涉案5项英国SEP）：①4G-LET：基础设备0.036%，移动终端0.040%；②3G-UMTS：基础设备0.015%，移动终端0.015%；③GSM：零费率。2016年10月，华为提出新的反要约，愿意就无线星球所有英国SEP组合获得许可，报价为：①4G-LTE：基础设备0.061%，移动终端0.059%；②3G-UMTS：基础设备0.046%，移动终端0.046%；③2G-GSM：基础设备0.045%，移动终端0.045%。法院选取双方最后的报价为基础进行分析。

表 4　无线星球诉华为案中的 FRAND 许可全球费率表

	主要市场（%）		中国和其他市场（%）	
	移动终端	基础设备	移动终端	基础设备
2G/GSM	0.064	0.064	0.016	0.032
3G/UMTS	0.032	0.016	0.016	0.004
4G/LTE	0.052	0.051	0.026	0.026

2. 专利价值评估法

专利价值评估法所依据的基本法理是：专利权人仅能就自己专利技术的价值获得收益。在《专利法》中，专利权的保护范围仅限于其权利要求，相应的，在判断专利技术的价值时应该将为专利权利要求所覆盖的那部分价值从产品整体价值中剥离出来，这一规则被称为“技术分摊规则”。技术分摊规则实际上是对专利产品整体技术情况和专利技术的技术贡献度情况进行分析，使得相关专利技术收益计算更加细致、客观。1884 年，美国最高法院在判例中明确要求“专利权人……在任何情况下都必须根据涉案专利所覆盖的技术特征和涉案专利为覆盖的技术特征，提供区分或分摊被告所获得利润和专利权人损害赔偿的、真实可靠的证据；否则，专利权人应提供真实可靠的证据证明以整台机器为基数计算利润和损害赔偿的理由，即整台机器作为可销售产品的价值合理且合法的源于涉案专利所覆盖的技术特征……”[①] 由此，美国《专利法》中发展出了“技术分摊规则”和“整体市场价值规则”。这两个规则其实是推动权利人进一步举证说明其专利的技术贡献与产品价值之间的关联性。如果权利人能够证明涉案专利所保护的发明驱动对最终产品的需求时，专利权人就可以适用多组件产品的整体市场价值作为计算基础，否则就需要以特定方式分摊出该发明对最终产品贡献的价值。所以，专利价值评估法建立的基础是技术分摊规则，采取的是“倒推法”或者“自上而下”（Top-Down）的计算方式。在涉及标准必要专利的案件中，这一方法的适用思路是找到相关产品所涉全部标准必要专利的许可费总额，然后将许可费总额按照涉案专利的技术贡献占比情况“分配”到涉案标准必要专利。由于这一方法着眼于探究具体标准必要专利的价值，因此主要用于计算单个或部分标准必要专利的侵权损害赔偿（或许可费）。

例如，在日本东京高等法院审理的三星诉苹果案中，原告三星公司拥有 ETSI 制定的 UMTS 标准相关标准必要专利。作为 ETSI 的成员，三星遵照 ETSI 相关专利政策做出了 FRAND 许可声明。2011 年 4 月，三星公司向日本东京地方法院起诉苹果公司在其系列产品中侵犯其第 4642898 号标准必要专利，请求法院颁布临时禁令并判决苹果公司给予侵权赔偿。2013 年 2 月，东京地方法院判决三星公司寻求临时禁令的行为构成权利滥用，驳

① See Garretson v. Clark, 111 U.S,120–121(1884)。

回三星公司的全部诉讼请求。三星公司向日本东京知识产权高等法院提起上诉，东京知识产权高等法院维持一审法院关于三星公司请求临时禁令的行为构成权利滥用的判决，但同时认为，三星公司有权要求苹果公司就其侵权行为支付相当于符合 FRAND 许可条款的合理许可费的侵权损害赔偿。

该案中涉诉专利为 UMTS 标准必要专利。因此东京高等法院采用的计算方法是：首先确定侵权产品总销售额中 UMTS 标准的贡献度；其次计算涉案专利在 UMTS 标准中的技术贡献度；最后计算分摊至涉案专利的价值。在计算 UMTS 标准对侵权产品总销售额的贡献度时，日本东京高等法院考虑了 UMTS 标准所实现的移动通信功能是否是相关侵权产品的基本功能。在本案中法院认为移动通信功能是苹果公司 iPhone 手机产品的基本功能，而非 iPad 平板电脑产品的基本功能，因此 UMTS 标准对后者的价值贡献低于对前者的价值贡献。为此，法院确定了两个不同的贡献率百分比。另外，由于在本案中双方当事人均认可 5% 作为 UMTS 标准全部标准必要专利许可总和的上限，且有证据表明其他相关市场经营者也认可该比例，故法院认可以产品销售总额的 5% 作为全部 UMTS 标准的总价值。在计算涉案专利在 UMTS 标准中的技术贡献度时，日本东京高等法院仍然采用的是数量占比法，法院根据 Fair Field 公司 2008 年的分析报告，认可在已经披露的 1889 项标准必要专利中只有 529 项专利是或很可能是必要的。据此，涉案专利的侵权赔偿为：UMTS 标准对产品的价值贡献率 × 侵权产品侵权其间的销售总额 ×5%×1/529，最终计算对涉案 iPhone 侵权产品的赔偿额为 9239308 日元，对涉案 iPad 侵权产品的赔偿额为 716546 日元。

3. 综合其他因素分析法

就目前而言，法院在计算涉及标准必要专利侵权损害赔偿或合理许可费时较常采用的是前述可比较许可协议法和专利价值评估法。但是这两种方法的适用都需要大量相关证据材料的支撑，在欠缺相关证据材料支撑的情况下，法院则会综合其他辅助性因素来进行分析。

例如，在 2013 年美国微软诉摩托罗拉案中，杰姆斯·罗伯特（James L.Robart）法官根据标准必要专利许可谈判的特点，修正了“Georgia-Pacific”因素测试法，将原有 15 个要素修改为 11 个要素，并以之为基础确定了在该案中针对专利组合（Patent Portfolio）的 FRAND 许可费分析步骤：

（1）首先考量专利组合对相关技术标准的重要性，即考察该标准共有多少必要专利，专利权人所主张的标准必要专利组合占相关标准总专利数量的比例，同时考虑该专利组合整体上对该技术标准的技术贡献度。

（2）考虑专利组合整体上对被许可人终端产品的重要性。

（3）选取其他具有可比性的专利，通过借鉴这些可比性专利的 FARND 许可费确定涉案专利组合的 FRAND 许可费，而在选取具有可比性的其他专利时也必须注重前述第一、第二步骤中关于专利技术对标准和终端产品重要性的分析。

最终，罗伯特法官发现当事人所举证的许可协议均不具备充分的可比性，权衡之下，他采纳了微软所主张的 MPEG LA H.264 专利池、Via Licensing 802.11 专利池、Marvel Wi-Fi 芯片的授权协议、InteCap 顾问事务所的评估模型作为计算合理许可费的主要参考证据。由于上述参考证据不是直接的可比较的许可协议，因此罗伯特法官根据自己对案件的理解对计算数据进行了某种程度的修正。

例如，在计算涉案 H.264 标准必要专利合理许可费时，罗伯特法官计算出摩托罗拉公司应当获得的专利许可费为每件产品 0.185 美分，但考虑到标准必要专利权人加入该专利池除获得现实的许可费收益之外，还可以获得作为成员不受限制使用该专利池中其他专利的收益，而后者所带来的价值大约是前者的两倍，所以将两部分收益加总[0.185+2×0.185=0.555（美分）]作为摩托罗拉公司可以从微软终端产品中获得的 FRAND 许可费下限。又如，在计算涉案 802.11 标准必要专利合理许可费时，罗伯特法官分别依据 Via Licensing 802.11 专利池、Marvel Wi-Fi 芯片的授权协议、InteCap 评估模型计算摩托罗拉公司应该就涉案专利获得的许可费，然后将三项数值加总平均，作为摩托罗拉就涉案 802.11 标准必要专利组合可获得 FRAND 许可费的下限。针对罗伯特法官在微软诉摩托罗拉案中的判决，有学者提出了质疑：一则，“如果专利池参与者的业务模式与标准必要专利持有者的业务模式存在显著差异，那么以专利池许可费作为计算 FRAND 专利使用费的基准可能并不充分”；二则，“专利池通常基于贡献的专利数量而不是专利的相对价值来布场贡献者，因此也不是用于确定 FRAND 专利使用费的有效基准……鉴于专利池不区分更高价值和更低价值的专利，故倾向于吸引价值较低的专利”。其实，罗伯特法官也认识到了使用专利池许可费作为计算 FRAND 专利使用费基准可能带来的误差，所以他一则进行了一定程度的“校准”（虽然该校准过程带有一定的主观性）；二则仅将计算结果作为许可谈判下限，最终的许可费仍交由当事人在法院指导的范围区间内通过谈判确定。

上述三种标准必要专利的许可费计算并不能穷尽所有可采用的计算方式。在具体的标准必要专利许可，因为许可对象、许可范围、许可使用方式等关键交易内容的不同，其许可费的计算方式也有所差异。因此一旦发生相关许可费纠纷，法院仍然需要依据具体案情和证据情况选择可以适用的、客观科学的计算方式。

五、标准必要专利许可行为的反垄断审查

近年来，世界各国反垄断执法机构陆续处理了一些有关标准必要专利许可的反垄断纠纷案。限于篇幅，在此仅就 2012 年以来美国、欧盟、中国反垄断执法机构对标准必要专利许可行为的关注情况进行简要介绍。

（一）美国反垄断执法机构对标准必要专利许可行为的关注

在美国，美国司法部（DOJ）反垄断局和美国联邦贸易委员会（FTC）都拥有反垄断

执法权。近年来，DOJ 和 FTC 都对标准必要专利许可行为给予了高度的关注。

2013 年 1 月 8 日，DOJ 和 USPTO 联合发布了《标准必要专利权利人基于 FRAND 原则下获取救济的政策声明》。DOJ 和 USPTO 认为对 RAND 许可所涵盖的标准必要专利颁布禁令或者排除令需要格外谨慎。DOJ 和 USPTO 建议基于个案的考察，对被控侵权人并没有拒绝遵照 RAND 条款获得许可时，不宜适用禁令救济；相反，当潜在的被许可人无法或者拒绝接受 RAND 许可条款或其行为已经超出了专利权人 RAND 许可承诺条款范围时（例如拒绝支付已经判决了的 RAND 许可费，或拒绝就 RAND 条款进行谈判），适用禁令救济即是适当的。[①] DOJ 和 USPTO 的报告虽然较为概括，但其中提及的两个基本要点值得关注：第一，对于此类案件建议在个案中考察被许可人在谈判过程中的行为是否超出了许可人 RAND 许可承诺的范围；第二，呼吁对相关诉讼成本问题给予关注。

无独有偶，FTC 也非常关注标准必要专利的禁令救济问题。2013 年 4 月 24 日，FTC 结束对博世公司的反垄断调查，与之达成和解协议。在该案中，FTC 认为斯比克（SPX）作为美国机动车工程师学会（SAE）国际的成员，应该遵守 SAE 专利政策，对相关标准必要专利给予 RAND 许可，但是 SPX 在竞争对手愿意接受 RAND 许可时仍然对标准必要专利寻求禁令救济，该行为违背了其 RAND 许可承诺也阻碍了竞争。在和解协议书中 FTC 要求 SPX 的收购方博世公司不得对这些专利申请任何禁令，并且必须在免费许可的基础上向 ACRRR 产品市场上 SAE 标准实施者提供相关专利。博世公司也同意不会对这样的第三方寻求禁令救济，除非其拒绝遵守法院或者各方认可的 RAND 条款。

2013 年 7 月 24 日，FTC 结束了对谷歌公司旗下的摩托罗拉公司的反垄断调查，与谷歌公司和摩托罗拉公司就标准必要专利禁令救济申请问题达成和解协议，并就摩托罗拉公司撤销 RAND 承诺的条件做出了规定。FTC 的基本立场是：禁令救济应只适用于被许可人恶意拒绝或者拖延许可谈判进程的情形。为此，FTC 在和解协议书中建设性地为 FRAND 许可谈判提供了流程上的设计，以引导谈判双方本着诚信的态度积极磋商、达成合意。这些个案的处理都具有一定的借鉴意义。

另外，近年来 FTC 和 DOJ 还对专利运营实体（Patent Assertion Entity，PAE）给予了关注。近年来，涌现出了一批自身不从事技术研发与产品生产，仅以专利（特别是标准必要专利）许可为主营业务的企业，业界简称其为 PAE。由于在近年来发生的有关标准必要专利许可的纠纷多由 PAE 提起，FTC 组织了专题研究，对 PAE 的诉讼情况进行了统计分析。2016 年 10 月 FTC 发布了研究报告，调查了 2009 年至 2014 年间来自 22 家 PAE、327 家 PAE 关联公司和 2100 多家控制实体所公布的信息和数据，就 PAE 的类型、诉讼数量占

---

① Id. “An exclusion order may still be an appropriate remedy in some circumstances, such as where the putative licensee is unable or refuses to take a F/RAND license and is acting outside the scope of the patent holder’s commitment to license on F/RAND terms. For example, if a putative licensee refuses to pay what has been determined to be a F/RAND royalty, or refuses to engage in a negotiation to determine F/RAND terms, an exclusion order could be appropriate.”

比、诉讼策略选择以及通过诉讼获得的许可费收入情况进行了分析。FTC 认为侵权诉讼对于保护专利权有很大的作用，健全的司法体系可以促进《专利法》的权威性。然而骚扰性的侵权诉讼会加重司法资源的负担，并损害竞争和创新，因此 FTC 建议法院提高专利案件起诉门槛，并为法庭和被告提供更多有关曾经提出过侵权诉讼的原告的信息。虽然 FTC 的报告并没有过多明确的结论，但其指出的现象和问题无疑值得被继续关注和研究。

（二）欧盟反垄断执法机构对标准必要专利许可行为的关注

与美国 DOJ 和 FTC 一样，欧盟委员会作为欧盟的反垄断执法机构也对标准必要专利中的禁令救济行为给予了关注。

2012 年 4 月，欧盟委员会开始就摩托罗拉移动公司在德国法院请求就其标准必要专利对苹果公司颁发禁令的行为展开反垄断调查。2013 年 5 月 6 日，欧盟委员会做出初步裁定和异议声明，认为在标准必要专利持有人已同意在 FRAND 条款下进行专利许可、而苹果公司已同意接受第三方基于 FRAND 许可条款裁定的专利费率的约束的情况下，寻求禁令会妨害自由竞争。而且欧盟委员会担心，禁令的威胁会扭曲专利许可谈判，最终导致消费者的选择减少。另外，欧盟委员会认为德国联邦法院在“橙皮书案”中关于“潜在的被许可人本质上无权挑战标准必要专利的必要性和有效性”的观点有违反自由竞争之嫌。① 2014 年 4 月 29 日，欧盟委员会正式裁定摩托罗拉公司就 RAND 许可声明所覆盖的标准必要专利向德国法院寻求禁令的行为构成欧盟《竞争法》下所禁止的滥用支配地位行为。

无独有偶，2011 年 4 月，三星公司就苹果公司侵权使用其 3GUMTS 标准必要专利的行为申请禁令救济，2012 年 12 月欧盟委员会对此进行反垄断调查。也是在 2014 年 4 月 29 日，欧盟委员会接受了三星公司自愿就标准必要专利限制禁令救济申请的保证书。根据该保证书，三星公司承诺在未来五年内不在欧盟地区针对任何接受其智能手机和平板电脑相关标准必要专利许可框架的公司寻求禁令救济。三星公司提出的标准必要专利许可框架是：

（1）双方进行为期 12 个月的谈判。

（2）如果双方未达成协议，则由任一方选择的法院或双方选择的仲裁机构确定 RAND 条款。

相较于德国法院的判决，欧盟委员会更多从禁令救济申请对相关竞争市场的影响角度进行分析，且对德国法院遵循“橙皮书案”规则的做法提出了一定的质疑。也正是因为欧盟委员会的质疑才促使德国杜塞尔多夫地区法院请求欧洲法院就相关问题进行澄清。在 ECJ 对华为中兴案裁决之后，其所确立的 ECJ 规则对欧盟委员会在三星案中所确立的、有关标准必要禁令救济的“避风港”规则有何影响还有待继续跟踪研究。

---

① 参见 Id.P3.

（三）中国反垄断执法机构对标准必要专利许可行为的关注

近年来，我国的反垄断执法机构也对有关标准必要专利许可行为给予了高度的关注，并展开了一系列的反垄断工作。

2015 年 8 月 1 日起实施的国家工商总局《关于禁止滥用知识产权排除、限制竞争行为的规定》就在反垄断框架之下对如何处理有关 FRAND 许可纠纷做出了规定。2015 年 12 月由国家发改委发布的《关于滥用知识产权的反垄断指南》（征求意见稿）中也涉及标准必要专利的条款。可见在有关反垄断的立法活动中，标准必要专利问题成为立法者关注的议题之一。2017 年 3 月 23 日，国务院反垄断委员会在统筹整合发改委、商务部、工商总局和知识产权局四家单位草案建议稿意见的基础上，发布了《关于滥用知识产权的反垄断指南（征求意见稿）》，其中仍然保留了两个有关标准必要专利的条款。

在执法层面上，我国反垄断执法机构也进行了一定的探索。2014 年 4 月，商务部附条件批准了微软收购诺基亚的设备和服务业务。在商务部发布的公告中，微软公司和诺基亚公司均对其就为 FRAND 许可声明所覆盖的标准必要专利寻求禁令的权利做出了限制性的承诺。2015 年 10 月，商务部附条件批准了诺基亚与阿尔卡特朗讯的经营者集中反垄断审查申请，而诺基亚再次就其为 FRAND 许可声明所覆盖的标准必要专利寻求禁令的权利做出了限制性的承诺。

无独有偶，2013 年 6 月国家发改委立案对 InterDigital 公司进行反垄断调查，其中包括对其在 FRAND 许可谈判中申请禁令救济行为的调查。2014 年 2 月 InterDigital 公司向国家发改委递交了整改承诺书，承诺就相关涉嫌违反《反垄断法》的行为进行整改。而后国家发改委中止了对该公司的反垄断调查。

除禁令问题之外，我国的反垄断执法机构还关注标准必要专利许可合同中的若干条款规定是否违反《反垄断法》。2013 年 11 月，国家发改委开始对美国高通公司标准必要专利许可行为进行反垄断调查。在该案中国家发改委认定的相关市场包括无线标准必要专利许可市场和基带芯片市场，并通过对高通公司在相关市场的销售额份额、高通公司控制相关专利许可市场和基带芯片市场的能力、终端设备制造商对高通公司无线标准必要专利和基带芯片市场的依赖程度以及其他竞争者进入相关市场的难度，认定高通公司在两个市场均拥有市场支配地位。在反垄断调查中，国家发改委着重就高通公司的标准必要专利许可的商业模式，从收取不公平高价许可费、在标准必要专利许可中搭售非标准必要专利许可和在许可中附加不合理许可条件三个方面对高通公司的许可行为进行了反垄断分析。

国家发改委认为高通公司标准必要专利许可行为已经构成了收取不公平高价：

（1）高通公司所拥有的码分多址（CDMA），标准必要专利大多数已经超过保护期，但是高通公司不提供专利清单确认有效的专利，且与被许可人签订长期（甚至无固定期限）的许可协议并约定一直不变的专利许可费率。

（2）高通公司要求被许可人反向许可其所拥有的专利，且不在专利许可费中抵扣被许可人反向许可的专利价值。

（3）对外一揽子许可中包含标准必要专利和非标准必要专利，高通公司不对专利的必要性进行区分，按照终端设备整机批发净销售价格的一定百分比收取专利许可费。

另外，国家发改委在调查中还发现高通公司将签订包含不质疑条款的专利许可协议作为当事人获得基带芯片供应的前提条件。如果已经签订许可协议的被许可人提出对相关专利的质疑并起诉，则高通公司将停止向该被许可人供应基带芯片。对此，国家发改委认为，通过诉讼等法律途径质疑专利的有效性是被许可人的合法权利，而高通公司利用其在基带芯片市场的支配地位迫使被许可人接受不质疑条款没有正当理由，属于在许可协议中附加不合理的条件。依据上述情况，2015 年 2 月 10 日，国家发改委做出处罚决定，认定高通公司滥用其在 CDMA、宽带码分多址（WCDMA）和长期演进（LTE）无线通信标准必要专利许可市场及相关无线通信终端基带芯片市场的支配地位，违反我国《反垄断法》有关规定，责令高通公司停止相关违法行为并按照其 2013 年度在我国市场销售额的 8% 处以罚款，共计人民币 60.88 亿元。

综上所述，国家发改委认定高通公司的相关专利许可行为违反了《中华人民共和国反垄断法》第十七条第一款第一项有关“禁止具有市场支配地位的经营者以不公平的高价销售商品”的规定。在对高通公司处以罚款的同时，国家发改委还责令高通公司提供专利清单、不得对过期专利收费、不得将标准必要专利与非标准必要专利捆绑许可、不得强迫被许可人免费反向许可、不得在坚持高额许可费的同时以终端设备整机售价为专利许可费计价基础。

除美国、欧盟和我国反垄断执法机构之外，还有一些国家和地区的反垄断执法机构也处理了一些有关标准必要专利许可行为的反垄断案件。例如，2013 年印度竞争委员会对爱立信的标准必要专利许可行为进行反垄断调查，并认定爱立信在标准必要专利的许可中就同一技术对不同的手机收取不同的专利许可费，构成了歧视和过高定价，违反了印度《竞争法》第 4 条第 2 款的规定，构成滥用市场支配地位。又如，自 2006 年以来多个反垄断执法机构都对高通公司的标准必要专利许可商业模式进行反垄断调查。2006 年日本公平贸易委员会开始启动对高通公司的反垄断调查，2009 年 9 月认定高通公司强迫被许可人交叉许可其专利并签订权利不质疑声明条款的行为构成了反垄断违法行为，责令其停止上述行为。2009 年 7 月韩国公平竞争委员会认定高通公司滥用其在 CDMA 芯片市场的主导地位，在标准必要专利许可和芯片销售中存在过高定价、捆绑等违法行为，从而给予高通公司 2.07 亿美元的罚款；2016 年 12 月，韩国公平竞争委员会再次对高通公司处以约 8.05 亿美元的罚款，并责令高通公司改变其现有的商业模式。限于篇幅，本报告在此不再一一介绍和分析上述有关反垄断调查案件。

六、结论

近年来，有关标准必要专利的法律纠纷主要围绕 FRAND 许可纠纷展开。FRAND 许可是专利许可中最为复杂的一种。与一般的专利许可仅涉及许可人和被许可人双方利益不同，FRAND 许可由于是围绕标准必要专利而展开的许可，专利许可与标准实施相叠加的结果使得 FRAND 许可的社会影响被放大，不再仅仅限于对许可人和被许可人双方之间利益的影响，还关系到相关标准的制定与实施、相关产业的发展和相关市场竞争秩序的维护。FRAND 许可的标的——标准必要专利具有数量庞大、有效性和必要性不确定等特点；FRAND 许可主要发生的产业和市场环境具有技术更新快速、网络效应明显、竞争关系复杂的特点；FRAND 许可因为标准化组织专利政策规定和许可人做出的 FRAND 许可声明而增加了若干有关许可谈判和许可条件设定的法律义务；FRAND 许可模式多元化，在这个领域的商业模式创新也很活跃，因此不断出现对新商业模式合法性边界的问题；FRAND 许可不仅涉及一个国家多部部门法，还可能因为全球一揽子许可模式而涉及不同国家的不同法律规则……凡此种种，都使得 FRAND 许可有别于一般的专利许可，具有相当的复杂性，也使得处理围绕 FRAND 许可产生的法律纠纷具有相当的难度。

就目前而言，如何构建真正符合“公平、合理和无歧视”要求的 FRAND 许可规则，减少相关许可纠纷、平衡许可双方的利益、确保 FRAND 许可不对标准的制定与实施、产业发展和市场竞争产生负面影响在全球范围内都是一个难题，由 FRAND 许可引发的矛盾纠纷甚至引起各国政府高层的高度关注。目前，世界各国的学者、研究机构、法院、反垄断执法机构以及有关国际组织（包括标准化组织）都在就如何构建 FRAND 许可规则和处理有关 FRAND 许可的法律纠纷进行不断的研究与探索。在此背景之下，本报告认为，有必要对 FRAND 许可相关法律问题给予高度的关注和继续进行深入的研究，并积极探寻如何在我国法律体系之下构建适合我国国情和社会发展需求的 FRAND 许可规则。

参考文献

[1] WIPO. Standards and Patents, Feb. 18, 2009 [EB/OL]. [2015-05-01]. http://www. wipo. int/edocs/mdocs/scp/en/scp_13/scp_13_2. pdf.

[2] Committee on Intellectual Property Management in Standard-Setting Processes, Technology and Economic Policy Board on Science, National Research Council of the National Academies, Patent Challenges for Standard-Setting in the Global Economy: Lessons from Information and Communication Technology [M]. National Academies Press, 2013.

[3] Telecommunication Standardization Bureau. Understanding Patents, Competition and Standardization in an interconnected World [EB/OL]. [2015-05-03]. http://www.itu.int/en/ITU-T/Documents/Manual_Patents_Final_E. pdf.

[4] Bean David. Injunctions (9th edition) [M]. Sweet & Maxwell, 2007.

[5] Tom M. Schaumberg. "A Lawyer's Guide to Section 337 _Investigations Before the U. S. International Trade Commission," [R]. American Bar Association 2010.

[6] Spansion, Inc., v. Int'l Trade Commission, 629 F. 3d 1331, 1359 (Fed. Cir. 2010) [R].

[7] U. S. International Trade Commission. Notice of Commission Decision to Review in Part A Final Initial Determination Finding a Violation of Section 337; Request for Written Submission, Investigation No. 337_TA_745. Washington, D. C.: U. S. International Trade Commission [EB/OL]. [2012-04-25] [2013-07-20]. http://www.usitc.gov/secretary/fed_reg_notices/337/337_745_Notice06252012sgl.pdf.

[8] Investigation No. 337-TA-745 [R]. United States International Trade Commission, Washington, D.C., 2011.

[9] Investigation No. 337-TA-794 [R]. United States International Trade Commission, Washington, D.C., 2013.

[10] Apple Inc. and NeXT Software, Inc. v. Motorola, Inc. and Motorola Mobility, Inc., Appeals from the United States District Court for the Northern District of Illinois, Case No. 11-CV-8540 (2012-06-22) [R].

[11] 施高翔. 中国知识产权禁令制度研究 [M]. 厦门：厦门大学出版社，2011.

[12] German Federal Supreme Court，6 May 2009，KZR 39/06- "Orange-Book-Standard" [S].

[13] Motorola v. Apple，2012，Higher Regional Court of Karlsruhe，Federal Republic of Germany，Case No. 6 U 136/11 [R].

[14] Motorola v. Microsoft，2012，Regional Court of Mannheim，Federal Republic of Germany，Case No. 2 O 240/11 [R].

[15] 李剑. 专利法司法解释（二）第二十四条之解读 [J]. 竞争政策研究，2016（3）：37-40.

[16] 焦彦. 关于标准必要专利若干法律问题的思考 [J]. 中国知识产权杂志，2017（1）：50-53.

[17] 丁文联. 标准必要专利禁令适用与信息披露的博弈分析 [J]. 竞争政策研究，2017（1）：5-11.

[18] 赵启杉. 论标准必要专利侵权案件停止侵权抗辩规则的构建——兼论德国标准必要专利停止侵权抗辩规则之新发展 [J]. 中国专利与商标，2017（2）：66-82.

[19] 郝元. 标准必要专利的禁令救济不宜被"原则性"剥夺 [J]. 中国专利与商标，2017（2）：83-100.

[20] 叶若思，祝建军，陈文全. 标准必要专利使用费纠纷中 FRAND 规则的司法适用——评华为公司诉美国 IDC 公司标准必要专利使用费案 [J]. 电子知识产权，2013（4）：61.

[21] 张吉豫. 标准必要专利"合理无歧视"许可费计算的原则与方法——美国"Microsoft Coip. v. Motorola Inc."案的启示 [J]. 知识产权，2013（8）：27.

[22] 李扬，刘影. "FRAND 标准必要专利许可使用费的计算——以中美相关案件比较为视角" [J]. 科技与法律，2014（5）：871.

[23] 李剑. 标准必要专利许可非确认与事后明偏见——反思华为诉 IDC 案 [J]. 中外法学，2017（1）：230-249.

[24] 广东省深圳市中级人民法院（2011）深中法知民初字第 858 号民事裁定 [R].

[25] Microsoft Corp. v. Motorola, Inc., 2013 U. S. Dist. LEXIS 60233, at *268 (W. D. Wash., Apr. 25, 2013) [R].

[26] J. Gregory Sidak. "FRAND Royalties, and Comparable Licenses after Ericsson v. D-Link" [J]. University of Illinois Law Review, 1825 (2016).

[27] J. GregorySidak. "The Meaning of FRAND, Part1: Royalties" [M]. J. COMPETITION L. &ECON., P968, 1012, 1054.

[28] Jorge L. Contreras. Fixing FRAND: A Pseudo-Pool Approach to Standards-Based Patent Licensing [J]. Antitrust Law Journal, Fall 2013, Forthcoming.

[29] Joseph Kattan. "FRAND Wars and Section 2" [J]. American Bar Association Antitrust Law Journal, 2013.

[30] Damien Geradin, Miguel Rato. "FRAND Commitments and EC Competition Law" [EB/OL]. http://ssrn.com/abstract=1527407.

[31] 林秀芹，刘禹. 标准必要专利的反垄断规制——兼与欧美实践经验对话 [J]. 知识产权，2015（12）：58-65.

［32］朱理．标准必要专利的法律问题：专利法、合同法、竞争法的交错［J］．竞争政策研究，2016（3）：21-24.

［33］谭袁．标准必要专利加之增值的审视及制度建构［J］．竞争政策研究，2016（3）：94-102.

［34］FTC-Bosch Consent Decree（Apir. 24, 2013）［EB/OL］．See http://www. ftc. gov/sites/default/files/documents/cases/2013/04/130424robertboschdo. pdf.

［35］In the Matter of Robert Bosch GmbH, No. C-4377（Nov. 26, 2012）［EB/OL］．See http://www.ftc.gov/opa/2012/11/bosch.shtm.

［36］European Commission. Antitrust：Commission finds that Motorola Mobility infringed EU competition rules by misusing standard essential patents.［EB/OL］．［2014-04-29］［2014-05-01］．http://europa.eu/rapid/press-release_IP-14-489_en. htm.

［37］European Commission. Antitrust：Commission accepts legally binding commitments by Samsung Electronics on standard essential patent injunctions.［EB/OL］，P3．［2014-04-29］［2014-05-01］．http://europa.eu/rapid/press-release_IP-14-490_en.htm.

撰稿人：张　平　赵启杉

团体标准最新研究进展

一、概述

（一）团体标准的背景与发展

对团体标准发展背景与历程的考察，应该最早追溯到民间标准化组织的兴起。有活力的民间标准化组织主要由两部分组成：一部分是传统的具有协会形式的标准化组织，如美国电气和电子工程师协会（IEEE）、美国材料与试验协会（ASTM International）等；另一种是市场中产生的创新企业自由组合的联盟（Consortia）或论坛组织（Forum）。民间标准化组织的兴起主要有以下两个方面的背景。

1. 政府标准化管理体制改革

政府单一标准化管理体制造成标准化资源被行政力量垄断，市场运行机制受到限制，抑制了企业的积极性（王平，2003）。政府标准化管理也存在严重的碎片化问题。政府标准化管理体制改革需要增加开放性和灵活性，满足多元化的诉求。而自由组织的社会团体恰好能发挥这种作用。Andrew L.Russell（2014）认为，当今的标准化已经发展到了更加开放的“民间体制”（Private Regimes）时代，即“开放标准”时代。

2. 产业创新和经济全球化发展

随着科学技术的进步和高新技术产业的发展，高科技产业的竞争成为国家实力之间的竞争。高科技产业具有技术复杂度高、集成性强、知识产权密集、赢者通吃的特点。高科技产业领域的企业面临着越来越大的竞争压力，需要寻求多样化的标准化途径，以满足自身的标准化战略。

我国市场化的团体标准的发展实践是从 21 世纪前后开始的。那时我国刚刚发展起来的一些产业在出口贸易中受到了国外产业联盟的强大压力，如 2002 年欧洲海关扣押我国出口的 DVD 事件。我国企业开始注意到发达国家的产业联盟和技术标准联盟组织，认识到技术专利能够与标准相结合，并由此垄断市场。我国从此也开始出现技术标准联盟，这些联盟试图用更加市场化的方式解决产业自身的问题。我国政府标准化管理部门也开始意识到全部由政府管理的标准化体制与推行市场经济的矛盾性，应该采用面向市场经济更加实用主义的方法，对于民间成立技术标准联盟持非常积极的鼓励态度，希望通过产业联盟孕育民间的标准化。

科技部于2008—2009年间发布了一系列文件，希望通过我国推动创新联盟的发展来推动产业发展，促进技术创新、知识产权和标准化相结合，提高我国企业的市场竞争力。此后，以产业联盟为主要形式的市场化的标准化团体在我国新兴产业发展，尤其是在高新技术产业发展中发挥了越来越大的作用。国家层面越来越意识到民间标准化组织的重要性，并陆续出台一系列政策文件，提升民间标准化组织在我国标准化体系中的位置。

培育发展团体标准[①] 是2015年3月11日发布的《深化标准化工作改革方案》（国发〔2015〕13号）中首次正式提出的。此后，2016年3月出台的《关于培育和发展团体标准的指导意见》（国质检联标联〔2016〕109号）对团体标准工作明确了要求，目标是通过改革，把政府单一供给的现行标准体系，转变为由政府主导制定的标准和市场自主制定的标准共同构成的新型标准体系。

2016年4月25日，国家质检总局、国家标准委发布2016年第7号中国国家标准公告，批准发布GB/T 20004.1–2016《团体标准化　第1部分：良好行为指南》国家标准。该国家标准提供了团体开展标准化活动的一般原则，以及团体标准化的组织管理、团体标准的制定程序和编写规则等方面的良好行为指南。

2017年全国标准化工作会议确定，将全力推进实施标准化战略，做好顶层设计，尽快编制国家标准化战略纲要。要力争新《中华人民共和国标准化法》（以下简称《标准化法》）年内修订出台；要加快构建政府主导与市场自主制定标准协调配套的新型标准体系；要培育发展市场自主制定的标准，规范发展团体标准，深化企业标准管理制度改革。

2017年2月22日，国务院常务会议审议通过《标准化法（修订草案）》，实施了近三十年的《标准化法》修订终于接近完成。目前，我国新修订的《标准化法》已于2017年11月4日发布，自2018年1月1日起施行，其中对团体标准的法律地位予以明确。

团体标准在我国蓬勃开展，将有力推进政府主导与市场自主制定标准协调配套的新标准体系的构建。在国家标准化管理改革的总体要求下，社会团体积极参与标准的制定与实施，不断扩大团体标准的数量与影响力。截至2017年2月6日，共计有425家社会团体到全国团体标准信息平台上进行注册，其中已经完成注册的社会团体393家，正在公示的社会团体32家。社会团体在平台上共计公布688项团体标准，其中有22项团体标准公布了全文。

---

① 本文所提的团体标准均指《关于培育和发展团体标准的指导意见》（2016年3月15日国标委）中所明确的团体标准，而非广义的社会团体制定的标准。

（二）团体标准的概念与范围

1. 团体标准的概念

GB/T 20000.1–2014《标准化工作指南　第 1 部分：标准化和相关活动的通用术语》中提出：

标准化是为了在既定范围内获得最佳秩序，促进共同效益[①]，对现实问题或潜在问题确立共同使用和重复使用的条款及编制、发布和应用文件的活动[②]。

标准是通过标准化活动，按照规定的程序经协商一致制定，为各种活动或其结果提供规则、指南或特性，供共同使用和重复使用的文件[③]。企业标准是由企业通过供企业使用的标准。

2014 版《标准化工作指南　第 1 部分：标准化和相关活动的通用术语》中关于“标准”“企业标准”等的定义，更加与社会、经济和科技发展的实际相切合，所以，对于团体标准的概念定义应包含团体标准活动的必须要素。

团体标准是社会团体[④]通过标准化活动，按照社会团体规定的程序[⑤]经协商一致制定，为其成员进行科技成果转化、产业发展、市场秩序等生产、管理及服务等活动或其结果提供规则、指南或特性，以获得最佳秩序、促进共同效益，供共同使用和重复使用的文件。

我国团体标准发展经历了以协会标准为主体的起步阶段和以联盟标准为核心的市场化探索阶段。2016 年 3 月，国家质检总局、国家标准委发布《关于培育和发展团体标准的指导意见》（以下简称《指导意见》），给我国团体标准化工作健康有序发展提供了有力支撑，团体标准步入快速发展阶段。但总体而言，我国团体标准起步较晚，经验不足。因此，厘清团体标准与联盟标准等的关系对于理解团体标准非常必要。

在《指导意见》中，并未提供团体标准的定义，但是对于团体标准的制定主体、范围及各关键要素均给予了明确的要求。由于团体标准与联盟标准在内涵上有承续的关系，可以参照联盟标准的概念加深对团体标准的理解。姜福红（2008）认为：联盟标准是为了在一定范围内获得最佳秩序，经标准联盟成员共同协商一致制定并批准，经国家有关标准化主管部门登记或备案，共同使用和重复使用的一种规范性文件。综合对于联盟标准研究时

---

① 标准化的主要效益在于为了产品、过程或服务的预期目的改进它们的适用性，促进贸易、交流以及技术合作。

② 标准化活动确立的条款可形成标准化文件，包括标准和其他标准化文件。

③ 标准宜以科学、技术和经验的综合成果为基础；规定的程序指制定标准的机构颁布的标准制定程序；诸如国际标准、区域标准、国家标准等，由于它们可以公开获得以及必要时通过修正或修订保持与最新技术水平同步，因此它们被视为构成了公认的技术规则；其他层次上通过的标准，诸如专业协（学）会标准、企业标准等，在地域上可影响几个国家。

④ 社会团体是《指导意见》中所指的行业协会、学会、商会、联合会和产业技术联盟等各类社会团体。

⑤ 规定的程序指制定标准的机构颁布的标准制定程序。

所采用的定义，并结合 GB/T 20000.1–2014《标准化工作指南第 1 部分：标准化和相关活动的通用术语》中标准的定义，可将联盟标准定义为：为了在一定范围内获得最佳秩序，经标准联盟成员共同协商一致制定，标准联盟批准并由国家有关标准化主管部门登记备案，供联盟内部成员共同使用和重复使用的一种规范性文件。

2. 团体标准的英文翻译

团体标准存在多种英文翻译，有 consortium standards，social group standards，association standards 等。按照《指导意见》"具有法人资格和相应专业技术能力的学会、协会、商会、联合会以及产业技术联盟等社会团体可协调相关市场主体自主制定发布团体标准，供社会自愿采用。社会团体应组建或依托相关技术机构，负责团体标准制定工作"的规定，团体标准的英译应当是"social organization standards"最为贴切，基本等同于美国国家标准学会（ANSI）的认可的标准制定者（ASDs）标准或组织机构标准。长久以来，中国业界称之为社团标准，近期改为了团体标准。

国际上普遍将 consortium standards 视为非传统标准，并不完全对应中国的团体标准。采用英文 social organization standards 是回归惯例和与国际接轨的正确方式，减少不必要的解释。

3. 团体标准的制定范围、知识产权

为释放市场活力，营造团体标准宽松发展空间，《指导意见》提出：

（1）明晰制定范围。社会团体可在没有国家标准、行业标准和地方标准的情况下，制定团体标准，快速响应创新和市场对标准的需求，填补现有标准空白。鼓励社会团体制定严于国家标准和行业标准的团体标准，引领产业和企业的发展，提升产品和服务的市场竞争力。

（2）鼓励充分竞争。在合法、公正、公开的前提下，鼓励团体标准按照市场机制公平竞争，通过市场竞争优胜劣汰，激发社会团体内生动力，提高团体标准的质量水平，促进团体标准推广应用。

（3）促进创新技术转化应用。在不妨碍公平竞争和协调一致的前提下，支持专利和科技成果融入团体标准，促进创新技术产业化、市场化。

为规范国家标准管理工作，鼓励创新和技术进步，促进国家标准合理采用新技术，保护社会公众和专利权人及相关权利人的合法权益，国家质检总局、国家标准委批准于 2014 年 4 月 28 日发布了 GB/T 20003.1–2014《标准制定的特殊程序　第 1 部分：涉及专利的标准》，并于 2014 年 5 月 1 日起实施。团体标准涉及专利时，该标准可以作为参考之一。社会团体应按照相关法律、法规和国家标准，制定团体标准涉及专利的处置规则。对于团体标准中的必要专利，应及时披露并获得专利权人的许可声明。对于制定标准的工作程序等只有原则要求，而程序的公开、公正是极其重要的。

4. 团体标准的法律地位

新修订的《标准化法》还赋予团体标准以法律地位，构建了政府标准与市场标准协调配套的新型标准体系。

《标准化法》第十八条规定：

国家鼓励学会、协会、商会、联合会、产业技术联盟等社会团体协调相关市场主体共同制定满足市场和创新需要的团体标准，由本团体成员约定采用或者按照本团体的规定供社会自愿采用。

制定团体标准，应当遵循开放、透明、公平的原则，保证各参与主体获取相关信息，反映各参与主体的共同需求，并应当组织对标准相关事项进行调查分析、实验、论证。

国务院标准化行政主管部门会同国务院有关行政主管部门对团体标准的制定进行规范、引导和监督。

《标准化法》第二十条规定：

国家支持在重要行业、战略性新兴产业、关键共性技术等领域利用自主创新技术制定团体标准。

社会团体作为市场主体的组织者和中介，在标准制定上具有一些先天的优势。但在过去，标准化领域的标准制定由政府“包办”，社会团体的作用没有发挥出来。

（三）团体标准的相关研究界定

对于团体标准的研究，本文认为至少应从两个视角去进行观察与研究：一是从历史发展的宏观高度，认识到团体标准的出现有着深刻的社会经济背景，考察团体标准在社会经济发展进程中所起的作用意义；二是从团体标准本身去分析，看看它的运行机理以及如何更好地发挥作用。

在开始团体标准领域的分析研究之前，明确以下三点是争取达成共识的前提。

（1）团体标准是我国政府文件提出，其与联盟标准存在承续关系，又不完全相同，要放在中国语境下去理解。

从团体标准的出台过程及背景，可以明显看出团体标准与联盟标准的承续转变。在《指导意见》中，明确了团体标准的制定主体、范围等要求。团体标准的主体包含了行业协会、学会、商会、联合会及产业技术联盟等主体。联盟标准是团体标准的组成部分，但只有具有法人资格的联盟才是团体标准的主体。所以，我国的团体标准是包含了上述内容，定位、定义等与其他学会或团体标准有所区别。此外，与其他国家的标准类别对比，我国的团体标准在较大程度上对应于国外自愿一致性标准。

（2）团体标准领域的研究并不是一个主题单一、边界清晰的研究领域。其研究范围十分广阔，研究主题十分广泛，呈现出鲜明的交叉学科研究的特点。

笔者倾向于认为团体标准是一个标准化与其他学科交叉的复合研究领域，而不仅限于标准化研究的一个子领域。团体标准首先是作为标准，具有标准所共有的基本属性，又有其自身特性。对团体标准的研究是以标准化共性研究成果为基础开展的专门研究，其特点之一是与科技创新、市场需求在实践层面的深度结合。团体标准不仅与标准化理论相关，与经济学、组织学、科学技术学、社会学乃至政治学都有交叉。对团体标准的研究需要综合运用多个学科领域的基础概念理论以及研究工具。在团体标准领域的学习上，更要注重其伴随其他研究领域进展的发展脉络和交叉融合网络。

（3）团体标准并不是一个新兴的研究领域，从 20 世纪初就有相关研究出现。但新时期，经济、技术和制度条件的变化为该领域催生了新的研究问题。

标准化问题进入研究视野从第二次工业革命就已经开始了。由于标准化的问题一开始都是企业和行业协会主导，所以标准化的实践实际上就是团体标准的实践。国际上关于团体标准的研究在 20 世纪七八十年代达到一个高潮，我国相对滞后一些，在 20 世纪 90 年代达到高潮。此后，团体标准领域的研究热度衰减下来。在近几年，几个因素促成了团体标准领域研究热度的提升，包括国家标准竞争、高新技术产业专利标准竞争越来越激烈、我国标准化改革提出发展团体标准的目标等。结合这些新变化和新实践，团体标准又逐渐成为研究热门。

此外，对于团体标准进展的研究，除了关注文献论述、重要的理论和学术观点，以及各层面的重要实践之外，政策顶层设计及政府作为亦不容忽视，这些同样是研究团体标准的重要内容。

（四）团体标准的研究主题

1. 学术趋势研究

前面提到，团体标准是我国特有的说法，来自于政府文件，而并不是学术界。所以以团体标准为标题和关键字的国内研究绝大多数始于 2015 年，即《深化标准化工作改革方案》出台之后，其中明确提出了团体标准的概念。早期的研究多关注联盟标准及我国标准化管理改革趋势。知网团体标准学术趋势搜索如图 8 所示。

图 8　团体标准的学术关注度

2. 自我治理和政策建议研究

关于团体标准的研究主题，根据站位与出发点的不同，可以基本分成两个类别：第一类是站在企业和标准化社团（标准联盟、标准协会）的角度，研究企业的标准竞争战略以及标准化社团的治理；另一类是站在政府（或是公共利益）的视角，将团体标准与区域发展、产业发展和国家竞争等主题联系起来。需要注意的是：第一类主题的研究，国内和国外的研究热点基本一致，而且由于发达国家的团体标准发展较早，所以其相关研究也开始较早，国内的研究基本处于“跟随”的状态；而对于第二类研究主题，除了与国外一致的部分外，我国还涌现了一批基于我国特有的标准化体系、特色产业集群的团体标准研究主题。比如标准化体系改革问题研究、团体标准案例研究等，这部分的研究在我国团体标准政策出台后呈现爆发式增长。

此外，从研究的规模（即文献发表的数量）、研究的规范性和研究水平上来看，第一类主题的研究要高于第二类研究。从文献分布上来看，第一类研究主要集中于技术标准联盟竞争与自我治理（图9），第二类主要集中在标准化改革与团体标准发展的政策建议（图10）。

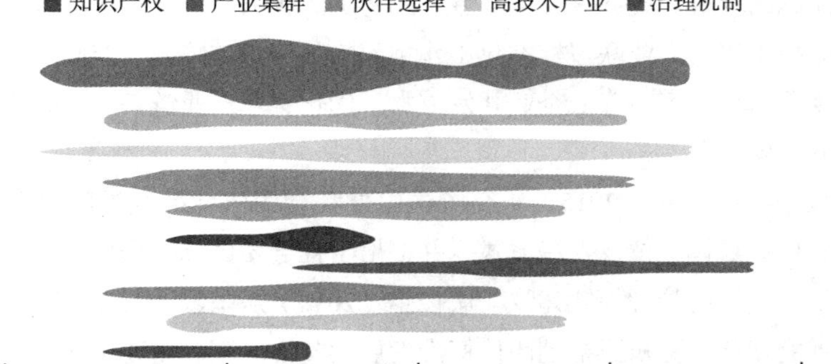

图9　技术标准联盟研究热点分布

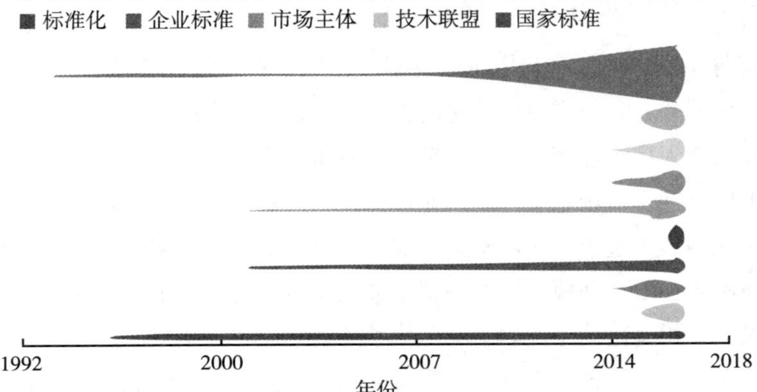

图10　标准化改革与团体标准发展建议研究热点分布

二、团体标准的综合性研究

（一）综合性研究

刘雪涛等的《团体标准理论与实践》（2016）是一本系统阐述团体标准的研究著作，作者从国内外历史沿革的视角分析了团体标准形成的动因、团体标准的特点与作用以及团体标准在我国的最新实践，为团体标准的相关研究提供了基础。

在已发表的期刊文章中，部分学者从标准化管理改革的角度，对联盟标准、团体标准的形成背景及其概念、地位也进行了探讨。

（1）程虹、刘芸（2013）基于“联盟标准”的案例，研究我国现行标准体制存在的问题，建议建立由政府标准和团体标准（包括联盟标准）共同构成的国家标准体系，实现政府标准制定主体与社会标准制定主体的共建、政府标准与团体标准的共治、标准基础性功能与创新性功能的共享。梁秀英、朱春雁（2015）对我国产业联盟标准化工作现状进行了梳理，系统分析了当前产业联盟标准化工作中面临的困难与障碍。李际建（2015）阐述了联盟标准在规范市场秩序、降低企业开发成本、优化企业产业链条、提升企业标准化工作水平等方面的重要意义。

（2）康俊生、晏绍庆（2015）研究了国内外社会团体标准发展的概况，分析了社会团体标准的作用、法律定位及发展方式，并提出了社会团体标准采用政府引导、社会团体主导和技术组织支撑的管理模式建议。康俊生（2016）从国家、行业、地方三个层面总结了标准化发展的现状，分析了推动团体标准发展的基本原则、主要工作任务和相关保障措施。王益群等（2016）针对目前我国团体标准发展现状，结合我国标准化改革趋势，详细对比国外团体标准在该国标准体制中的积极作用，思考了我国团体标准推广应用模式的建立，同时提出团体标准法律地位、政府职责、资助模式、知识产权等方面的应用建议。

（二）实证与案例研究

（1）刘辉等（2013）基于政府视角，对我国联盟标准化治理模式进行了理论与实证方面的研究。根据政府参与联盟标准化的程度不同，将政府的标准化治理模式分为高介入型治理模式和低介入型治理模式。从管理型政府角色定位、服务型政府角色定位、产业政策、行业技术确定性、市场竞争性、产业地位、联盟对行业发展的影响七方面因素对联盟标准化治理模式的影响进行了实证检验。实证结果表明：管理型政府、产业地位以及联盟对行业影响与高介入型治理模式正相关；服务型政府、行业技术确定性、市场竞争性与低介入型治理模式正相关。

（2）张丹云（2013）关注皮革产业联盟标准的创新实践。通过对浙江省海宁市皮革联盟标准研发和实施的分析，从行业秩序、资源共享、标准形成和产业优化升级四个方面总结了皮革联盟标准对推动皮革区域产业集群发展的作用和意义。商惠敏（2014）主要研究了广东产业集群联盟标准的发展现状、主要做法、存在的问题，并提出了若干对策建议。郭政、诸亦成（2016）以上海市的团体标准发展为研究对象，介绍了上海市推进行业协会发展团体标准的相关经验以及取得的成效。

（3）周立军、王美萍（2016）在梳理美国团体标准发展历程及成效的基础上，以ASTM为例，剖析其在组织构建、运作机制、标准制修订程序、资源保障，以及标准的市场推广等方面的做法。陈云鹏（2016）等通过对国际图书馆协会与机构联合会（IFLA）标准化工作体系的分析，认为IFLA标准的特点、标准制修订流程、标准版权政策、标准的翻译政策等内容均可作为我国发展团体标准的有益借鉴。

三、团体标准的主体研究

（一）团体标准的主体界定

团体标准的制定主体首先是社会团体。1998年10月25日国务院令第250号颁布了新《社会团体登记管理条例》，在2016年2月6日根据国务院令第666号《国务院关于修改部分行政法规的决定》进行修订。该条例规定：所称社会团体，是指中国公民自愿组成，为实现会员共同意愿，按照其章程开展活动的非营利性社会组织（NPO）；成立社会团体，应当经其业务主管单位审查同意；社会团体应当具备法人条件；社会团体不得从事营利性经营活动。其中，非营利性是社会团体的一个重要特征。

在社会团体的范畴内，《指导意见》界定了团体标准的制定主体："具有法人资格和相应专业技术能力的学会、协会、商会、联合会以及产业技术联盟等社会团体可协调相关市场主体自主制定发布团体标准，供社会自愿采用。社会团体应组建或依托相关技术机构，负责团体标准制定工作。"

其中，学会、协会、商会、联合会等作为标准制定主体，按照我国《社会团体登记管理条例》的规定，应当具有法人资格。许多学会、协会、商会和联合会一直以来都承担了国家标准、行业标准的制修订工作，有些还发布了自身的协学会标准，有些还是产业联盟的重要成员，参与制定了重要的联盟标准和团体标准。

产业联盟有一部分是不具有法人资格的，因为对于联盟标准并没有专门的法规政策予以规定，故对于其制定主体并无明确要求必须具有法人资格。但产业技术联盟要制定团体标准，则必须具有法人资格。所以，从制定主体来看，制定团体标准的产业联盟只能是产业联盟中具有法人资格的一部分。从我国对联盟等社团的管理去理解，也可以认为是各方面更规范更有优势的产业技术联盟才能取得法人资格，其制定的标准更有质量保证。

（二）标准联盟和标准社团

Carl（2001）从专利的角度将技术标准联盟定义为：多个专利拥有者为了能够彼此分享专利技术或者统一对外进行专利许可而形成的一个正式或者非正式的联盟组织。吕铁（2005）将技术标准化联盟界定为：以拥有较强研发（R&D）实力和关键技术知识产权的企业为核心，以推动某种技术标准的主流化为目标的企业间的成员组织。Layne-Farrar（2010）也指出：技术标准联盟以拥有较强 R&D 实力和关键技术知识产权的企业为核心，联盟多个企业共同发起一项技术标准，并将标准进行市场扩散。

王平和梁正（2013）提出，联盟标准组织可以分为两类：一类是社团性质的非营利社会组织；另一类是企业协议集团。这两类组织制定的标准的属性也是不同的。非营利联盟组织制定的标准属性介于公共标准和私有标准之间，企业协议集团制定的标准一般应属于私有标准的范畴，它所制定的标准由于和专利技术的结合带有很强的私有性，但是“代表了顶尖企业的最高创新能力”。发展社会团体标准有助于改进标准管理体制的弊端，是转变政府职能、构建服务型政府的有效途径，但是“不同类型产业实施联盟标准的效果有所不同，联盟标准也会带来产品或地域性的垄断”。

王平、梁正（2016）提出了社会团体开展标准化活动所应具备的三个重要属性：①在某一领域开展标准化工作，向社会提供技术标准和服务（公共品）；②建立标准化组织机构框架，按照开展标准化的技术领域和分类设立适当的标准化技术委员会（TC）、工作组、标准起草小组等；③建立规范的制定标准流程和批准程序。

正式的标准化组织要确保制定标准的过程要公开、透明、协商一致。后面的案例分析可以看出，非正式的标准化组织（联盟的类型之一）无法确保这一原则。这三条特征是标准化组织所独有的，是识别一个组织是否是标准化组织的重要特征。下面以全国团体标准信息平台上注册的中国智能交通产业联盟为例。

（1）联盟章程第七条规定了联盟任务：加强联盟成员间合作，形成整体优势，共享国内国际市场资源信息，加快推进综合智能交通产品与服务的标准化、规范化和规模化，促进智能交通产业和应用的快速发展，充分发挥综合智能交通在国民经济建设和社会信息化发展中的应用（符合王平、梁正提出的第一条属性）。

（2）联盟章程的第四章规定了联盟的组织机构：本联盟的权力机构由联盟全体会员大会（简称会员大会）、联盟理事会和联盟监事会组成，联盟的最高权力机构是会员大会；联盟各组织机构的主要负责人分为联盟理事长、联盟副理事长、联盟监事长、联盟秘书长、联盟副秘书长，工作组组长和工作组副组长等职（符合王平、梁正提出的第二条属性）。

（3）联盟规范文件实施细则中规定了联盟标准草案立项、变更、停滞、废止和注销流程（符合王平、梁正提出的第三条属性）。

（三）团体标准的功能意义

蔡成军和李国强（2012）分析了中国工程建设标准化协会的案例并指出，协会标准在内容上是“国家标准和行业标准技术内容和要求的延伸和补充”“应大力改革我国现行标准化管理体制，……技术法规由政府部门制定，为强制性，技术标准由协会、学会等社会团体制定，为推荐性”。

何英蕾、黄怀（2012）构建了一套联盟标准促进产业转型升级效果的评价体系，以某红木家具联盟为例，采用评价体系对其实施联盟标准促进产业转型升级效果做评价。评价结果显示出联盟标准是促进产业转型升级，带动社会经济发展的一个重要手段。

蒋俊杰、朱培武（2015）指出团体标准具有制定速度快、知识产权归属明确、标准推广高效等优势，能够及时响应市场需求，有效解决行业内标准缺失问题。

曹小兵（2015）阐述了我国联盟标准通过应用提升认可度及产生非经济效益成果，认为联盟标准的制定有利于质量管理工作有序开展和提高管理有效性，提升企业自主创新能力和促进产业结构升级，分析了联盟标准存在的问题及提出了相关建议。

四、团体标准的形成与运作

（一）企业参与团体标准的动机

大部分现有实证和理论研究将标准的用途和重要性归为三个方面：第一成本，即降低交易成本和转换成本；第二竞争，即使用标准来组织市场；第三沟通和协调，即围绕一致的技术规格组织开发技术。企业建立和参加标准化团体的动机也基本源自这三个方面。

曾楚宏、林丹明（2002）认为在标准之争中，生产能力、创新能力、知识产权、先发优势、互补产品的力量、品牌和商誉是取得胜利的关键资产。在技术跨领域融合的发展形势下，一个企业很难拥有全部这些资产，组建战略联盟能把这些资产组合完全，以整体的力量来参与标准竞争。

从社会网络角度来看，Thomas Keil（2002）认为技术标准联盟的产生是商业系统竞争的逻辑延续。在信息技术市场中，存在着大量的商业系统之间的竞争，如支持 AMD 或 Intel 的电脑硬件与软件厂商、使用的客户等分别构成了围绕 AMD 和围绕 Intel 的商业系统，有的很形象地把这种商业系统比为一种生态系统，技术标准联盟的产生就是随着这些系统的发展而形成的。

Reiko（2004）研究了“纵向一体化”“研究性企业”“制造性企业”加入专利联盟的动机，并指出“纵向一体化”企业希望加入联盟，而“研究性企业”倾向于在专利联盟中进行独立的专利许可。

Leiponen（2007）对参与标准制定组织的企业进行了访谈，企业管理人员认为通过参加标准制定组织可以影响标准开发过程，尤其是大企业利用这些合作组织达到私利——选择他们偏好的技术。

曾德明（2007）等研究提到高技术企业近年来趋于通过参与技术标准联盟设立技术标准，并从四个方面分析和总结了技术标准联盟的构建动因。第一，共同贡献专利技术和集成用户安装基础；第二，共担技术标准化风险；第三，创造顺轨创新效应；第四，消除技术 / 产品使用者顾虑。并根据技术标准设定两阶段中参与者的数量及其行为活动将技术标准联盟模式划分为混合式、多企业协作式和折衷妥协式三种：①混合式技术标准联盟是单个企业自主技术研发与多企业协作技术推广相结合来设定技术标准；②多企业协作式技术标准联盟指多个企业组建技术标准联盟，技术开发和技术推广均有多个企业参与；③折衷妥协式技术标准联盟是指两三个联盟成员企业分别自主开发了技术，这些不同的技术路线、不同的技术方案在折衷、妥协下达成通用标准协议，然后联盟成员把这个通用的技术标准引入市场。

Blind（2010）等对标准制定过程中的利益相关者进行调查，研究表明，利益相关者关注标准对市场塑造方面的影响超过关注标准对成本方面的影响。不管针对哪一方面，当行动者意识到待开发标准的用途和重要性，必会在标准制定组织中投入更多的资源。

（二）团体标准的理论与模型

学者 Aoki 和 Nagaoka（2005）从联盟成员类型角度，将技术标准联盟划分成了三类，即纯粹研发企业组建的技术标准联盟、综合性企业（既研发又生产销售的企业）建的技术标准联盟以及上述两种企业的混合型技术标准联盟。

严清清和胡建绩（2007）则从参与企业之间的角色关系角度，将技术标准联盟的常见形式归纳为另外三种形式，即纵向技术标准联盟、横向实证分析经营管理者技术标准联盟、与互补品提供者所组成的技术标准联盟。此外，还有学者从更一般的联盟形式角度讨论了技术标准联盟的组织模式，如合资企业、直接股权投资、联合 R&D、联合生产和营销等，并且从降低交易成本、最大化联盟租金、保持战略柔性、提高联盟效率、保障知识产权等角度，学者们得出了较为一致的结论，即合约结构更适合于技术标准联盟。

赵剑男等（2017）通过研究国外社会团体标准发展概况和经验，结合经济学、行为科学与管理学的相关理论，建立包含政府、团体、认证机构、企业、消费者等多个主体的团体标准市场机制的理论模型（图 11）。该机制运行过程为：

（1）在标准制定过程中，由标准制定团体和产业联盟在独立或相互合作的情况下自愿制定团体标准，标准使用者如果想参加标准的制定，以掌握标准制定的话语权，应通过缴纳会费的方式加入标准团体（借鉴美国标准管理方式）。

（2）标准制定完成后，标准制定机构应将制定标准交由第三方标准评级机构进行评级，再由该机构根据标准质量、与国际标准相比的先进程度和严格程度依次评定为 ABCD

4 个等级，其中 A 级标准由国家保护知识产权，任何使用 A 级标准的企业，必须向标准制定者付相关费用，而 BCD 等级无须付费。标准使用者为了确定哪些标准是好的，需要向标准评级机构付费以获取标准更新的数据库和相关信息（借鉴美国评级思想）。

（3）使用者生产产品通过标准标识制度将标准和产品质量挂钩，如采用 A 级标准则代表该产品水平较高，刺激消费者购买，国家通过标准标识的统一化、全面化和形象化以及推广宣传，以国家为高标准的产品质量进行背书，进一步提高标准对消费者的刺激制度（借鉴日本标准标识制度）。

（4）政府则在该过程中坚持宏观调控，在团体、认证机构、使用者多方面进行监管，以保证市场机制有效的运行。当政府将团体标准上升为国家标准时，应充分考虑国际通行标准内容与机制，保证与国际接轨，我国标准运行与国际环境和对外贸易要求相一致（保证与贸易环境一致）。

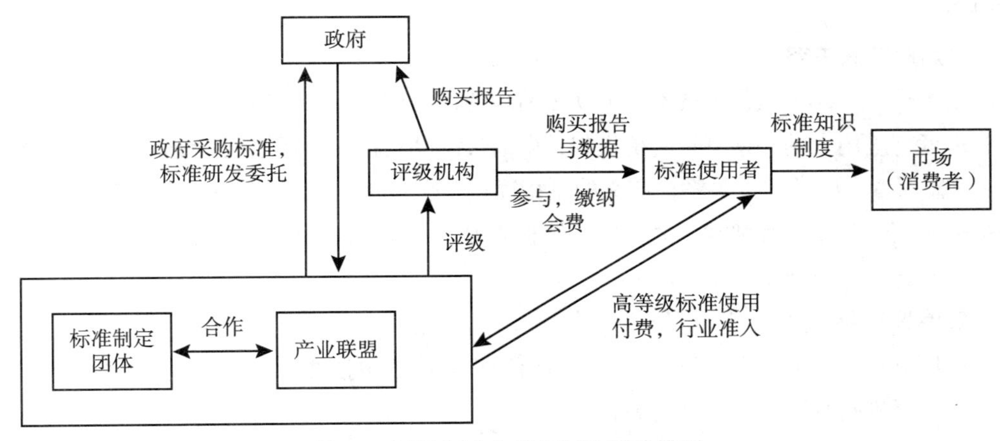

图 11　团体标准市场机制的理论模型

严清清、胡建绩（2007）对技术标准联盟的定义及其相关的支撑理论进行了研究和讨论，提出技术标准理论和战略联盟理论是研究技术标准联盟的基本理论，与外部性理论、技术生命周期理论、组织理论、竞争理论和博弈论形成了一个完整的研究技术标准联盟的相关支撑理论体系。

王娟（2015）基于经济学经典的交易费用理论，深入剖析团体标准的形成机制，认为团体标准的产生源于进一步降低了市场运行的交易费用，标准秩序作为弥补自然秩序和法治秩序不足的制度选择，将联盟间确立的规则与秩序以标准的形式展现出来，这就是团体标准的形成原因。同时，与“企业内部化”相似的，“标准内部化”形成的团体标准，是对我国现有相对封闭的标准体系有益补充和完善，是符合我国标准化发展国情的合理选择，为市场的有效运行提供了必要的支撑。归根结底，团体标准形成的主要动因是为了节约交易费用从而使联盟可更好地在产业经济背景下发展。

五、团体标准的治理

（一）团体标准的自我治理

近年来，关于联盟治理的研究主要是从交易成本理论、资源依赖理论、企业学习理论和社会关系理论等角度进行的。从研究对象上，一开始是集中在传统的战略联盟层面，后来转移到技术标准联盟上。关于技术标准联盟治理的研究，国内外早期文献涉及事实标准通过组建专利联盟而形成的作用机理（Keil，2002）、技术标准化与专利化的相互关系研究（Knut，2004）及 Reiko（2005）等对 MPED2、DVD 和 3G 专利联盟进行实证研究。由于近年来高新技术产业快速发展，学者多集中对高新技术企业技术标准联盟治理进行研究。并且在选择研究角度时，主要采用联盟整体概念，从治理结构与治理机制两种角度实施研究。

1. 治理结构研究

李大平（2006）提出了技术标准联盟治理的概念框架：狭义的是指专利权人对技术标准管理者与应用者的一种监督制衡机制，即通过制度安排，合理地配置专利权人与标准管理者 / 应用者之间的权责关系；广义的是指通过一套包括正式与非正式、内部与外部制度安排来协调联盟与所有利益相关者之间的利益关系，以保证联盟决策的科学性，从而最终维护联盟各方面的利益。

2. 治理机制研究

王国顺等（2007）提出技术标准联盟治理机制应该包括技术标准化战略选择机制、联盟伙伴选择机制及租金分享机制等。

梁秀英、朱春雁（2012）对科技部确定的 56 家产业技术创新战略联盟试点标准化工作现状进行了梳理，发现现阶段科技部产业技术创新战略联盟试点在标准化运行管理上呈现出两种不同的模式，分别为以制定产业技术标准为核心目标的产业联盟和以合作研发产业共性技术、解决产业共性技术问题为核心目标的产业联盟，并结合具体案例对这两种模式的运行特点进行了分析。

于连超、王益谊（2016）认为自治权是团体标准自我治理的理论基础，分析了团体标准自我治理的法人主体资格、组织活动规则以及知识产权政策等机制规则，并研究了团体标准自我治理的政策引导和法律规制问题。最终认为：团体标准化活动是一个自然演化的过程，是市场自治力量渐进推动的结果；团体标准化组织能够通过自治权的行使，实现自我治理；法律对团体标准自我治理应持尊重态度，政府应积极营造有利于团体标准自我治理的良好制度环境；团体标准也需要法律规制，防止组织化权力对弱势主体利益和社会公共利益的侵害（于连超、王益谊：团体标准自我治理及其法律规制）。但是，法律对团体标准化活动的规制应持谨慎态度，仅干预边缘化的一些问题才是合适的，因为团体标准化活动不仅具有重大的经济社会效益，而且能够较好地实现自我治理。

（二）团体标准的公共治理

1. 国外的研究

关于团体标准的公共治理，国外学者主要是对与团体标准相类似的自愿性标准、非正式标准、联盟标准等及标准设定中的公共干预进行了分析。有代表性的观点有：

（1）Dietmar 等（2011）指出自愿性标准主要是由商业界、民间社会、工会和政府联合制定与治理。因为自愿性标准鼓励协作，所以它并不代表强制性要求。技术标准包括正式标准和非正式标准。

（2）Hatto（2010）认为协会设定的技术标准为非正式标准，如 ASTM 标准。不同于正式组织制定法定标准，非正式的联盟组织创造并推动“事实标准”发展。同时，自愿性标准是准公共产品，存在非竞争性和排他性，完全由市场提供可能会造成关键技术的垄断、过度的版税，甚至减少社会的总福利，因此美国的《反垄断法》一直关注自愿性标准的发展。美国《国家技术转让与推动法案》（NTTAA）和美国预算管理办公室（OMB）A–119（联邦政府参与制定并使用自愿协调一致标准）公告的颁布逐步推动了美国联邦政府对自愿性标准的技术立法与采用，要求美国联邦政府的有关人员积极参与自愿性标准的制定，在国家标准体系中扮演“规则制定者”和“管理者”角色。

（3）Blind（2006）认为政府干预是减少信息不对称的有效工具，政府可以通过公共政策促进市场交易的透明度，构建良好的信息交流机制等。

2. 国内的研究

从政府介入视角，国内针对技术标准设定的治理问题也开展了一定研究。

（1）李薇和李天赋（2013）从我国国情出发，关注并讨论了政府在技术标准联盟中的介入方式。分析了政府介入技术标准联盟的必要性，分别从中央政府的直接和间接介入，以及地方政府的直接和间接介入四个方面，依次剖析了政府在技术标准联盟中的功能作用和行为方式。研究发现，在经济转型阶段，无论是中央政府还是地方政府都存在介入技术标准联盟的必要性，有效的介入方式和介入程度取决于标准的影响力、标准的竞争程度等因素。

（2）刘辉等（2013）将政府对标准联盟的治理模式分为高干预模式和低干预模式，指出了影响模式选择的因素包括政府的角色定位、产业政策、产业技术确定性、市场竞争、产业的战略地位以及联盟对产业发展的影响。

（3）陆杨先（2016）以 2015 年 3 月国家启动的团体标准改革为背景，简要阐述了国内外团体标准的发展现状和上海积极推动团体标准开放试点的实践，在具体分析了团体标准改革发展进程中面临的潜在问题和原因后，提出了在团体标准发展中引入第三方评价机制的工作建议，包括评价的指标、因子、方法与应用等，旨在通过对团体标准的制定主体、管理运行机制、制定程序、编制质量、实施效果等各类因素开展客观、专业的第三方评价，以推动建立团体标准优胜劣汰的良好发展环境。

（4）方放等（2016）认为团体标准自下而上的设定方式、团体标准的自愿性原则、团体标准组织之间缺少战略联系与互动导致了团体标准的分裂性，指出了运用私有元治理协调团体标准的必要性，并分析了团体标准私有元治理的内涵、特征与运作方式；然后，通过对国际有机农业运动联盟（IFOAM）的案例研究发现，私有元治理是解决相同问题领域内多重团体标准之间因冲突与竞争产生的分裂问题的有效途径，有助于推动团体标准发展，凝聚标准管制力量。

（5）方放、吴慧霞（2017）根据政府介入团体标准设定活动的阶段，将团体标准设定的公共治理模式分为“前政府—后市场”“半政府—半市场”和“前市场—后政府”三类，并在此基础上分析了三种团体标准设定公共治理模式的运行机理，包括各个模式中的政府角色、政府介入方式与适用情况。然后，结合具体的案例研究发现：对于社会组织发展较为成熟的团体标准设定，政府宜采用“前政府—后市场”和“前市场—后政府”公共治理模式；行业竞争激烈的团体标准设定更适合“半市场—半政府”的治理模式。

从我国团体标准的治理实践来看，当前一个关键的问题是标准团体，尤其是一些联盟组织面临着如何成为政府认可的法人实体。例如，国家半导体照明工程研发及产业联盟（CSA），CSA 虽然进入了科技部的联盟试点名单，但 CSA 那时依然不是一个在政府正式登记注册的法人单位。因为科技部并不具有对国内组织机构进行正式登记注册的职能，CSA 在运行的时候遇到方方面面的问题。当国家标准委有意向让 CSA 担任某一个 ISO/TC 国内归口单位的时候，就要求 CSA 是一个政府正式注册登记的社会团体法人。为了能够改变这种局面，CSA 在 2014 年以“中关村半导体照明工程研发及产业联盟”的名义在中关村办理了正式注册登记手续，从此 CSA 才正式成为政府承认的非营利社团组织。

六、团体标准与知识产权

（一）标准化团体的知识产权规定

实践中，团体标准的制定与实施难以避免地会涉及知识产权。由于知识产权具有鲜明的私人权利属性，而团体标准具有一定的公共物品属性，使得团体标准成为公共利益和私人权利冲突的集合点。公共利益是指广大标准实施者和最终产品与服务消费者等不特定的多数人利益；私人权利则是指特定的知识产权权利人利益。团体标准化组织的知识产权政策旨在协调上述多数人利益和特定权利人利益之冲突，在保障知识产权权利人合法权益的同时，促进团体标准的顺利制定和广泛实施。《ISO 出版物发行和著作权保护政策》中将 ISO 制定的标准及其草案等 ISO 出版物视为作品，并主张享有著作权。美国电气和电子工程师协会（IEEE）于 2015 年修订了其专利政策，新专利政策对“合理的”专利许可使用费、禁止歧视性许可，以及专利权人寻求禁令救济规则等问题做了更为清晰的规定。团体标准化组织的知识产权政策是以合同为基础的多方协议，对选择加入团体标准化组织的知识产权权利人和标准实施者具有约束力。知识产权政策主要包括以下几方面内容：

（1）专利政策。专利政策首先要解决标准必要专利的信息披露问题，防止非必要专利混入标准，给标准的实施增添不必要的成本。专利政策还应恰当平衡专利权人与标准实施者之间利益冲突，着力推动专利权人以“公平、合理和无歧视原则”（RAND/FRAND）许可其专利技术给标准实施者，以促进标准的实施。

（2）著作权政策。著作权政策主要厘清标准著作权的归属问题。由于标准起草人一般是多个自然人或机构单位，将标准著作权规定团体标准化组织拥有有利于著作权的统一许可，从而便于标准的广泛实施。

（3）商标权政策。团体标准化组织一般会使用相应的标识用于开展标准化活动，特别是在认证活动中会使用认证标识，认证标识则属于《商标法》之证明商标范畴，商标政策应对上述标识的许可和使用规范做出规定（于连超，王益谊，2016）。

（4）法规和标准政策。国家标准化管理委员会和国家知识产权局于 2013 年 12 月 19 日联合发布《国家标准涉及专利的管理规定（暂行）》。该《规定》分总则、专利信息的披露、专利实施许可、强制性国家标准涉及专利的特殊规定、附则 5 章 24 条，自 2014 年 1 月 1 日起施行。同时，国家质检总局、国家标准委于 2014 年 4 月 28 日发布了配套实施细则—— GB/T 20003.1—2014《标准制定的特殊程序　第 1 部分：涉及专利的标准》。该标准对专利处置要求、涉及专利的国家标准制修订的特殊程序、标准实施中的专利处置做了详细规定，自 2014 年 5 月 1 日起实施。

（二）知识产权与团体标准关联研究

1. 国外的研究

在国外学者的研究方面，比较有代表性的有：Knut（2004）研究了技术标准化与专利化的相互关系；Blind 和 Thumm（2004）基于对欧洲企业的小样本调查发现，专利强度越高的企业，他们越不愿意参加标准制定组织。Blind（2008）在后续研究中指出，标准制定组织的类型影响企业的参与动机，因为采用协作型专利战略的企业更愿意加入标准联盟，而使用专利来阻挡竞争者的企业更愿意参加正式标准开发组织。

2. 国内的研究

李嘉（2012）认为，知识经济背景下，具有私权性质的专利进入具有准公共产品性质的技术标准已不可避免，专利标准化现象由此而生。专利标准化使专利权人可能通过专利从上游掌握产业链，标准中的专利权人、实施标准的生产商、消费者之间的利益博弈通过国际贸易平台进一步激发，席卷全球的专利大战，使专利技术输出国与专利技术输入国之间的关系紧张，技术后进国家的自我创新要求与技术性贸易壁垒协定（TBT 协定）下实施现有国际标准之间的冲突即为明证。平衡标准专利权人、标准实施人及消费之间的利益是解决专利标准化问题的关键，方法是规制专利权人滥用权利，路径是在标准制定阶段及标准实施阶段合理规范专利权人的行为。

王益谊、朱翔华（2014）在其研究中指出：标准具有开放性和公益性，代表着公共利益；而专利具有独占性和排他性，代表着私有权益。标准在采纳新技术的过程中，与以专利为代表的知识产权发生交集，标准制定组织和机构需要合理有效地处理标准制定和实施过程中遇到的专利问题，从而确保标准所代表的公众利益与专利所代表的私有权益之间取得平衡。

孙茂宇等（2015）从2013年12月19日出台的《国家标准涉及专利的管理规定（暂行）》出发，结合国际标准制定组织的专利政策，分析了标准必要专利选取、标准涉及专利的信息披露中存在的问题，标准涉及专利的许可中存在的问题，以及涉及专利的强制性标准制定中的特殊问题，并对上述问题的法律行为和法律后果进行了阐述。

孙睿（2016）关注标准化过程中的专利劫持问题，认为专利劫持不仅会影响标准的适用性、打击企业参与标准化活动的积极性，还会使公众的利益遭受损失。一旦受到专利劫持，企业不应立即支付过高的许可费，而是应当积极寻求法律的保护。充分了解标准化组织的专利政策、积极应诉以及增强自身的研发能力是企业避免被专利劫持的有效方式。

王平和梁正（2016）在对我国民间标准化组织的研究中提出了标准化组织三特征，结合萨拉蒙非营利组织五特征对我国官办标准化协会和标准联盟进行了案例研究，认为我国的标准联盟至少可以分为两类：一类其实就是民间产生的非营利的协会组织；另一类联盟组织属于少数企业的利益集团，相当于美国少数强势企业成立的特殊联盟（Ad Hoc Consortia）。

七、研究展望

从全球范围来看，自以规模化制造为标志的第二次工业革命开始，团体标准的实践就不断扩展和丰富，从电力、交通领域的标准化，再进一步发展到电子信息等高技术产业领域。西方部分国家的标准化，一开始就是企业和各行业的社团组织推动的。所以，这些国家的各领域的标准化实践，基本等同于标准化团体的标准化实践。伴随着团体标准实践的丰富和深入，关于团体标准的研究也逐渐展开，有越来越多的研究机构、越来越多的学者加入进来，将团体标准的基本理论构建起来，并与其他学科领域渗透交叉，进一步丰富了团体标准的研究主题。从文献发表的数量来看，有关团体标准（国际上为标准联盟）的研究在20世纪90年代达到一个高峰期。近些年，随着全球化的进一步深入，国家之间的竞争更加激烈。电子信息产业，包括互联网的飞速发展，企业之间的关于标准的“合纵连横”为团体标准的研究既提供了新的素材，又产生了新的研究需求。关于团体标准的研究，本文有如下建议：

（1）开展服务于我国标准化体系改革的相关研究。面向我国标准化体系改革的目标，针对我国团体标准发展的现状、经验、问题、改革举措和改革路径进行研究，并提出相关的政策建议。与西方发达国家不同，我国的标准化体系是由政府主导构建的，具有鲜明的中国特色。由此存在许多中国特有的研究问题，需求迫切，研究潜力巨大。

（2）在新技术条件下研究企业和标准化社团的标准化策略（竞争策略）。互联网带来的万物互联，使得几乎所有商品都具有了网络效应。生物医药、航天、高铁等高端技术领域的标准化呈现出与一般技术领域不同的特点。从新的技术属性出发研究企业标准、团体标准的发生、演变和竞争策略将成为一个重要研究课题。

（3）关注团体标准与自愿性（产品）认证协调推进。在标准化深化改革中，在团体标准工作的推动上，研究应当关注：谋求从机制体制上推动团体标准与自愿性产品认证（符合性评定）有机结合，从而让团体标准更有生命力。我国的标准化工作与认证认可工作分属不同的管理部门，但目前都隶属国家质量监督检验检疫总局。中国国家认证认可监督管理委员会对于自愿性产品认证的管理有规定，除强制性认证目录之外的认证，应当就属于自愿性认证，自愿性认证的市场属于自由竞争市场。随着消费者对产品质量、安全等方面的要求越来越高，自愿性产品认证需求急剧增长。自 2006 年我国认证市场对外完全开放以来，市场竞争越来越激烈。自愿性产品认证根据《中华人民共和国认证认可条例》确定的原则："认证类别" 分为产品、服务和管理体系三个大类；认证依据应当为相应的国家强制性标准，或者有广泛市场需求的国家推荐性标准、行业标准和技术规范等。

1）团体标准与自愿性产品认证关系密切，有助于树立自愿性认证品牌、获得市场的认同与信赖；而符合性评定对于团体标准的制定及应用、科技创新等有重大的作用。如何在深化改革的重要机遇期来解决这个问题？团体标准具有与自愿性认证有机结合的良好市场基础，让团体标准在适宜的范围内发挥最佳的效用，以团体标准为先手，做系统长远的工程，协调好团体标准与自愿性认证共同迅速发展。

2）营造发展氛围，释放激发出创新活力，更是根本之举。各类试点、基地的建设等是推进工作的好方法，但是还应当设计制度性常态化的机制，让企业自发自主地去发挥他们的创造性。国家确立发展方向，在简政放权后从事前审批转为有效的事中事后监管，余下的交给市场。这就营造了好的环境，让市场主体去创新、博弈、开拓市场，去用专利技术等科研成果创新创业创富，团体标准、自愿性认证等标准化方法将是一个非常有效的手段，使团体标准成为激发创新创业活力的重要因素。对于那些标准意识还不够强、不充分的中小微企业和创客们，用标准化的理念和方法去保障、拓展自己的利益，为经济社会和个人的发展带来效益，无疑更能助推"双创"。

（4）关注团体标准的程序正义与市场化。要在一定的高度上认识团体标准工作所蕴涵契约诚信的社会意义。团体标准的制定过程与政府部门基于领域和权限的条块分割不同，可以充分综合多类主体的利益诉求。在现实操作中，许多标准化社团组织不仅是企业的联合，也是企业、高校、政府部门，甚至消费者等诸多主体的联合。在标准制定过程中，就可以集思广益。这与很多行政色彩浓重的、闭门造车式的标准制定模式不同，而是通过开放和半开放的模式，保证了标准制定的效率。同时，国家的法规政策应关注引导在团体标准的制定过程中，实现规则的公正公开，以保证团体标准在贸易中提升为更高级别或转化为更大范围内应用的标准时，具有利于贸易中互认的基础。要参加国际贸易，融入其中且不谈主导规则的制定，那是要发展到一定程度才提的事，要想在国际贸易中参与并得到公正的待遇和合理的收益，就需要讲究遵守共同承认的规则、共同的契约精神。经济社会发展都离不开诚信。团体标准在促进产业发展和企业发展中，甚至可以被视为社会或商业契约。而团体标准因其天然的市场化与需求驱动属性，是最易与国际贸易规则融合的一类标准，有着天然的市场亲近性。我们在推动团体标准工作时，由政府之手去引导团体标准按照国际通用的规则程序去制定标准，对标准制定程序的公正透明原则事项要做出要求；要与国际接轨，按市场经济的原则办事，才能为全球应用打下一个互认的基础。我们同样可以在充分运用规则的前提下来保护自己，从而获得更加持久而稳定的合法合理的利益。需要注意的是，成为更高级别的标准和国际标准并不是团体标准的唯一追求和归宿，团体标准的价值应当体现在适当的范围发挥最佳作用。

（5）注重在实践中进行学术理论的研究探索。标准化发展到今天，以李春田教授为代表的众多标准化实践、管理与研究者们，为中国的标准化理论研究做了大量的开拓性建设性工作，成效明显。但因其长期以来视为管理科学的一个重要构成，如果成为一门独立学科，仍需进一步健壮丰硕，需要来自更加深入丰富的实践并形成系统理论再用以指导实践。

"理论所不能解决的疑难问题，实践将为你解决"（费尔巴哈），团体标准的研究在这件事上是重大突破点。团体标准因为其资源投入、作用范围和社会经济的显性效益、范围等相对更易测量，是不是更有基础去做一些经济学的研究？标准化对社会、经济和科技的作用和原理是不是更具可定量分析性？标准化要是作为一门学科，应当能够自证当它脱离行业或产业的背景去研究分析它时，仍有其独立存在的价值。希望经过大量的探索实践，可以使团体标准在经济社会管理与科技创新等诸多方面的作用与理论上有所斩获，相信对于团体标准的研究必将为标准化理论体系的建设和完善做出实际的贡献。

以中关村团体标准工作为例。在 2008 年北京夏季奥运会结束之后，标准化方面的保障工作圆满完成任务，工作重点集中到为北京市经济结构调整和社会现代治理提供支撑上，开始准备调研起草《首都标准化战略纲要》和《北京市"十二五"时期标准化发展规划》，其中因为中关村在经济发展和科技创新中具有越来越重要的地位和日益提升的国际影响，中关村的标准化工作自然是最为紧迫和重要的任务之一。现在加快建设北京中关村成为科技创新中心已成为重大的国家战略。自"十一五"开始，在国家层面和北京市委市政府即大力推动中关村的标准化工作，建设全国第一家国家高新技术标准化示范区。随着中关村的发展，中关村已不仅是北京的、中国的中关村，其目标是成为具有全球影响力的科技创新中心。在2010年“十二五”的开局之年，在国家和北京市的支持下，我们开始负责筹建唯一的国家标准创新试点；2013年又承担了全国第一家国家技术标准创新示范基地的筹建任务，并于2015年10月获批建设完成。随着中关村标准创新工作的不断深入，我们日益认识到联盟标准是促进产业发展、技术进步的一个重要工具和科学方法。基于调研中发现的企业产业发展的迫切需求，我们提出了中关村标准的概念，作为联盟标准在中关村的一个探索实践，在其本质上仍视作企业标准，在当时还没有在大范围内提及团体标准。中关村是我国最重要的高新技术产业园区，在科技创新方面和战略性新兴产业领域具有世界影响，是团体标准发展的重要实验场和重要的推动力量。在各方面的支持下，一直致力于中关村团体标准的研究与实践，参与重大标准化政策规划起草和项目课题的研究，在长期的理论探索和工作实践中积累了一些经验。

从历次工业技术革命直到今天，历史发展自有其规律和周期，团体标准作为发展之必须，在我国正进入一个重要时点。团体标准的研究，对涉及的各个领域、层面、环节，对社会、产业、科技，对政府管理者的站位、视野、权力、责任、观念等均应秉持开放、深入、客观的态度。因为封闭的圈子不论多么庞大，实际上都是渺小的。开放的改革取得的成功，才是真正的成功。

参考文献

［1］王平．中国标准化管理体制：问题及对策［J］．标准科学，2003（3）：8–10.

［2］Russell A L. Open standards and the Digital Age［J］． Amazon，2014.

［3］姜福红．标准联盟的运行机制及对自主标准创立的作用［D］．大连：大连理工大学，2008.

［4］程虹，刘芸．利益一致性的标准理论框架与体制创新——“联盟标准”的案例研究［J］．宏观质量研究，2013，1（2）：92–106.

［5］梁秀英，朱春雁．我国产业联盟标准化发展的障碍分析与研究建议［J］．标准科学，2015（4）：16–19.

［6］康俊生，晏绍庆．对社会团体标准发展的分析与思考［J］．标准科学，2015（3）：6–9.

［7］李际建．联盟标准的发展现状与对策建议［C］// 中国标准化协会．中国标准化论坛．2015.

［8］康俊生．我国团体标准发展路径和措施分析［J］．大众标准化，2016（4）：64–67.

［9］王益群，杨天乐，刘哲，等．团体标准推广应用模式研究与实践［C］// 中国标准化协会．中国标准化论坛．2016.

［10］刘辉，白殿一，刘瑾．我国联盟标准化治理模式的理论与实证研究——基于政府的视角［J］．工业技术经济，2013（9）：17–25.

［11］张丹云．皮革产业联盟标准的创新和实践——基于“海宁市皮革产业联盟标准”的分析研究［J］．中国皮革，2013（11）：42–44.

［12］商惠敏．广东产业集群联盟标准的发展现状与对策研究［J］．广东科技，2014（14）：3–4.

[13] 郭政，诸亦成. 上海市推进行业协会发展团体标准的经验研究［J］. 标准科学，2016（9）：6-10.

[14] 周立军，王美萍. 国外团体标准发展经验研究——以 ASTM 国际标准组织为例［J］. 标准科学，2016（10）：106-110.

[15] 陈云鹏，吕安然，刘亚中，等. IFLA 标准化工作的特点及对我国发展团体标准的启示［J］. 标准科学，2016（3）：89-91.

[16] Shapiro C. Navigating the Patent Thicket：Cross Licenses, Patent Pools, and Standard Setting［J］. Innovation Policy and the Economy, 2000, 1（1）：119-150.

[17] 吕铁. 技术标准与产业标准战略［J］. 世界标准信息，2005（12）：93-102.

[18] Laynefarrar A. Innovative or Indefensible? An Empirical Assessment of Patenting within Standard Setting［J］. International Journal of It Standards & Standardization Research, 2011, 9（2）：1-18.

[19] 王平，梁正. 联盟标准组织探析［J］. 中国标准化，2013（5）：51-54.

[20] 王平，梁正. 我国非营利标准化组织发展现状——基于组织特征的案例研究［J］. 中国标准化，2016（11）：100-110.

[21] 蔡成军，李国强. 大力发展工程建设协会标准，积极推进建设事业技术进步和提高行业技术发展水平［C］// 2012 中国产业技术联盟标准论坛. 2012.

[22] 何英蕾，黄怀. 联盟标准促进产业转型升级效果评价的研究［J］. 标准科学，2012（10）：37-40.

[23] 蒋俊杰，朱培武. 国内有关联盟标准和团体标准的研究现状综述［J］. 中国标准导报，2015（11）：45-48.

[24] 曹小兵，毛周明，蔡纯，等. 国家标准体系外的联盟标准实施成效与建言［C］// 中国标准化协会. 中国标准化论坛. 2015.

[25] Keil T. De-facto standardization through alliances—lessons from Bluetooth［J］. Telecommunications Policy, 2002, 26（3-4）：205-213.

[26] Aoki R, Nagaoka S, レイコアオキ , et al. The Consortium Standard and Patent Pools［J］. Discussion Paper, 2004（4）：561-562.

[27] Farrell J. Choosing the Rules for Formal Standardization［J］. 2007.

[28] 曾德明，方放，王道平. 技术标准联盟的构建动因及模式研究［J］. 科学管理研究，2007，25（1）：37-40.

[29] Blind K, Gauch S, Hawkins R. How stakeholders view the impacts of international ICT standards［J］. Telecommunications Policy, 2010, 34（3）：162-174.

[30] Aoki R, Nagaoka S, 玲子青木 , et al. Coalition Formation for a Consortium Standard Through a Standard Body and a Patent Pool：Theory and Evidence from MPEG2, DVD and 3G［C］// Institute of Innovation Research, Hitotsubashi University. 2005.

[31] 严清清，胡建绩. 技术标准联盟及其支撑理论研究［J］. 研究与发展管理，2007，19（1）：100-104.

[32] 赵剑男，张勇，周立军. 我国团体标准市场机制理论模型研究［J］. 标准科学，2017（2）：21-27.

[33] 王娟. 基于交易费用理论的团体标准形成机制研究［J］. 标准科学，2015（7）：28-32.

[34] 李大平，曾德明. 高新技术产业技术标准联盟治理结构和治理机制研究［J］. 科技管理研究，2006，26（10）：78-80.

[35] 王国顺，袁信. 高科技产业技术标准战略联盟治理研究［J］. 科技进步与对策，2007，24（7）：65-68.

[36] 梁秀英，朱春雁. 我国产业技术创新战略联盟标准化工作现状与运行管理特点［J］. 中国科技论坛，2012（12）：16-20.

[37] DIETM AR R, SHEPHERD L, TARAS D, et al. A brief introduction to voluntary standard systems and related trends in China［R］. Beijing：Internationale Zusammenarbeit GmbH, 2011.

[38] HATTO P. Standards and standardization handbook［M］. Brussels: European Commission, 2010.

[39] 布林德. 标准经济学［M］. 北京：中国标准出版社，2006.

[40] 李薇，李天赋. 国内技术标准联盟组织模式研究——从政府介入视角［J］. 科技进步与对策，2013，30（8）：

25–31.

［41］ Hui L. Study for Governance Models of Alliance Standardization and Influencing Factors in China under the Perspective of Government［C］// 教育技术与管理科学国际会议. 2013：0300–0303.

［42］ 陆杨先. 构建团体标准第三方评价机制的思考和建议［J］. 质量与标准化，2016（4）：48–51.

［43］ 方放，刘灿，吴慧霞，等. 团体标准分裂性的私有元治理机理研究［J］. 标准科学，2017（2）：17–20，27.

［44］ 方放，吴慧霞. 团体标准设定的公共治理模式研究［J］. 中国软科学，2017（2）：66–75.

［45］ Blind K. The Economics of Standards［J］. Social Science Electronic Publishing, 2004, 39（3）：191–210.

［46］ Blind K, Thumm N. Interrelation between patenting and standardisation strategies：empirical evidence and policy implications［J］. Research Policy, 2004, 33（10）：1583–1598.

［47］ Leiponen A E. Competing Through Cooperation：The Organization of Standard Setting in Wireless Telecommunications［J］. Management Science, 2008, 54（11）：1904–1919.

［48］ 李嘉. 国际贸易中的专利标准化问题及其法律规制［D］. 上海：华东政法大学，2012.

［49］ 王益谊，朱翔华. 标准涉及专利的处置规则［M］. 北京：中国质检出版社，2014.

［50］ 孙茂宇，苏志国，毛琎. 标准涉及专利问题研究［C］// 专利法研究. 2015.

［51］ 孙睿. 高新企业应对标准化中的专利劫持问题研究［J］. 中国高新技术企业，2016（10）：1–3.

撰稿人：刘雪涛

标准化哲理研究最新进展

一、开展标准化哲理研究的必要性和现实意义

“有理论才能激发和发扬创造精神。”（巴斯德《科学研究的艺术》）最近一个多世纪以来，世界各国和国际标准化事业的蓬勃发展，是同标准化工作领域的专家学者们在总结各自所在领域实践经验的基础上，潜心研究标准化的理论（着重于基本概念、原理原则、工作方法和技术经济效果等方面），并大力进行宣传、推广分不开的。如 1934 年美国约翰·盖拉德（John Gaillard）的《工业标准化——原理与应用》一书，就是标准化工作者著书立说的开先河之作。继后，1952 年 ISO 成立了标准化原理研究常设委员会（ISO/STACO），以法国和英国等欧洲工业发达国家的标准化实践经验为基础，结合国际标准化工作的实践，有组织有计划地开展标准化的理论与方法研究，其代表性的著作是英国 T.R.B. 桑德斯（Sanders）主编的《标准化的目的与原理》一书，虽然篇幅不大，但在世界范围内的影响十分广泛而深远。又如印度 C. 魏尔曼（Lal C.Verman）的《标准化是一门新学科》（中译本 1980 年出版）、日本松浦四郎的《工业标准化原理》（中译本 1981 年出版）以及前苏联 V.V. 特卡钦科编辑的《标准化的方法与实践》等，都称得上是 20 世纪七八十年代的扛鼎之作。

1978 年 9 月，中国标准化协会（CAS）作为全国标准化工作者自愿组织的学术性群众团体的成立。紧接着，以标准化理论研究和一些重大的综合性基础标准研究为主要任务的中国标准化综合研究所于 1979 年重新建立；此外，国家标准化部门和教育部门通力合作，从 1979 年起分别在一些财经类高等院校以及工科和农业大学设立标准化专门化或开设标准化课程。以上几个方面的因素结合起来，形成了我国标准化理论研究的一片大好形势。其集中的代表，就是由李春田教授主编的《标准化概论》，作为高等院校精品教材，从 1982 年至 2014 年共出版发行了六个版本，在普及标准化知识、培养标准化人才、推动

标准化事业前进方面取得了巨大的成功。更加令人振奋的是，在1992年11月发布的中华人民共和国国家标准GB/T 13745—1992《学科分类与代码》中，标准化作为一门“比较成熟的学科”，获得了它正式的学科名称和代码：“410·50标准化科学技术（亦称标准化学）”。据有关专家介绍，迄今在世界各国之中，除了日本有可能将标准化列为正式学科之外，在西方经济发达国家中尚无这一先例。

但标准化学科名称及其代码的诞生，并不意味着标准化学科理论已臻成熟和完善，而只是意味着此项学科理论研究已经筑起了一个集思广益的平台，和通过综合局部性的研究成果提供了理论的框架或雏形；一切都有待于充实、补充、更新和发展。对此，在2001年出版的《质量　标准化　计量百科全书》由李春田和金光合写的“标准化”这个总条目中，明确指出：“标准化是一门学科，又是一门管理技术，其应用范围几乎覆盖人类活动的一切领域……标准化作为一门学科被人们研究，可以说刚刚开始，它是一门年轻又有发展前途的横断学科。”“尽管标准化理论在20世纪的最后二三十年有了一些突破，出现了可喜的学术活跃局面，但是作为一门学科还不够成熟，无论是理论基础、研究内容、发展方向还是专家队伍等方面都存在不少欠缺。”

如标准化学科理论作为“工程与技术科学基础学科”的一个分支（代码是410·50）可以说是暂定的。正如1979年2月12日钱学森教授在接见中国标准化综合研究所戴荷生所长一行五人谈“标准化和标准学研究”时所说：“标准化也是一门系统工程，任务就是设计、组织和建立全国的标准体系，使它促进社会生产力的持续高速发展。但标准化系统工程这项技术似乎还没有牢固的理论基础，还缺一门‘标准学’……它不光是自然科学问题，还有政治问题、经济问题；它介乎自然科学与社会科学之间，社会科学成分更大一些。”又如法国标准化原理专家J.C.库蒂埃1980年3月应邀来华进行学术座谈时也谈到了标准化学科问题，他以之与“已经牢固地建立起来而又不容置疑的科学领域”如电磁理论和经济学的形成与发展进行了对比，认为“标准化在目前不算一门科学，但可以算一门学科……也许若干年后，将被称为是一门科学”“关于标准化究竟是属于自然科学还是社会科学的问题，只有在奠定了基础之后，才能确定它是哪一门科学。”

从GB/T 13745—1992正式发布到今天，在这20多年的时间里，中国经济社会在转型过程中又发生了巨大的变化，标准化活动的运行机制，包括其内在的驱动力、工作模式以及一系列概念都在发生转移或转变。既要适应对内深化改革的现实需要，又要满足对外扩大开放并融入国际社会的要求；标准化工作既需要依靠相应的法律、法规和各项技术手段的支撑，又需要寻求科学理论和方法上的指导。为此，中国标准化理论界结合新时期的特点和要求，不断地进行理论探索的新尝试，诸如科学方法系统论研究、科学哲学本体论研究、标准化的市场行为研究，以及工业工程（IE）在企业中的应用研究等。其中，北京航空航天大学张锡纯教授在充分研究、消化钱学森提出的科学体系框架（即钱学森框架）基本立论的基础上发表了《试论标准化的学科体系》（论文）、《标准化系统工程》（主编）

以及《工程事理学发凡》（专著）等力作，对提升我国标准化学科理论的水平发挥了积极的作用和影响；而其研究的方向与内容，实际上已进入了哲理层面……

30年前，“实践是检验真理的唯一标准”哲学命题的确立，对全国政治思想领域的拨乱反正发挥了奇特的功效。这使全国各族人民，包括全体标准化工作者在内，看到了哲学研究的意义和价值所在。2001年4月，我国标准化界的老前辈陈文祥教授以他毕生实践经验的理性升华，提出了“标准化的本质是有序化”这一命题，从更高、更抽象的层面上对标准化的本质进行概括，体现了理性思维的力量。而在1999年中国标准化学术年会上，顾孟洁教授发表的论文《论有序化与标准化》，对此亦有比较充分的阐述，并得出如下结论：“标准化是人类社会活动有序化的具体体现，而有序化是以系统（社会系统是‘特殊复杂的巨系统’）对外界正确的和程度充分的开放性以及系统内部各系统之间相干和协同得体为前提的，这也是人类社会标准化活动顺利开展的不可或缺的环境与内在动因机制所在。”

关于开展标准化哲理研究的必要性和现实意义，将随着具体的哲理研究成果的陆续问世而得到更能令人信服的说明。

二、运用术语学的理论与方法深入探讨“标准”“标准化”的核心概念

《中国科技术语》2017年第2期上刊登了顾孟洁教授的《语境与现实——对基本术语“标准”“标准化”核心概念的若干思考》，作者运用术语学的基本原理和方法全方位地思考和探讨了“标准”和“标准化”这两个最基本的概念的历史渊源和现状，以及在逻辑自洽方面所存在的不足，并结合当下我国面临改革开放历史新时期的宝贵契机，提出了实现“标准化概念的跨界飞跃”的设想，这是从哲理层面对标准化的理论和实践的一项创新建树。以下分五个方面介绍该文的主要内容。

（一）“名实当则治，不当则乱”

概念和术语的统一，是建立一门新学科的十分重要的基础工作。概念同术语（或语词），两者既有联系，又有区别。概念离不开语词，概念是反映事物本质属性（即该种事物都具有而别种事物都不具有的那种特性）的一种思维方式，具有全人类性；而语词是概念借以形成、巩固和交流的形式，具有不同的民族特点。但由于迄今世界各国（包括国际标准化机构）的标准化专家学者以及广大的标准化专业工作者，在探讨标准化的起源、领域、发展史以及方法和原理等方面的时候，所面对的视野极为宽泛，而视角却往往各有侧重、互不相同——“语境”各别，导致在理解和把握“标准”和“标准化”的概念的内涵和外延上呈现错综复杂、混淆不清的格局。这就对（版本更迭多变的）定义表述之恰当与否，以及尔后一系列命题的提出和进一步的推理、论证（包括数学方法的运用），等等，

在理论的完备性和逻辑自洽性上存在一些“先天不足”的弊病或缺陷。

但从对标准化的扩大宣传、教育培训和理论研究的现实需要出发，通过对标准化的历史渊源的发掘和对其内涵本质的深入探讨，又形成了“标准化古已有之、源远流长”以及标准化存在于人类活动的一切方面这样一种广义的观念。如德国对“标准”的定义：“标准是调节人类社会的协定或规定，有伦理的、法律的、科学的、技术的和管理的标准等等”（DIN 820—1960）；澳大利亚标准化协会（SA）对标准化所做的解释为：“标准化规定的方面很广泛，它普遍地存在于人类生活之中。语言就是标准化的一种形式，道德准则和法律也属于标准化的范畴……”；法国标准化原理专家J.C.库蒂埃以高度概括的语言说：“标准化在一切有人类智慧和活动的地方都能开展。”这种标准化的“广义说”，也可以说早已形成一种共识。

我国自20世纪50年代在学习原苏联模式的基础上把标准化工作的范围和理论上的提法都局限在工农业生产和工程建设中制定和贯彻技术标准方面，形成了明确的狭义标准化的观念。但在20世纪80年代起国家实施改革开放的方针，同时随着全面质量管理（TQC）技术的引进直至今日对于质量管理体系标准（ISO 9000）的全面推广，把标准化从技术领域扩大到管理领域和服务领域，从“物”推进到“人”和“事”，从产品和工程推进到环境、安全、卫生等方面，又从“硬件”推进到“软件”……这就在一定程度上为广义标准化提供了现实依据。

但是，基于概念的内涵与外延存在着反变关系，我们必须在通盘考虑到“标准”及“标准化”的概念内涵与外延相匹配的前提下，再来选择恰当的“概念的指称”即“术语”。通常的办法是对一个大概念（上位概念）进行划分，即对大概念加上适当的限定词以使概念更明确。但这一点常常被忽略，而有时确实也有一定的难度。多年以前，匈牙利一位具有数十年标准化实践以及多年在大学和给领导人讲课经验的专家萨威利先生曾深有感触地说：“很多国家和国际的团体，都试图给标准化下一个包罗万象的、每个人都能接受的定义，并规定出其适用范围，但是至今均未成功。这是可以理解的，在将来也不会成功。”萨威利指出标准化概念难以统一的根本原因是：“由于标准化在不同的级别上有不同的目标、任务并应用不同的方法所致”。萨威利先生的说法有一定的道理，但面对着这样困难的问题，标准化工作者还是应当有所作为。

（二）ISO/IEC给出的定义反映了当今国际上推行标准化的基本模式

“百家争鸣，定于一尊。”针对“标准化”的概念和定义众说纷纭的情况，C.魏尔曼博士在其《标准化是一门新学科》一书中曾如此写道：“标准化这个词，不同的权威有不同的定义。我们不打算一一加以讨论，也不打算对各种字典和百科全书的解释进行讨论。因为，标准化方面的国际权威机构ISO已经正式下了定义。”

我国高等院校精品课程教材《标准化概论》的各个版次中，对“标准”和“标准化”

的定义采取了与我国国家标准的制修订进程保持同步的稳妥做法。在该书 2014 年第六版中，直接采用了 GB/T 20000.1—2002《标准化工作指南　第 1 部分：标准化相关活动的通用词汇》中对“标准”和“标准化”所下的定义。由于 GB/T20000.1 是等同采用 ISO/TEC 第 2 号指南的定义，所以它就是 ISO/IEC 给“标准”和“标准化”所下的定义。具体定义如下：

“标准”——为了在一定范围内获得最佳秩序，经协商一致制定并由公认机构批准，共同使用和重复使用的一种规范性文件。①

“标准化”——为在一定范围内获得最佳秩序，对现实问题或潜在问题制定共同使用和重复使用的条款的活动。②，③

如前所述，ISO 给出的标准化定义表述，是自 1952 年起由法国、英国等西方工业国的标准化专家创建的标准化原理研究常设委员会（STACO）的成员们经过长年精心研究的智慧结晶。同时，这应该说是基于成熟的市场经济体制和严格的法治社会条件下推行标准化的基本模式。因为，像“最佳秩序”“协商一致”“最佳的共同效益”等，必须在参与标准化活动的各方，都具备严肃的契约精神、奉行诚信原则，以及工作者在具有信仰基础上的敬业精神和道德自律，等等。对于市场经济体制的建立不够完备和法治环境存在缺失的“发展中国家”来说，这是高标准的要求，也是要努力实现的目标。

此外，仔细推敲 ISO/IEC 的“标准”和“标准化”定义，发现它是以科学、技术、产品、服务、贸易等活动为对象的，若就“英语汉译”的角度来看，其定义内容同汉语“标准”这个全称概念并不完全适应——定义和被定义者的外延必须相等是逻辑学的一个基本原则。但在这里，我们可以理解在英语世界里，与汉语“标准”相对应的词汇还有“criterion”，那么，ISO/IEC 对“standard”的定义基本上还是合适的。

（三）把握历史新时期的重要契机，实现标准化概念的跨界飞跃

《辞海》和《现代汉语词典》等权威的辞书对“标准”一词的释义是“衡量事物的准则”。20 世纪 70 年代后期，“实践是检验真理的唯一标准”这一哲学命题的确立，对尔后在全党全国全民政治思想大解放的基础上，确立并实施国家经济建设改革开放的大政方针起到了至关重要的作用。这一哲学命题的英语表达为“Practice is the sole criterion for testing truth”。我们发现汉语“标准”一词的概念，在英语中有两种主要的表达方式，即“standard”和“criterion”。这一发现，为我们实现标准化概念的“跨界飞跃”提供了新的思路，对标准化领域在广度上的进一步开拓具有理论上的指导意义。

---

① 标准宜以科学、技术的综合成果为基础，以促进最佳的共同效益为目的。

② 上述活动主要包括编制、发布和实施标准的过程。

③ 标准化的主要作用在于为了其预期目的改进产品、过程或服务的适用性，防止贸易壁垒，并促进技术合作。

我们对“standard”和“criterion”这两个词语进行分析和比较，可以发现：“standard”多用于自然科学和工程技术领域，也正是国际标准化机构和中国现行的标准化主管部门所管辖的范围，亦即以往通称的“工业标准化”的领域；而与英语“criterion”相对应的汉语“标准”，则更多的是适用于人文与社会科学的领域，诸如法律与法规标准、人的行为道德标准、艺术审美标准，乃至于体育比赛的评判标准等（在政治和哲学上检验真理的“标准”是“criterion”而非“standard”）。因而相比较而言，“standard”是属于“刚性”和“显性”的要求，往往可以运用科学的手段进行计量检测的。而“criterion”则往往与认识主体或执行者的主观因素相关，因而是有一定的弹性，或者也可以说是属于“柔性”或“隐性”的要求。诚然，迄今世界各国在针对“standard”推行的“标准化”（standardization）方面已达成共识，并且已经基本上实现了“互相接轨”。而在人文社会科学领域的制定和实施的“标准”（criterion）方面，则因不同的国家和不同的历史时期而存在发展不平衡的状况，因此不可能实现“标准化”。不容置疑的现实情况是：在发达国家，随着其契约论、社会学、政治学、法学、管理科学乃至人的行为科学等理论及其社会实践的进境，这种隐性的标准“criterion”在无形中与社会公民意识同时得到了强化；而发展中国家在这方面存在着明显的差距，亟待迎头赶上，就某种意义而言，这就是要实现标准化理论和实践的“跨界飞跃”！

（四）确立“个别级”的概念，建立符合逻辑的标准化体系结构

就上述“criterion”而言，如一个国家的宪法和法律，从政府部门到法人团体的运行规则和制度，以至于企业高官和员工的薪酬标准，医疗教育单位的职责和收费标准，等等，这方面相应的“规范性文件”，往往是“单一化”而并非“重复性”的，但它必须体现公平正义，具有科学合理性，并且必须严格贯彻实施，以获得最佳秩序和促进社会获得最佳的共同效益。就“有章必循、有法必依”来说，即体现着“化”的含义了。

“个别级标准”，在产品、工程等方面同样也客观地存在着。不只是当今信息时代运用“柔性制造系统（FMS）”实现单件定制化的产品需要符合其相应的标准要求，而且这种“单件定制”的方式本身也是一种传统的制造方式。曾任印度标准化学会主席的C.魏尔曼博士在《标准化是一门新学科》力作中特辟一章，专门论述“个别级标准”。他指出个别级标准几乎对于任何与经济活动有关的部门都是需要的，从最复杂的河道工程计划、运输网络、建筑物、房屋住宅等，直到家具、服装式样以及珠宝的装潢设计类最基本的形式。个别级标准的特点是标准制定者预期为其本身的需要，对非重复发生的情况而设计的。而C.魏尔曼博士所提出的一个更有说服力的理由是：“如果忽视了个别级的重要性，标准化空间的结构将仍然是不完整的。因为在任何理论性处理当中，主要的目标是在于建立一个几乎可以毫无例外地包括所有可能遇到的事例的符合逻辑的结构。”强调“个别级标准”的现实性和必要性，这正是从哲理研究的角度对现行标准化理论的一项重要修正和补充。

（五）关于概念和术语的国际协调

GB/T 16785—2012《术语工作　概念和术语的协调》，从方法论的角度描述了一种对概念、概念体系、定义和术语进行协调的方案。这是在国家或国际层面上开展单语或多语语境中概念和术语的协调工作。

概念协调的目的是改善交流，具体说就是：在专业、技术、科学、社会、经济、语言、文化或其他方面存在差异，但密切相关或相互重叠的两个或多个概念之间，最终能够建立起对应关系的活动，其目的是消除或减少这些概念之间的差异。

英语“criterion”与“standard”的汉语对应词都是“标准”，但在英语语境中两者的差异未引起标准化领域的专家学者们足够的关注。这同讨论“法律是不是标准”一样令人困惑。在 C. 魏尔曼博士和 H.C. 维斯维瓦拉亚于 1976 年合写的《标准化体系的探索》一文中，明确地把国家社会体系中的“行为”、立法体系中的“法令”、司法体系中的“法律”等和工业体系中的“规范”、经济体系中的“标准”并列，作为标准化在各体系中的典型例子，并由它们构成一个国家的标准化体系。1980 年，J.C. 库蒂埃在访华技术座谈中也谈到这方面的问题，他说：“法律从它自身的规律看似乎属于标准化，但从历史上来看，法律都是由国家行政管理机构制定的。”综合起来看，作为“衡量事物的准则”这个重要内涵的概念指称“标准”，所表达的是一个全称性的广义概念，它同“standard”并不完全等价，因而像约翰·盖拉德、松浦四郎等著名的标准化专家学者的著作，以及 ISO 的出版物，一般都冠以“工业标准化”这一类的字样，旨在一定程度上保持其逻辑自洽。

三、标准化工作系统的科学哲学本体论图解示意

按照顾孟洁教授根据英国 K. 波普尔（Karl Popper）的科学哲学思想提出的“三个世界”图解模型（顾氏模式），标准化工作系统可用图 12 来表示，标准制定、发布后的贯彻实施过程，则可用图 13 来表示。

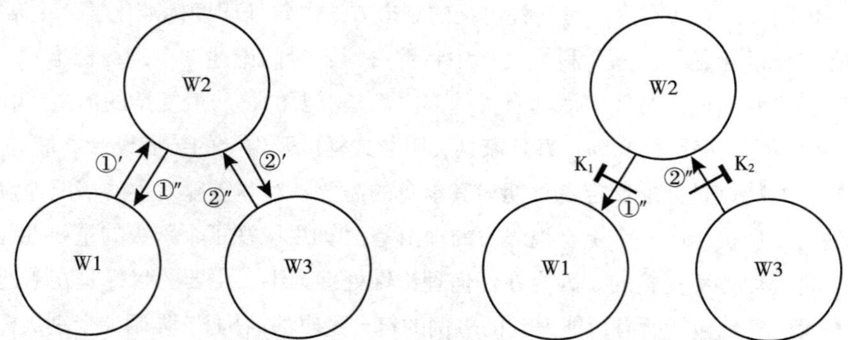

图 12　标准化工作系统的本体论分解示意图　　图 13　标准贯彻过程的本体论示意图

如图 12 所示，在 W1 和 W2 之间以及 W2 和 W3 之间，都有一条双向的纽带（①'①"和②'②"）相互作用着；而 W1 和 W3 之间是不能直接发生作用的，它们之间必须通过①和②两条纽带并以 W2（人的精神即标准化意识）来沟通，才能间接地产生作用。这是因为：首先，人的标准化意识（W2），既可能来自切身实践（W1）中的经验和体会，也可能来自间接知识（W3）的传授；反之，具有标准化意识（W2）的人，可以通过他的行动实践去制造符合标准的产品（W1），同时他又可能是标准文本、政策法规文件或者有关专著的作者。所以，无论是从 W1 → W3，或是从 W3 → W1，W2 始终是不可逾越的桥梁——它既可能是强大的动力，也可能是顽固的阻力。

标准文本正式发布后能否得到切实的贯彻实施，取决于“三个世界”之间“两条纽带”的传导效果，如图 13 所示，图中的 K_1 和 K_2 表示“控制阀”。概括地说起来，“知”和“行”两者乃是成事之本，这也是对现行标准贯彻实施与否的两个最重要的环节。从 W3（标准文本）通向 W2（标准化意识）的环节可以称为“知”（②"、K_2）；在有了明确的观念和肯定的意向、愿望和决心之后，才会真心实意地去做，即“行”（①"、K_1）。

我们通常所说的“标准宣贯”“普法”就是要解决“知”的问题。但要解决“行”的问题则没有那么简单，其中必然会受到技术、经济、法律和道德等诸多因素的制约和影响。

简而言之，W1 是物质世界（如产品），W2 是工作者的精神世界（思维意识），W3 是客观的知识世界（标准文本）。显然，“标准文本”（W3）是标准制定者的特定的思维活动“外化”的产物，它必须“内化”为标准执行者的意识，并据此指导一切相关人员的具体行动，才能结出标准文本所规定的理想之果（W1）。在这里，涉及全面、全员、全过程的广义标准化（相关的“standard”和“criterion”的综合效力）就“大显神通、尽收眼底”了。

四、大自然是人类最好的“标准化导师”

自然界的标准化，是举凡有标准化理论思维者的一个永恒的话题。2013 年出版的由梁丽涛教授主编的《发展中的标准化》一书中，也讨论到了自然界的标准化现象和自然界的标准化特征。这种标准化的“自然原型”既给人们启示，又引发人们的联想。

亿万年以来，我们的地球由一个如同今天已探明的像火星、月球那样毫无生机的天体，通过物质演化、生物进化的无比错综复杂的物理和生化反应过程，产生出了五光十色、璀璨多姿且井然有序的当今世界——其中的精品杰作就是我们人类自身。

作为万物之灵的人，运用其体力和智力，特别是运用了通过“standard”和“criterion”组织起来的社会化的先进生产力，在地球文明的大环境中又演绎出了极其丰富多彩的人类文明圈。但是，历史学和地理学的研究成果向世人充分地展示：自有人类文明史以来，分布在地球上各个角落的不同民族、国家的文明水准和发展速度是不平衡的；这是一种制度性的竞赛，也可以说是创造和运用标准化的技巧的竞赛。拿人类世界同大自然这个更广阔无垠的世界相比，我们似乎发觉凭人类的高超智慧建立的“标准”还不如自然界的生物凭其“天生的本能”（设想蜜蜂筑巢和蜘蛛织网，以及蜂群社会、蚁群社会的生存法则……），乃至于无机界的天体运行规律和物质构造的有序性（如元素周期律等）来得完美。

当我们静下心来仔细地观察和思考大自然创生万物的“公平正义”和潜在的支配法则时，就可以隐约地感受到一整套不差分毫的“无情铁律”的存在，而不得不使我们感到惊讶和敬畏。一个小小的昆虫脑袋，一朵芳香的鲜花，一粒稻谷……乃至于我们自己的躯干和大脑，都是大自然的杰作。从仿生学的角度来说，大自然是人类最好的“标准化导师”。但自然界的“标准化”已经经历了无穷无尽的岁月，而人类的“工业文明及其标准化”只是最近200多年来的事。一个鲜明的区别是：自然界只有“W1”（物质世界）本身，其“标准化过程”是由其自身的演化变迁来体现，而人类文明圈中却多出了一个“W2”（人的精神世界）和“W3”（作为人的知识载体的文本世界）——如何让表达人们的美好设想蓝图的“标准文本”不是一纸空文，而是在一步一个脚印的扎扎实实的行动实践（其中，如何净化“人的心灵世界”显得非常重要）中变成现实，这是作为万物之灵的每一个社会公民均应肩负的无比艰巨而又光荣的使命。

五、结语

人类社会是一个特殊复杂的巨系统。标准化是一个广义的概念，只有在系统（如一个国家、一个企业等）的各个子系统（各个部门直至每一个员工）普遍地按照既定的科学合理的标准体系中的规定要求办事，整个系统才能真正地获得最佳秩序。

以技术、管理、工作标准为主体的“standard”的制定和实施，是增强个人、企业和国家“硬实力”的必由之路；以法律、道德、人的行为规范等为主要内容的“criterion”的制定和实施，则是一种无比重要的“软实力”的体现。汉语在世界各种语言中具有许多独特的优点——“不以规矩不能成方圆”，这种真知灼见闪烁着我民族思维的智慧的火花；实现“标准化”概念的跨界飞跃，必将在新世纪实现其伟大复兴发挥独特的功效。

参考文献

[1] 李春田．标准化概论（第六版）[M]．北京：中国人民大学出版社，2014.
[2] 丁雅娴．学科分类研究与应用[M]．北京：中国标准出版社，1994.
[3] 李春田，金光．标准化[J]．//质量　标准化　计量百科全书[M]．北京：中国大百科全书出版社，2001.

[4] 钱学森. 标准化和标准学研究 [J]. 标准生活，2009 (10)：9.

[5] [法] J. C. 库蒂埃. 标准化理论的若干问题 [M]. 北京：国家标准总局综合研究所编，1980.

[6] 张锡纯. 工程事例学发凡 [M]. 北京：北京航空航天大学出版社，1997.

[7] 顾孟洁. 标准化的本质是有序化——访我国标准化界的老前辈陈文祥先生 [J]. 中国标准化，2001 (4)：4-5.

[8] 顾孟洁. 筚路蓝缕　求知寻道——标准化哲理研究进程写意 [J]. 中国标准化，2012 (7-8)：73-77，81-84.

[9] 顾孟洁. 语境与现实——对基本术语“标准”“标准化”核心概念的若干思考 [J]. 中国科技术语，2017 (2)：5-10.

[10] GB/T 16785—2012，术语工作　概念和术语的协调 [S]. 北京：中国标准出版社，2013.

[11] 顾孟洁. 从“法律是不是标准？”谈起——读求实同志文章后的一点看法 [J]. // 顾孟洁. 憧憬与探索——标准化科普与学术文集 (修订版) [M]. 北京：中国标准出版社，1999.

[12] 顾孟洁. 标准贯彻的哲理分析 [J]. // 顾孟洁. 憧憬与探索——标准化科普与学术文集 (修订版) [M]. 北京：中国标准出版社，1999.

[13] 顾孟洁. 标准化哲理对话　第四讲　牛鼻子・看不见的手・标准化——谈控制论与标准化 [J]. // 顾孟洁. 憧憬与探索——标准化科普与学术文集 (第三版) [M]. 北京：中国标准出版社，2008.

[14] 梁丽涛. 发展中的标准化 [M]. 北京：中国质检出版社，中国标准出版社，2013.

撰稿人：顾孟洁

国际标准化研究最新进展

一、引言

伴随着经济全球化深入发展，标准化在便利经贸往来、支撑产业发展、促进科技进步、规范社会治理中的作用日益凸显。在这样的背景下，无论是国际层面还是国家层面上，都越来越重视标准化发展。越来越多的发展中国家积极参与国际标准化活动，打破了发达国家一统标准天下的局面。现在国际标准化组织（ISO）成员中超过 3/4 是来自发展中国家，这可以确保 ISO 标准具有全球相关性，同时有助于发展中国家进入全球市场、了解技术工艺的进步并实现可持续发展。另外，ISO 越来越重视发展中国家，制定了《ISO 发展中国家行动计划（2016—2020）》，为发展中国家提供援助，提高其标准化工作的能力以及在国际标准化活动中的参与度。此外，标准化教育也提上了日程，ISO 制定的战略明确指出要将标准化内容纳入教育课程，欧盟也成立了标准化教育联合工作组，部分国家的高校（如美国、日本、韩国等）已经开设了标准和标准化相关的专业课程，进一步促进社会对标准及标准化活动重要性的认识。同时，标准必要专利也日益得到重视，欧盟、德国等国家和地区积极探索通过司法途径解决专利议题并逐步推进标准必要专利相关规则的形成。

因此，为顺应全球经济发展的需求，建立应对各种挑战的有效机制，国际标准机构纷纷制定战略发展规划，并围绕各自的组织使命，依据战略规划以及确定重点战略发展方向的需求，依靠相关政策支撑以推动重点领域的创新发展。ISO、国际电工委员会（IEC）、国际电信联盟（ITU）三大国际标准组织，除了 IEC 继续依照 2011 年发布的《IEC 发展纲要（2011）》开展标准化活动外，其余两大国际标准组织都制定了最新的战略文件。与此同时，各个国家在顺应国际标准化发展趋势的基础上，充分结合本国国情，制定相应的标准化战略文件，促进国家标准化水平提升和国家经济的发展。因此，为了更深入地了解国际标准化的最新进展情况，本报告从国际标准化战略新发展、国际标准化的发展特征、标准的效益评价三大方面进行分析，从而进一步说明国际标准化发展趋势。

二、国际标准化战略新进展

伴随着经济全球化和企业跨国化进程的加快，各类商品在全球范围内的生产和加工领域不断拓展，国际标准在此过程中的平衡和协调作用不容小觑。因此，在世界贸易组织技术壁垒协定（WTO/TBT）框架下，从战略高度关注国际标准已经成为全球各国以及国际标准组织的共识。各国纷纷将参与国际标准化活动的内容提升到战略高度，法国、德国、日本等发达国家以及俄罗斯、巴西等发展中国家相继制定了各自的国家标准化战略，从而为参加国际标准化活动提供指导。ISO 和 ITU 也相继研究与制定了本领域的发展规划。

（一）两大国际标准组织标准化战略的新进展

ISO 是目前世界上最具权威的标准化机构，是国际标准最主要的制定者。而 ITU 是主管信息通信技术（ICT）的联合国机构，组织制定技术标准以确保网络和技术的无缝互联，致力于“联通世界”。为适应全球经济不断变化发展的新形势，充分发挥国际标准的主导和引领作用，ISO 与 ITU 针对其领域的国际标准化工作，出台了最新标准化发展战略，强调全球市场、贸易和服务、社会可持续发展及安全健康保障对标准需求的影响。通过实施标准化战略，ISO 和 ITU 适应经济全球化、企业国际化、市场一体化、技术无国界的世界发展潮流，落实科技创新未来的责任。

1. ISO 标准化战略

2015 年，ISO 在全体会议上批准通过《ISO 战略规划（2016—2020）》（ISO Strategy〈2016—2020〉）。该战略规划的关键核心在于实现 ISO 标准在全球范围的广泛应用，而该目标的达成离不开两大要素：一是 ISO 全球成员参与制定高质量的标准；二是利益相关方和伙伴的参与。在前两层级基础上，ISO 设置了第三级战略目标，而该层级的战略目标则更在于对成员国的投入。

（1）“人和组织的发展”将重点放到了 ISO 成员的能力建设上，通过学习、研究和制定解决方案，从人员和组织层面提高成员的能力。

（2）“技术利用”在于向 ISO 成员提供技术支持，在技术领域加大投入以开展高效的业务活动。

（3）“交流沟通”旨在获得公共部门和私营部门决策者及利益相关方和公众对于国际标准价值和影响的认可，而这一目标的实现，关键在于 ISO 及其成员在各个领域带来的持续的正面影响。

2. ITU 标准化战略

2014 年，ITU 在第 19 届全权代表大会上批准了《2016—2019 年战略规划》。该战略规划设定了联盟的整体战略目标与对象，同时设定了每个部门的任务、成果以及产出。从整体上来说，ITU 将增长性、包容性、持续性、创新与合作确定为 2016—2019 年的战略发展目标。在寻求业务领域增长的同时，持续以领先的技术应对未知的挑战，从而不断以创新和合作的方式影响全球电信和 ICT 的发展。与此同时，ITU 进一步整合了无线通信部门（ITU-R）、电信标准化部门（ITU-T）、电信发展部门（ITU-D）三个分部门的资源以确保整体目标的实现。从战略计划、实施计划、资金计划和预算等维度制定了三个部门的战略目标与预期产出，以确保 2019 年战略目标的实现。

从 ISO 和 ITU 战略内容可以看出，两大国际标准组织除了继续强化在各自领域的主导地位之外，在未来发展方向上呈现了以下特点：

首先，他们越来越重视发展中国家，采取一系列措施为发展中国家提供支持和技术援助，进一步增强发展中国家的质量基础设施建设，促进发展中国家参与国际标准化活动，为推动发展中国家的经济增长、社会进步和环境保护做出贡献。

其次，吸引利益相关方和合作伙伴参与。除要有效吸引全球和区域合作伙伴之外，还要驱动广泛的利益相关方参与国际标准的制定，从而保证国际标准的公信力和相关性。

最后，扩展新的标准化工作领域。新技术的开发以及社会、工业或经济优先地位发生了变化，涌现了大量的新兴市场的需求，根据这些新兴技术，把握潜在的标准化机遇，促进相关的标准制定工作。

（二）区域标准化组织标准化战略的新进展

为推动实现区域经济一体化、促进贸易，各大区域标准化组织在各自的领域，结合区域的实际情况，纷纷制定适合于自身特点的标准化战略，力图在发展战略的指导下，采用新的政策措施发展相关领域，满足顾客的需求，实现新的突破，并扩大自身的影响力。考虑到区域覆盖性和代表性，本节选取了 4 个区域标准化组织，对他们的标准化战略最新概况进行了介绍。

1. 欧洲标准化委员会—欧洲电工标准化委员会标准化战略

为落实《欧洲 2020 战略》，2013 年 6 月 20 日在丹麦首都哥本哈根召开的欧洲标准化委员会（CEN）和欧洲电工标准化委员会（CENELEC）全体大会上，CEN 和 CENELEC 成员批准了《CEN-CENELEC 2020 战略目标》，明确了未来 CEN 和 CENELEC 开展标准化活动优先考虑的事项，并为实现 2020 年欧洲标准化体系设定了全方位战略目标。

CEN 和 CENELEC 将围绕这六大战略目标——增强全球影响力、关注区域关联性、获得更广泛的认可、推广卓越的方案、创新与增长并举以及构建可持续体系，制定相应的行动计划，以确保实现总体目标，并达到预期成效。

2. 太平洋地区标准大会标准化战略

太平洋地区标准大会（PASC）于2016年发布了《太平洋地区标准大会战略规划（2016—2020）》。总体而言，该战略阐明了PASC 2020年愿景、预期成果与核心倡议和实施方案，并提出了三个优先重点发展领域。PASC旨在“通过有效和可持续的标准化活动，促进区域发展和竞争力的提高”，并针对三大重点领域——沟通交流、伙伴关系和利益相关方参与、能力建设和促进贸易，制订了具体行动方案。

具体措施是：①在沟通交流方面，制定ICT解决方案、与利益相关方分享标准化最佳实践和知识、尝试使用社交媒体平台等；②在伙伴关系和利益相关方参与方面，加强组织间的合作、组织和邀请国际或区域组织或PASC区域利益相关方参加PASC会议和区域研讨会等；③在能力建设和促进贸易方面，制订滚动工作计划，确定能力建设项目、培训和发展规划，通过结对等伙伴关系提高对ISO活动的参与度等。

3. 泛美标准委员会标准化战略

泛美标准委员会（COPANT）于2015年发布了《战略规划（2016—2020）》，旨在通过实施高效而关键的国家标准化活动，促进地区发展合作；积极参与国际标准化活动；根据国际实践范例应用合格评定程序。该战略提出了COPANT的四大重要目标，并具体阐述了12项具体行动。其中，四大目标分别为：①能力建设——识别、推动并支持COPANT成员标准化基础设施建设和能力提升的措施；②提高目标经济区在国际工作中的参与度——促进COPANT成员有效参与到国际标准化组织技术委员会分委会工作中的能力；③促进有效的合格评定服务——推动按照国际惯例来解决COPANT成员的需求；④促进和加强区域协作与合作——通过合作与协作促进和加强COPANT成员的国家标准化机构发展。

4. 非洲标准化组织标准化战略

非洲标准化组织（ARSO）于2012年发布了《非洲标准化组织战略框架（2012—2017）》，以进一步推动ARSO成为促进贸易和商业发展的一流标准化机构。面对非洲人口持续增长、资源匮乏以及外国产品和服务市场快速扩张的情况，ARSO制定了以下四大战略目标：①建立一个支持健全规章制度的标准协调体系；②传播协调标准和准则；③支持非洲内部与国际贸易及工业化；④加强ARSO工作管理能力，促进本组织的创新与可持续发展以及促进成员和其他利益相关方积极有效的参与。

基于上述四大区域标准化组织的最新标准化战略，可以发现它们存在以下共同发展趋势：首先，致力于提高区域标准化组织的影响力。通过积极参与国际标准化活动、与主要国外组织或机构建立合作伙伴关系、推动全球市场准入等，增强成员机构自身的能力建设，从而确立在区域甚至在国际上的领先地位。其次，关注创新与增长。加强与科研和研发地区密切合作，促进创新性解决方案被市场所接受，使其与新的和现有产品、服务、系统和过程实现互操作性和兼容性。最后，强调可持续发展。通过商业化运作，应对日益变化的环境，并将加大对标准化的宣传，吸纳更多的专家成员，实现标准化体系的可持续发展。

（三）国外标准化战略的新进展

发展、改革、开放的时代凸显了标准化的重要作用，因此必须把标准化工作看得再重一些、抓得再紧一些。所以，无论是发达国家，还是发展中国家，都将标准化工作提升到了战略高度，相继出台了国家标准化战略。日本与韩国甚至成立了国家标准化战略协调机构，首相、总理亲自担任“一把手”。他们竭力通过标准手段抢占国际经济、贸易和科技竞争制高点，主导和影响产业及技术发展。因此，本节选取了 4 个发达国家以及 4 个发展中国家，对他们的最新标准化战略进行了介绍，以进一步了解国外最新的标准化发展趋势。

1. 发达国家标准化战略的新进展

（1）法国。为了更好应对标准化利益相关面临的两大挑战——社会数字化和数字经济、气候和环境，提高法国工业在国际中的竞争力，法国标准化协会（AFNOR）于 2015 年发布了《法国标准化战略（2016—2018）》。该战略旨在国家层面和国际层面上保护国家利益，促使标准化和立法和谐发展。其中，战略确定了八大重点领域（即能源转化、老年经济、循环经济、数字经济、合作经济与共享经济、可持续和智慧城市、未来工厂、服务等），同时制定了五大战略重点项目（如纳米技术；安全、健康与可持续食品方面开展的工作；无人机；技术纺织品和新型智慧材料；未来医药），并围绕这五大重点项目实施了九大行动方案（如帮助行业获得竞争优势，并为法国经济运行提供支持；增强法国标准化体系的有效性；利用技术应对标准化利益相关方的需求与期望等），以促进战略目标的实现。

（2）德国。为了更好适应当前的竞争环境，强调标准的市场适应性，重视国际标准化活动，同时提高德国在国际舞台的竞争力，德国标准化协会（DIN）于 2010 年发布了《德国标准化战略：更新版》，旨在帮助企业和社会开辟和拓展区域和全球市场。该战略提出了五大目标，即标准化确保德国作为一流工业大国的地位、标准化作为战略性工具为经济社会健康发展提供支撑、标准化是减少立法的一种工具、标准化和标准机构促进技术融合、标准化机构提供高效的流程和工具，并同时围绕这五大目标开展优先工作。

（3）日本。战略性地推进标准化活动对日本产业的未来发展十分重要，同时为了确保标准化活动的有序开展，并为了争取在国际标准化活动中的主导地位，日本经济产业省于 2014 年发布了《日本标准化官民战略》，该战略文件旨在通过对政府和民间进行标准化活动的分工，以推进战略性标准化活动，加强日本参与国际标准化活动的主导权。该战略文件明确了加强政府和民间在标准化领域合作的 4 项措施，即调整政府和民间机构的体制、强化世界通用的认证标准、加强与亚洲各国的紧密联系以及构筑《日本标准化官民战略》的保障机制，并进一步围绕这 4 项措施制订相应的行动方案，以确保战略目标的实现。

（4）韩国。为了抢占复合型产业话语权，不断开拓新市场，奠定新时期韩国经济发展的基础，使韩国经济跃上一个新的台阶，韩国产业通商资源部、未来创造科学部等15个部门于2016年联合制定《韩国第四次国家标准基本计划》，旨在通过完善国家标准体系实现先进经济。该战略文件由推进背景、标准环境和本国情况、评价及课题、重点推进课题、财政投资计划和预期效果六部分组成。该战略文件以四大战略目标为中心，提出了四大重点推进方向、十二大重点推进课题以及200余项具体实施项目。通过确定四大战略目标，即创造全球市场拉动经济、扩充标准基础增强企业竞争力、提供快乐与安全的生活以保障国民幸福以及稳固民间主导的可持续的标准可持续发展系统，开展相应的行动计划，以助力企业进军海外并开拓全球市场。

通过对上述4个发达国家的标准化战略的梳理，可以发现它们具有以下特点：

首先，积极争夺在国际标准化组织中的领导权和话语权，主导制定各个领域的国际标准，从而进一步提高在国际舞台上的竞争力和确立领先地位。

其次，始终着力于推进标准国际化。在经济全球化、互联网信息技术爆炸式发展的当今世界，紧紧抓住标准化工作全球化的机遇，实质性地参与国际标准化活动，推动本国标准上升为区域标准（欧盟标准）和国际标准。

最后，始终关注标准化的协调性问题。这不仅体现在技术标准本身间的协调，也体现在标准化机构之间的协调，以及标准化工作与其他工作的协调。

2. 发展中国家标准化战略的新进展

（1）俄罗斯。俄罗斯联邦政府于2012年发布了《俄罗斯联邦国家标准化体系发展构想（2012—2020）》，旨在从标准化方面着手，保障俄罗斯现代化、技术和社会经济发展，以及提高国家防御能力。本发展构想包括俄罗斯联邦国家标准化体系发展的系统观念（系列观点），并确定了联邦标准化体系2020年前的发展目标、任务和方向。该发展构想概述了标准化体系发展的14项战略目标，27个重要技术领域，11个重点发展方向，3项落实本构想的保障措施（保障标准化项目和计划；保障标准化经费预算和开支；保障行政机构和标准化机构协调配合）。

（2）巴西。为了提高产品质量，满足消费者和市民利益，推进市场准入以及保护消费者健康、安全和实现环境保护，巴西标准化委员会（CBN）于2009年发布了《巴西标准化战略（2009—2014）》。该战略介绍了制定巴西标准化战略的意义、目的和应用，提出了四大战略指南，并阐述了未来采取的20项重要行动。四大战略指南为：标准化促进市场准入；标准化促进社会、财富增长和可持续性发展；标准化结合技术法规；加强标准化和巴西标准化体系。同时，针对四大战略指南，制定了20项重要行动，如加深与其他国家标准化的合作（侧重于拉丁美洲和葡萄牙语国家）；将相关可持续发展要求纳入巴西标准；确定并优先研制各项助推巴西产品出口的标准；标准化与研究、开发和创新活动的结合等，以促进完善巴西标准化体系，从而进一步推动巴西经济发展并提高社会福利水平。

（3）印度尼西亚。印度尼西亚国家标准局（BSN）于2015年发布了《印度尼西亚国家标准化机构战略规划（2015—2019）》，旨在建设可靠的国家质量基础设施，提升民族竞争力和生活质量。该战略规划概述了标准化工作面临的八大挑战，提出了印度尼西亚标准化十大重点领域、三大战略重点项目、落实的四大行动方案以及落实国家标准化任务规划的16个措施。其中：八大挑战分别为国家标准（SNI）制修订数量和水平、标准和合格评定以及测量溯源性应用体系的水平和能力、"质量文化"影响、规定和规则制修订、预算、人力资源、组织、专业设备和基础设施；十大重点领域包括粮食及农业、建筑工程、海洋、电工技术和远程信息处理、卫生医疗、矿产能源、旅游服务、机械设备、陆上运输、化学；而三大战略重点项目为国家标准化发展项目、国家标准局其他技术任务管理及执行支援项目、国家标准局的基础设施改善计划。

（4）约旦。依据约旦国家总体发展目标，约旦国家标准局（JSMO）发布了《约旦国家标准化机构战略计划（2014—2016）》，提出了2014—2016年期间JSMO和其下属各部门（包括标准化局、计量局、检验和监督局、合格认证局、认可部等）四个层级的目标。2014—2016年，约旦国家标准化机构的4个目标是：确保进入市场的产品符合技术法规和强制性标准，以保护消费者的健康、安全和权利；提供高质量的产品和服务，以加强对本国产品和服务的信任；制定与环境相关的标准和技术法规，为环境保护贡献力量；提高本组织的资源管理效率，实现业务和自身的可持续发展。

综上所述，尽管4个发展中国家面临的社会或经济挑战不尽相同，但他们都非常重视标准化工作，并把标准化作为助推经济发展与引领时代进步的一种有力工具。他们的最新标准化战略存在以下共同点：

首先，提高在国际标准化活动的参与度。通过积极参与国际标准的制定，承担国际标准化组织的国内技术对口单位的秘书处，争取担任国际标准化组织技术委员会主席等一系列举措，进一步提高国家在国际标准化活动的地位与竞争力。

其次，积极推动利益相关方积极参与标准化工作，标准内容的确定并非只由标准化委员会决定，利益相关方积极参与标准制修订过程，使标准直接反映了利益相关方的需求，从而发布真正所需的标准。

最后，密切结合产业需求，聚焦具有重大战略意义的主题，确定优先发展领域，并制定相应的行动方案，更好促进产业的健康发展。通过标准化，使产品和服务更具有竞争力、安全性、高效、有效，并且满足社会公众的需求和期待，在全球市场发挥着关键作用。

三、国际标准化的发展特征

当前，世界经济在深度调整中曲折复苏，标准已成为全球治理体系、经贸合作、技术发展的重要技术支撑，国际标准化也呈现出新的发展特征。

（一）高度重视低碳环保标准

由世界气象组织（WMO）和联合国环境规划署（UNEP）于1988年建立了政府间气候变化专门委员会（IPCC），IPCC在评估报告中指出，如今全球变暖很大程度上是人为造成的而且恶化速度不断加剧。2015年12月，在法国巴黎举行的第21届联合国气候变化大会（COP 21）上，与会各方达成一项普遍适用的协议，争取将全球温度上涨幅度控制在2℃以内。该协议凸显出国际社会及各国政府都在认真对待气候变化的问题，努力找到快速有效的方法减少温室气体的排放，减缓带来的负面影响。

1. ISO

ISO发布诸多领域的国际标准为各国组织提供必要的工具，比如《项目级别的温室气体排放与清除量化评估和报告》（ISO 14064-2：2006）、《用于认可的温室气体检验 / 验证机构要求》（ISO 14065：2013）、《温室气体—产品碳足迹—量化和通信的要求和准则》（ISO/TS 14067：2013）等，这一系列标准均由环境管理标准化技术委员会温室气体管理及相关活动分技术委员会（ISO/TC 207/SC 7）制定。2013年，ISO专门成立ISO气候变化协调委员会（ISO/CCCC），对关于缓和适应气候变化，助力缓解温室气体排放进行了规划。

此外，ISO还设立多个技术委员会采用多元化的能源技术降低碳浓度，即运用清洁能源应对全球变暖的挑战。比如能源管理与能源节约技术委员会（ISO/TC 301）帮助各行业采用能源管理实践将其能源消耗总量减少10% ~ 30%；清洁炉灶和清洁烹饪解决方案技术委员会（ISO/TC 285）在排放量（与气候和健康有关）、效率、安全耐用性等方面设定严格定义和标准；固体生物燃料技术委员会（ISO/TC 238）在农产品系统中持续减少化石燃料的使用对食品生产的经济效益带来积极影响；建筑环境设计技术委员会（ISO/TC 205）提高了房屋的气密性，可以减少20% ~ 30%的供暖能耗，等等。

2. 欧盟

一些国家与地区也制定了一系列标准降低能耗、提高效能以及减少二氧化碳的排放。欧盟一贯以“环保先锋”的态度参与气候变化的讨论，自欧盟及其成员国于2002年5月31日正式批准了《京都议定书》后，欧盟在温室气体减排工作中处于领先地位。2014年，欧盟采纳了旨在2020年底降低运输燃料碳强度6%的低碳燃料标准。该标准涉及原油、柴油、汽油、生物燃料和气体燃料的生产和销售。此外，欧盟也正在制定建筑能源绩效（EPB）标准，帮助建筑行业减碳。欧盟在EPB系列标准制定过程中充分考虑国家和地区在气候、文化和建筑传统，以及政策和法规框架等方面的差异，为各国提供一套综合性的解决方案。荷兰利用各类新技术，如隔热概念、建筑自动化与控制、可再生能源等各类新技术实现规模化推广实施，节约了成本。

（二）管理体系类型标准备受关注

在 ISO 官网发布的最受欢迎的 15 项标准中超过 50% 为管理体系标准，包括最为出名的质量管理体系标准（ISO 9001）、环境管理体系标准（ISO 14001）等。为了应对科技、环境、经济等多个领域的巨大变化，一方面 ISO 对经典的管理体系标准进行修订以更好地满足利益相关方的需求；另一方面也出现了一些新领域的管理体系标准。

1. 经典管理体系标准的变化

ISO 9001 和 ISO 14001 是两个全球认可度极高的管理体系标准，截至 2014 年，ISO 9001 和 ISO 14001 标准认证证书的数量较 10 年前分别增加了 72% 和 258%。2015 年，这两大标准进行了修订以更好地应对科技、业务多元化、商务领域的巨大变化以及全球生态的挑战。

（1）新版 ISO 9001：2015。ISO 9001 自 1987 年发布以来，至今已进行了 4 次修订，最新版 ISO 9001：2015《质量管理体系——要求》标准是自 2000 年以来最大规模的一次修订。修订的 ISO 9001：2015 更易于使用，尤其在与其他管理体系对接方面，减少了具体的要求。同时，该标准还体现了以“结果为导向”理念，要求查看组织机构进程是否达到预期效果。新版标准将行之有效的“流程方法”与“基于风险思维”的新核心理念相结合，列出各种流程的优先顺序，并在组织机构的各个层面实施 PDCA 循环、全面管理流程和系统并推动改进。

（2）新版 ISO 14001：2015。ISO 14001 自 1996 年发布以来，至今已有 22 年。新版的 ISO 14001：2015《环境管理体系——要求和使用指南》标准更关注可持续发展，帮助组织机构减少对环境的影响并了解环境对经营的影响。另外，新版标准考虑了中小企业的需求，注重绩效和结果，有助于各类企业，包括中小企业实现显著的环境的改善。新版标准中出现了生命周期方法的概念，要求组织机构采取更广泛的视角和更全面的方法处理环境问题。

2. 新标准应运而生

（1）城市可持续发展标准。2012 年，ISO 根据联合国、世界银行等国际组织以及世界各国对可持续发展标准化的需求，批准成立城市可持续发展技术委员会（ISO/TC 268）。2014 年，ISO/TC 268 发布《城市可持续发展——城市服务和生活品质的指标》（ISO 37120：2014），帮助全世界不同类型的城市衡量其城市服务和生活品质，通过城市之间的比较，发现城市发展的不足、分享成功发展的经验。

值得指出的是，在这一系列城市可持续发展方面的标准中，“智慧城市”标准引起广泛关注。ISO、IEC 于 2013 年特别成立智慧城市研究组（ISO/IEC JTC 1/SG1）负责智慧城市标准工作的整体安排，并与其他相关的智慧城市标准化的国际组织 / 协会进行联络协调。一些区域组织和国家也将智慧城市列入工作计划中，例如：欧盟 2013 年成立智慧和可持续城市与社区协调组织（CEN/CENELEC/ETSI SSCC-CG）推动欧盟城市可持续发展标准化工作，促进欧盟城市实现可持续发展；德国标准化协会（DIN）与德国电子与信息技术标准化委员会（DKE）制定《德国智慧城市标准化路线图》；英国标准协会（BSI）发布《智慧城市标准化战略》，等等。

（2）反贿赂标准。BSI 于 2011 年 11 月发布了英国标准《反贿赂管理体系规范》（BS 10500：2011），并开展认证工作，该标准的目的是帮助组织实施有效的反贿赂管理制度。ISO 同样密切关注反贿赂领域的国际发展，于 2013 年成立反贿赂管理体系项目委员会（ISO/PC 278），专门负责制定反贿赂方面的国际标准。ISO 在充分吸取英国制定反贿赂标准方面丰富经验的基础上于 2016 年发布《反贿赂管理体系标准》（ISO 37001：2016），机构治理技术委员会（ISO/TC 309）负责这一领域的标准化工作，目前，共有 34 个成员国和 20 个观察国参与该项目。

BSI 在发布反贿赂标准后，积极参与及推动 ISO 的相关反贿赂标准研制工作，并于 2016 年采用 ISO 制定的国际标准成为英国国家标准，取代原有的 BS 10500：2011。中国在反贿赂标准方面也紧跟国际趋势，出台了第一个反贿赂地方标准《反贿赂管理体系》（SZDB/Z 245—2017）。

（三）标准“引导”新兴产业发展

科技的改变正深刻地影响着人们的生活方式，物联网、无人机、人工智能、可穿戴设备的发展等多个新兴领域的蓬勃发展拓展了标准化的工作领域，同时也提供了无限可能。ISO 主席张晓刚在《新战略起点》文章中讲道：“将加大高科技或先进技术领域的工作力度，技术并非停滞不前的，标准可以‘引导’而不仅仅是迎合需求。”

1. 国际标准化组织对新兴产业反映积极

ISO 和 IEC 对于新兴产业标准态度积极，因此，ISO、IEC 成立专门的分技术委员会、工作组，发布行业白皮书，以促进产品的开发和新兴行业的增长。比如 ISO 和 IEC 联合技术委员会（ISO/IEC JTC 1）成立了物联网工作组（WG 10）来开发物联网系统互操作性的架构模式。ISO 还专门成立工业 4.0 战略组（SAG）制定一些类标准确保每个联网设备之间能无缝连接。IEC 在 2014 年和 2016 年两度发布有关物联网的白皮书《物联网：无线传感网络》《物联网 2020：智慧安全的物联网平台》对物联网的应用、前景、安全等问题进行讨论。又如无人机，它是制造技术与信息技术融合的典型产品，可以帮助人们提高生产效率，可广泛应用于军事、农业等多个领域。2014 年 ISO 成立航空航天技术委员会无人机系统分技术委员会（ISO/TC 20/SC 16）对无人机的管理、控制等问题制定标准，目前该分技术委员会正在制定 4 项标准。

一些国家也纷纷将新兴产业领域列入国家标准化战略发展重点，如《法国标准化战略》中 5 项战略重点项目有 4 项涉及新兴产业；《美国标准化战略》的七大重点产业领域里包含智慧城市、纳米技术等项目;《俄罗斯的标准化战略》的重点领域包括纳米技术、“智能”电网等；我国《“十三五”国家战略性新兴产业发展规划》也将新能源汽车、新能源和节能环保产业、数字创意产业、高端装备与新材料产业等列入2016—2020年的重点规划中。

2. 新兴产业技术标准联盟受欢迎

新兴产业技术标准联盟是以新兴产业技术标准为桥梁、共同协作研发技术标准为目的而结成的机构，它是一种为专用性资产交易而建立的治理结构，是市场与企业、市场与政府相互融合的结果。一方面，联盟通过制定“事实标准”来弥补国际或政府法定标准的滞后性，快速反映技术发展的新要求，促进整个行业的快速发展。另一方面，联盟提供“必要专利”的认定工作，对专利所有者保证交易内容的质量和价格公正，对标准的使用者承诺无歧视许可原则。例如，第三代合作伙伴技术标准联盟（3GPP）是国际领先的制定移动宽带标准的3G技术标准联盟。它是一个知识交易网络而非知识交易平台，在这个网络中，企业作为一个小的模块存在，企业标准不干预企业具体经营，而是负责制定、维护技术所有者和使用者实践的界面联系规则。新兴产业技术标准联盟由于其技术和法律方面的专业性，能够以较低成本提供更好的服务，因此广受欢迎。

（四）标准支撑社会的发展

标准是经济活动和社会发展的技术支撑，是国家治理体系和治理能力现代化的基础性制度。鉴于此，一方面，国际标准组织针对社会需求成立不同的技术委员会；另一方面，公共政策制定机构将标准运用到各类的政策中解决社会中遇到的实际问题。

一方面，ISO多个技术委员会为社会不同领域的利益相关方提供重要的支持。例如，面对国际游客量增加的现象，ISO成立旅游业和相关服务技术委员会（ISO/TC 228）制定20多项标准，帮助公共和私营组织机构提高多方面的旅游服务（如潜水、海水浴疗、自然环境保护、探险旅游等）。又如，随着智能产品的激增与物联网的飞速发展，信息安全风险日益增加，ISO与IEC合作制定了多项信息安全管理标准，即《信息安全管理体系要求》（ISO/IEC 27001：2013）、《信息安全管理实施规程》（ISO/IEC 27002：2013）和《云端服务信息安全控制实施规程》（ISO/IEC 27017：2015）等。再如，医疗行业是全球最大的，也是发展最快的行业之一，有ISO医疗器械质量管理和通用要求技术委员会（ISO/TC 210）、ISO健康信息学技术委员会（ISO/TC 215）等20多个技术委员会为该行业提供帮助。

另一方面，公共政策制定机构在政策制定中运用标准寻求解决具体问题的方案。前BSI总裁斯考特·斯蒂德曼（Scott Steedman）在2014年《标准在城市管理服务中的角色》讲座中指出：“我们倡导将标准视为经营改进的必要工具，良好实践知识的动力和源泉，同时也是很多领域里对相关法规的有效补充。”比如，《联合国关于危险品货物运输的建议书》是联合国经济及社会理事会危险货物运输专家委员会（UNCETDG）为确保人民、财产和环境安全的需要而编写的建议书，其中许多内容参考了ISO气瓶技术委员会（ISO/TC

58）、ISO 氢技术委员会（ISO/TC 197）、ISO 低温容器技术委员会（ISO/TC 220）制定的标准。又如，澳大利亚采购和建设委员会（APCC）负责为澳大利亚政府和新西兰政府制定采购、建设和资产管理政策。2013 年，APCC 将 ISO 9001（质量管理）、ISO 31000（风险管理）、ISO 26000（社会责任）、ISO 14000（环境管理）等标准纳入《可持续采购实践指南》，为政府采购从业人员将可持续发展目标纳入采购流程提供实用的指导和建议。再如，日本政府制定的《促进环保产品和服务采购的基本政策》，在 2014 年引用了 72 项 JIS 标准（包括已在全国范围内被采用为 JIS 标准的 ISO 和 IEC 标准）作为测试和产品标准。因此，公共政策制定机构在公共政策制定中结合标准，可改进社会治理方式、优化公共资源配置，同时加强社会管理和公共服务标准化工作，促进工作机制更顺畅、标准化效益更显著。

（五）国际标准化活动竞争日趋激烈

1. 发达国家积极争夺国际标准组织话语权

在国际标准化领域，主要发达国家（美国、英国、德国、法国、日本）依然话语权强势，ISO 和 IEC 制定的国际标准中，95% 掌握在这些发达国家手里。从承担国际标准组织主席来说，这些发达国家多次承担国际标准化机构主席，比如美国共承担 4 次 ISO 主席职位，远高于其他国家。

从承担 ISO、IEC 秘书处数量来说，这些发达国家也积极承担超过 60% 的技术机构秘书处工作，截至 2017 年年初，德国在 ISO、IEC 中承担最多的技术机构秘书处工作，分别为 131、35，美国、日本、法国、英国、中国紧随其后，承担 ISO、IEC 秘书处总数分别为 134、101、97、93、81（见表 5）。从抢占 TC/SC 主席数量来说，以承担 ISO 的 TC/SC 主席数量为例，美国位以 15.9% 的占比位居第一名，其次是德国、英国、法国、日本和中国，如图 14 所示。

表 5　ISO 常任理事国承担技术机构（TC/SC）秘书处数量

序　号	国　家	ISO/IEC 技术机构秘书处总数	ISO 技术机构秘书处	IEC 技术机构秘书处
1	德　国	166	131	35
2	美　国	134	110	24
3	日　本	101	76	25
4	法　国	97	73	24
5	英　国	93	72	21
6	中　国	81	73	8
总　数		934	755	179

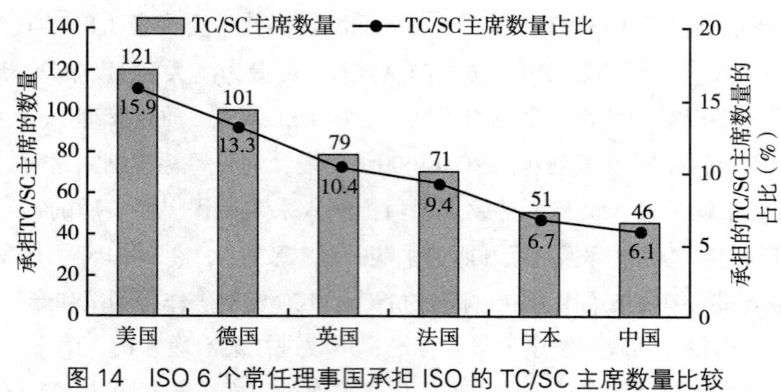

图 14　ISO 6 个常任理事国承担 ISO 的 TC/SC 主席数量比较

2. 发展中国家在国际标准化活动中软实力提高

随着发展中国家经济的发展、国家实力的整体提高，它们在三大国际标准化组织的地位有了新的变化。以中国为例，如引言所述，中国近几年取得了长足的进展，承担技术机构秘书处和主席的数量也在提高，比如中国承担 ISO 的 TC/SC 主席数量占比仅低于日本 0.6 个百分比。从实力上来说，中国在优势领域的标准制定方面具备了一定的和发达国家角逐抗衡的能力。例如机车领域在过去相当长的一段时间发展放缓，因此 2003 年，原来法国承担的 ISO 钢技术委员会铁路轨道、轨道紧固件、车轮和轮对分技术委员会（ISO/TC17/SC15）秘书处转由中国承接。然而，随着中国高铁技术蓬勃发展，机车技术发达国家德国、法国和日本意识到中国潜在的竞争，因此 2012 年，德国、法国、日本发起成立铁路应用技术委员会（ISO/TC 269），2015 年，ISO/TC 269 提出兼并 ISO/TC17/SC15 和开展其标准领域的工作。目前，ISO/TC 269 和 ISO/TC17/SC15 尚未合并而是分别独立开展工作，这也从另一个角度说明了中国在国际标准化活动中的软实力在提高。

四、标准的经济效益评价

标准作为推动产业发展、促进技术创新和规范市场经济秩序的重要手段，如何从经济学角度基于客观的量化数据对标准的经济效果进行评价，明确标准对经济发展的贡献程度，研究标准与经济增长的定量分析方法已经成为全世界标准化工作者的一项重要课题。从 20 世纪 60 年代开始，ISO 就开始关注标准化经济效益评价，从 1965 年开始，经多年研究提出了《产品国际标准化优先顺序评价》的报告，1975 年发表了《标准化经济效果》报告。世界各国也逐步重视对标准化活动产生的经济效果进行评价。英国、德国、法国、加拿大等发达国家都不同程度地对标准化经济效益评价方法进行了研究，我国也曾在相关研究基础上发布了标准化经济效益评价方面的相关国家标准，但是由于每项研究采用不同方法来衡量标准产生的影响，不容易比较不同研究所得到的成果，因此 2010 年 ISO 制定了一套用以评价和量化标准经济效益的方法论。2014 年 4 月，ISO 在新加坡举行了以“标准化效益”为主题的国际研讨会。各国代表在会议上交流了标准化效益评估工作的成果。各国都希望通过对标准的经济效益评价进一步加深全社会对标准重大作用的认识和认可，也为政府制定标准化战略和相关政策提供重要的参考依据。

（一）ISO 的标准效益评价

为向各个组织评价标准的经济效益提供统一的准则、指导原则和工具框架，ISO 在罗兰贝格（Roland Berger）管理咨询公司的支持下，制定了一套用以评价和量化标准经济效益的方法论（以下简称“ISO 方法论”）。ISO 方法论旨在为分析国家或者国际层面上的公司或组织的特定实体（诸如业务功能或者业务单元），以及整个产业领域的标准经济效益提供支持。该方法主要适用于盈利性公司，但也可以扩展至公共领域的机构。项目和研究的任何参与者均可使用该方法来评价标准的经济效益。

ISO 方法论主要回答了以下三个关键问题：标准对企业价值创造有何贡献？产业和公司的特性如何影响源于标准的企业价值创造？公司如何使标准产生的价值最大化？针对这些问题，ISO 方法论提供了一个概念性的框架及一系列工具，以便识别和量化标准对价值创造活动的影响。整个方法论基于 20 世纪 80 年代哈佛商学院迈克尔·波特教授（Michael E.Porter）提出的企业管理新概念——价值链分析。在 ISO 方法论中，公司的营运活动被细分为若干个关键的业务功能，通过分析价值链中各个业务功能的活动，以识别和量化标准对价值创造产生的贡献。评价某个组织的标准效益，需遵循以下四个步骤：一是分析价值链；二是识别标准的影响；三是确定价值驱动因素和关键营运指标；四是收集信息和衡量影响。

ISO 利用方法论于 2010 年先后开展了两次标准的经济效益全球案例研究，分析了来自 19 个不同国家不同领域关于标准经济效益的 21 个案例。每个案例首先介绍经济背景以及所选择的公司，分析产业及公司的价值链；其次识别关键价值驱动因素和公司运行中最易受标准影响的领域；最终确定公司的哪些业务功能应该被列入标准影响评价的范畴。借助营运指标反映该公司所使用标准产生的核心影响，标准的影响及其效益按其成本节约或收入增加的贡献予以量化，财务上表现为对公司息税前利润（EBIT）的贡献。

随着标准经济效益评估工作的深入，越来越多的组织和个人对标准化活动及其过程有了进一步认识，对标准可能产生的经济效益也有了进一步了解。正因如此，如何将 ISO 方法论的理论进行扩展，使其能够应用于标准非经济效益的评估逐渐成为标准效益评估领域的研究热点。标准的非经济效益是指企业在社会、环境方面的决策和活动过程中，通过部分或全部使用标准而获得的效益。

标准的非经济效益评价复杂度更高，因为需要像衡量经济绩效那样，识别和量化被评价组织在非经济成果方面的绩效；描述并量化标准对这些非经济绩效的贡献。所有组织都配有跟踪经济绩效的管理体系和会计系统，然而，在大多数情况下，定义和评估社会绩效或环保绩效的方式很有限，甚至根本不存在。因此，2013 年 6 月，ISO 启动对标准非经济效益评估方法的研究，选择中国为首个试点国家开展研究工作。国家标准委选取上海、济南、深圳的 7 家试点单位，对标准使用前后产生的社会及环境效益等非经济性指标进行了定性及定量分析，全面评估标准在社会及环境方面产生的积极影响，为实现可持续发展提供科学全面的第一手资料和积极有效的经验参考，也让中国走在标准非经济效益评估工作的世界最前沿。这七家试点单位分别是上海曙光医院、济南“12345 市民服务热线”、深圳水务局、深圳平安保险、深圳 LED 联盟、深圳气象服务中心、深圳交通运输委。

对标准的非经济效益评价也可采用 ISO 方法论，评价流程包括了解价值链、识别标准的影响、分析价值驱动因素并确定营运指标以及评价影响和计算结果。我国的标准化非经济效益评估试点工作在不同领域开展，这些案例均证明了标准为相关组织带来了社会与环境效益，促进了社会可持续发展。这些非经济效益包括：标准帮助维护市场公平性；标准帮助提高员工整体素质；标准帮助提高消费者满意度，减少客户投诉，建立良好的客户关系；标准创造良好生活环境；标准帮助减少能源消耗和有害气体排放，防止环境污染恶化等。

（二）各国的标准经济效益评价探索

1. 英国

2015 年 6 月，英国标准协会（BSI）委托英国经济与商务研究中心（CEBR）完成《标准对英国经济的贡献》报告，这是迄今为止关于标准给英国企业带来经济效益方面最全面的研究报告。报告阐述了标准在 1921 年至 2015 年期间的作用并估算了这一时期内标准对英国经济的影响，并指出仅 2013 年标准对英国经济的贡献就达 82 亿英镑。该报告从两个角度研究标准的经济贡献：一是通过研究标准对英国生产力、国内生产总值（GDP）增长以及出口影响三个方面实证分析了标准对英国经济的宏观影响；二是通过开展英国汽车、能源、航空和国防、食品和饮料制造、信息与通信技术、建筑和生命科学七大关键行业案例研究，调研和访谈了 527 家英国企业，微观分析使用标准和参与标准制定流程给单个企业带来的经济和其他效益。

2. 德国

2006 年，德国标准化协会（DIN）采用柯布—道格拉斯生产函数法对德国、奥地利、瑞士三国标准化的经济效益问题进行研究分析。柯布—道格拉斯生产函数法将标准、资本、外国专利许可证和劳动力等指标看做是研发，甚至是更广义创新活动的产物，以作为替代性科技指标来评价经济增长。利用柯布—道格拉斯生产函数经验公式计算得到各指标对德国年经济增长率的贡献率。该函数法能评价标准数量对 GDP 的贡献度，但其缺点是仅考虑标准数量的影响，且从国家层面宏观评价标准经济效益，不适用于企业标准经济效益的评价。

3. 法国

2008 年，法国标准化协会（AFNOR）采用全要素生产率法（TFP）进行标准的经济效益评价。TFP 是衡量所有要素在给定利用水平的产出量的一种方式，包括教育水平以及研发和创新能力（包括标准化）等一系列变量可以决定全要素生产率的大小，表明经济增长（国内生产总值或人均国内生产总值的增加）取决于对不同的生产要素（自然资源、工作和资本）的利用以及利用这些要素的效率。2015 年，AFNOR 委托法国经济信息预测局（BIPE）完成《标准化的经济影响研究》报告。研究表明：参与标准制定企业的经济效益得到显著提高，标委会成员企业年均产品销量多增长 20%；法国企业年均增长率为 3.3% 而标委会成员企业年均增长率为 4%。

4. 加拿大

2015 年，加拿大标准理事会（SCC）委托加拿大会议局（CBC）完成了《标准如何促进加拿大生产力和经济增长》的报告。该报告采用总生产函数法对标准数量对经济的影响进行评价。研究表明：1981 年至 2014 年，标准数量的增加对加拿大 GDP 实际增长的贡献率为 7.8%；2014 年标准带来的 GDP 增值高达 910 亿加元，而且还使劳动生产力提高了 16.1%。

五、趋势与展望

随着经济全球化的发展，标准化工作越来越受到国际社会的关注。ISO 以及各成员国纷纷出台标准化战略规划，我国也紧跟时代发展的潮流。2015 年 12 月，国务院印发了《国家标准化体系建设发展规划（2016—2020 年）》，以推动实施标准化战略，加快完善标准化体系，提升我国标准化水平。该规划提出到 2020 年，基本建成支撑国家治理体系和治理能力现代化的具有中国特色的标准化体系。此外，国务院在 2015 年发布《深化标准化工作改革方案》，对我国的标准化工作提出了总体目标："建立政府主导制定的标准与市场自主制定的标准协同发展、协调配套的新型标准体系，健全统一协调、运行高效、政府与市场共治的标准化管理体制，形成政府引导、市场驱动、社会参与、协同推进的标准化工作格局，有效支撑统一市场体系建设，让标准成为对质量的'硬约束'，推动中国经济迈向中高端水平。"

当今形势下，国际标准组织间加强合作以制定统一的标准是国际社会、经济、科技发展无可避免的主流趋势。因此，我国应积极参与国际标准化工作，并与英国、法国、德国等国家建立中英、中法、中德标准化合作委员会。为顺应国际标准发展变化的大趋势，我国应做出相应的调整与完善，以更深入地参与国际标准化活动，巩固和深化已有的成果与地位。在深化改革的同时，我国也将充分发挥"标准化 +"效应，并借助"一带一路"发展契机实现标准促进世界互联互通。

参考文献

［1］ ABNT Website［EB/OL］. http//www.abnt.org.br.
［2］ AFNOR Website［EB/OL］. http//www.afnor.org.
［3］ ARSO Website［EB/OL］. http://www.arso-oran.org/.
［4］ BSI Website［EB/OL］. https://www.bsigroup.com/.
［5］ BSN Website［EB/OL］. http://www.bsn.go.id/.
［6］ CEN Website［EB/OL］. http//www.cen.eu.
［7］ CENELEC Website［EB/OL］. http//www.cenelec.eu.
［8］ COPANT Website［EB/OL］. http://www.copant.org.
［9］ DIN Website［EB/OL］. http//www.din.de.
［10］ GOST Website［EB/OL］. http://www.gost.ru.
［11］ IEC Website［EB/OL］. http//www.iec.ch.
［12］ ISO Website［EB/OL］. http//www.iso.org.
［13］ ISO Website［EB/OL］. https://www.iso.org/benefits-of-standards.html.
［14］ ITU Website［EB/OL］. http://www.itu.int.
［15］ JISC Website［EB/OL］. http//www.jisc.go.jp.
［16］ JSMO Website［EB/OL］. http//www.jsmo.gov.jo.
［17］ KATS Website［EB/OL］. http//www.kats.go.kr.
［18］ PASC Website［EB/OL］. http://www.pasc-ch.org/.
［19］ SCC Website［EB/OL］. http://www.scc.ca/.
［20］ 3GPP Website［EB/OL］. http://www.3gpp.org/.
［21］ ISO. Using and referencing ISO and IEC standards to support public policy［R］. 2016.
［22］ ZSO/TC207/SC1 ISO 14001：2015 让环境管理成为焦点［J］. ISO 焦点，2015（113）：23-29.
［23］ 卜海，高圣平，王玉英，等. 国内外标准经济效益评价方法现状及发展趋势［J］. 石油工业技术监督，2015，31（7）：15-17.
［24］ 陈春晖. 高技术产业技术标准联盟优势研究［D］. 长沙：湖南大学，2007.
［25］ 仇宝兴. 中国智慧城市发展研究报告（2012—2013 年度）［M］. 北京：北京建筑工业出版社，2013.
［26］ 标准为你服务［J］. ISO 焦点，2015（116）：22-23.
［27］ 格雷·兰伯特. 引领全球协作 应对气候变化［J］. ISO 焦点，2016（114）：6-15.
［28］ 广州市标准化研究院. 国外低碳发展战略研究系列报告（简版）［R］. 广州，2012.
［29］ 国际能源署（IEA），BIO Intelligence Service，世界卫生组织（WHO），McKane. 清洁能源的未来解决方案［J］. ISO 焦点，2016（119）：24-25.
［30］ 国务院关于印发“十三五”国家战略性新兴产业发展规划的通知［EB/OL］.［2017-04-25］. http://www.gov.cn/zhengce/content/2016-12/19/content_5150090.htm.
［31］ 黄丽敏. 欧盟采用旨在 2020 年底前碳强度下降 6% 的低碳燃料标准［J］. 石油炼制与化工，2015（1）：24-24.
［32］ 深圳市市场监督管理局，深圳市标准技术研究院编译. 标准的经济效益：全球案例研究［M］. 北京：中国标准出版社，2012.
［33］ 深圳市市场监督管理局，深圳市标准技术研究院译. 标准的经济效益：ISO 方法论 2.0 版［M］. 北京：中

国标准出版社，2013.
[34] Elizabeth Gosiorowski-Denis．物联网将如何改变我们的生活［J］．ISO 焦点，2016（118）：6–13.
[35] Niget Croft．新版 ISO 9001 闪亮登场［J］．ISO 焦点，2015（113）：6–13.
[36] 阳光沙滩　碧海蓝天　感受西班牙的优质旅游服务［J］．ISO 焦点，2015（116）：32–35.
[37] 杨锋，黄果．ISO 37120 治理指标在我国的应用研究［J］．中国经贸导刊，2016（6）：34–37.
[38] 杨锋，刘俊华，刘春青．新型城镇化背景下的城市可持续发展研究［J］．标准科学，2013（6）：10–13.
[39] 杨锋，任雪佳，邢立强，等．智慧城市标准化发展研究［J］．中国经贸导刊，2014（6）：4–13.
[40] 伊丽莎白·加西洛夫斯基－丹尼斯．炉灶挑战［J］．ISO 焦点，2016（114）：16–21.
[41] 伊丽莎白·加西洛夫斯基－丹尼斯．提升建筑能效　带来超值回报［J］．ISO 焦点，2016（119）：6–13.
[42] 张晓刚．国际标准化的发展与“中国制造”演讲［R］．包头市，2017.
[43] 张晓刚．战略新起点［J］．ISO 焦点，2016，（114）：2–3.
[44] 中国标准化研究院．智慧城市标准化研究报告［R］．北京：2013.
[45] 中国电子技术标准化研究院．中国智慧城市标准化白皮书［R］．北京：2013.
[46] 中国标准化记者．专访英国标准协会总裁斯考特·斯蒂德曼博士［J］．中国标准化（海外版），2014（4）：12–23.

撰稿人：黄曼雪　陈展展

管理体系标准研究最新进展

一、引言

所谓管理体系是指组织建立方针和目标以及实现这些目标的过程的体系，而体系是指相互关联或相互作用的一组要素（ISO/IEC Directives，Part1—Consolidated ISO Supplement—Procedures specific to ISO，2016，7th）。对各种管理体系规定要求及其实施、审核指南的一系列标准称为管理体系标准。这些管理体系标准涉及质量管理体系、环境管理体系、能源管理体系、风险管理体系、社会责任管理体系、社会安全—业务持续性管理体系、安全管理体系—防欺诈和控制、道路交通安全管理体系、食品安全管理体系、承诺管理体系、记录管理体系、反贿赂管理体系、创新管理体系以及资产管理体系等。目前，国际上应用最广泛的管理体系标准就是ISO 9000族质量管理体系标准。本专题报告将着重介绍质量管理体系标准的最新变化，并介绍管理体系标准的最新进展。

二、主要管理体系标准介绍

（一）质量管理体系标准

1. 质量管理体系标准的由来和发展

质量管理经由检验质量管理阶段、统计质量管理阶段到全面质量管理阶段，积累了比较丰富的实践经验，形成了初步成熟的理论，步入标准化质量管理的时机逐渐成熟。1979年，ISO成立了第176技术委员会，即ISO/TC 176，负责制定质量管理和质量保证领域的国际标准及相关文件。ISO/TC 176的愿景是："打造动态的ISO 9000生态系统，提供世界级的质量管理体系标准、相关出版物和其他支持性资源，以满足市场需求，得到积极、有效的结果，使得用户满意”；使命是：“作为致力于ISO标准制定组织的成员，ISO/TC 176将通过创新、改进和维护由自愿性质量管理体系标准、相关出版物和其他支持性资源所组成的生态系统，不断增强ISO 9000组合，从而使得所有国家和经济行业采纳，以满足全球各类组织的需求。鼓励成员国提供来自各方面的、具有质量管理体系实践和制定国际标准经验的专家参与ISO/TC 176的活动。ISO/TC 176也将与那些经认可的专业组织建立联络，以寻求其咨询、建议和参与。努力确保ISO 9000组合的相关性，以支持所有组织的持续成功，并在世界范围不断培育ISO 9000品牌。确保及时制定和宣传标准相关出版物，以反映质量管理的最新实践（ISO/TC 176 Strategic Plan，2010 Planning Cycle，revised in 2013）。”

1986年，ISO/TC 176发布了ISO 8402《质量管理和质量保证　术语》标准；1987年发布了ISO 9000《质量管理和质量保证标准　选择和使用指南》、ISO 9001《质量体系　设计、开发、生产、安装和服务的质量保证模式》、ISO 9002《质量体系　生产、安装和服务的质量保证模式》、ISO 9003《质量体系　最终检验和试验的质量保证模式》以及ISO 9004《质量管理和质量体系要素　指南》。这6项国际标准通称为ISO 9000系列标准，或称为1987版ISO 9000系列国际标准。1990年，第176技术委员会开始对ISO 9000系列标准进行修订，于1994年发布了1994版ISO 8402、ISO 9000-1、ISO 9001、ISO 9002、ISO 9003和ISO 9004-1等6项国际标准，通称为1994版ISO 9000族标准。这些标准分别取代1987版6项ISO 9000系列标准。随后，ISO 9000族标准进一步扩充到包含27个标准和技术文件的标准家族。

后来，ISO/TC 176又对1994版的ISO 9000族标准进行了修订，并于2000年底发布了2000版的ISO 9000族标准。

在2004年ISO/TC 176年会上，ISO/TC 176认可了有关修正ISO 9001：2000的论证报告，并决定成立项目组（ISO/TC 176/SC2/WG 18/TG 1.19），对ISO 9001：2000进行有限修正。

2008版的ISO 9001标准经过工作组草案（WD）、委员会草案（CD）、国际标准草案（DIS）和最终国际标准草案（FDIS）阶段，已于2008年11月15日正式发布。ISO和国际认可论坛（IAF）认为ISO 9001：2008标准没有引入新的要求，只是根据世界上170个国家大约100万个通过ISO 9001认证的组织的8年实践，更清晰、明确地表达ISO 9001：2000的要求，并增强与ISO 14001：2004的相容性。

2012年，ISO/TC176开始修订ISO 9000：2005《质量管理体系基础和术语》、ISO 9001：2008《质量管理体系要求》，于2015年9月15日发布了ISO 9000：2015《质量管理体系基础和术语》、ISO 9001：2015《质量管理体系要求》，我国等同转换为GB/T 19000—2016《质量管理体系　基础和术语》、GB/T 19001—2016《质量管理体系要求》。

2. 质量管理体系标准的现状

ISO/TC 176归口的现行标准和文件见表6，ISO/TC 176正在制修订的标准和文件见表7。

表 6　ISO/TC176 归口的现行标准和文件

编　号	名　称	版　次	发布日期
ISO 9000：2015	质量管理体系—基础和术语	第 4 版	2015–09–15
ISO 9001：2015	质量管理体系—要求	第 5 版	2015–09–15
ISO/TS 9002：2016	质量管理体系—ISO 9001：2015 应用指南	第 1 版	2016–10–31
ISO 9004：2009	追求组织的持续成功—质量管理方法	第 3 版	2009–11–01
ISO 10001：2007	质量管理—顾客满意—组织行为规范指南	第 1 版	2007–12–01
ISO 10002：2014	质量管理—顾客满意—组织处理投诉指南	第 2 版	2014–07–15
ISO 10003：2007	质量管理—顾客满意—组织外部争议解决指南	第 1 版	2007–12–01
ISO 10004：2012	质量管理—顾客满意—监视和测量指南	第 1 版	2012–09–15
ISO 10005：2005	质量管理—质量计划指南	第 2 版	2005–06–01
ISO 10006：2003	质量管理—项目质量管理指南	第 2 版	2003–06–15
ISO 10007：2003	质量管理—技术状态管理指南	第 2 版	2003–06–15
ISO 10008：2013	质量管理—顾客满意—商家对消费者电子交易指南	第 1 版	2013–06–01
ISO 10012：2003	测量管理体系—测量过程和测量设备的要求	第 1 版	2003–04–15
ISO/TR 10013：2001	质量管理体系—文件指南	第 1 版	2001–07–15
ISO 10014：2006	质量管理—实现财务和经济效益的指南	第 1 版	2006–07–01
ISO 10015：1999	质量管理—培训指南	第 1 版	1999–12–15
ISO/TR 10017：2003	ISO 9001：2000 统计技术指南	第 2 版	2003–05–15
ISO 10018：2012	质量管理—人员参与和能力指南	第 1 版	2012–09–01
ISO 10019：2005	质量管理体系咨询师的选择及其服务使用的指南	第 1 版	2005–01–05
ISO/TS 16949：2009	质量管理体系—汽车生产件及相关维修零件组织应用 ISO 9001：2008 的特别要求	第 3 版	2009–06–15
ISO/TS 17582：2014	质量管理体系—各级选举组织应用 ISO 9001：2008 特定要求	第 1 版	2014–02–15
ISO 18091：2014	质量管理体系—地方政府应用 ISO 9001：2008 指南	第 1 版	2014–02–15
ISO 19011：2011	管理体系审核指南	第 1 版	2011–11–15

表 7　ISO/TC 176 正在制修订的标准和文件

编　号	名　称	版　次	制修订阶段
ISO 9004	追求组织的持续成功—质量管理方法	第 4 版	CD
ISO 10001	质量管理—顾客满意—组织行为规范指南	第 2 版	NP
ISO 10002	质量管理—顾客满意—组织处理投诉指南	第 3 版	NP
ISO 10003	质量管理—顾客满意—组织外部争议解决指南	第 2 版	NP
ISO 10004	质量管理—顾客满意—监视和测量指南	第 2 版	NP

续表

编　号	名　称	版　次	制修订阶段
ISO 10005	质量管理—质量计划指南	第3版	CD
ISO 10006	质量管理—项目质量管理指南	第3版	CD
ISO 10007	质量管理—技术状态管理指南	第3版	DIS
ISO 10015	质量管理—培训指南	第2版	NP
ISO 10018	质量管理—人员参与和能力指南	第2版	NP

3. 质量管理体系标准的特点

质量管理体系是帮助组织提高整体绩效、引导组织走向卓越的关键因素。ISO 9000族标准是基于质量管理原则制定的，这些质量管理原则是世界各国质量管理和质量保证经验的高度概括，体现了现代质量管理的理念、思想和意识。因此，ISO 9000族标准可用于帮助组织建立一个正规的、与其经营系统紧密结合的质量管理体系。

（1）采用质量管理体系是组织的一项战略性决策。对于一个组织来说，按照ISO 9001标准建立、实施、保持和改进质量管理体系是一项重大的、全局性的和战略性的决策，涉及与体系所覆盖产品和服务的相关部门和所有过程。

（2）ISO 9000族标准能适用于各种组织的管理和运作。ISO 9000族标准使用了过程导向的模式，以一个大的过程描述所有的产品和服务，将过程方法用于质量管理，将顾客和有关相关方的需要作为组织的输入，再对顾客和有关相关方的满意程度进行监控，以评价顾客或其他相关方的要求是否得到满足。这种过程方法模式可以适用于各种组织的管理和运作。

（3）将质量管理与组织的管理过程联系起来。ISO 9000族标准强调过程方法的应用，即系统识别和管理组织内所使用的过程，特别是这些过程之间的相互作用，将质量管理体系的方法作为管理过程的一种方法。

（4）强调对组织整体绩效的提高。ISO 9000族标准将改进作为质量管理体系的基础之一。改进的最终目的是提高组织的有效性和效率。它包括改善产品和服务的特征和特性、提高过程有效性和效率。

（5）强调持续的顾客满意是推进质量管理体系的动力。由于顾客的需求和期望在不断地变化，是永无止境的，因此顾客满意是相对的、动态的。这就促使组织持续改进其产品、服务和过程，以达到持续的顾客满意。

（6）基于风险的思维。基于风险的思维是实现质量管理体系有效性的基础。以前的版本已经隐含基于风险思维的概念，组织需策划和实施应对风险和机遇的措施来应对风险和机遇，为提高质量管理体系有效性、获得改进结果以及防止不利影响奠定基础。

（7）质量管理体系标准与其他管理体系系列标准具有更好的兼容性。本标准采用ISO

制定的管理体系标准框架，以提高与其他管理体系标准的协调一致性。使用过程方法，并结合 PDCA 循环和基于风险的思维，将其质量管理体系与其他管理体系标准要求进行协调或一体化。

（8）质量管理体系标准考虑了所有相关方利益的需求。每个组织都会有几种不同的相关方，除顾客外，组织的其他相关方包括组织的员工、所有者或投资者、供方或合作伙伴、社会等。针对所有相关方的需求实施并保持持续改进其业绩的质量管理体系，可使组织获得成功。

4. 质量管理体系标准的作用

质量管理体系是组织在质量方面的管理体系，包括组织确定的目标，以及为获得所期望的结果而确定的过程和资源。实施质量管理体系标准的益处体现在以下几个方面：

（1）获得 ISO 9001 标准认证的预期结果。根据国际认可论坛（IAF）和 ISO 发布的《经认可的 ISO 9001 认证的预期结果》公告，ISO 9001 标准的实施和认证将被期望：

1）已建立了适宜于其产品和服务以及过程的质量管理体系。

2）分析并理解顾客、有关相关方的需求和期望以及关于其产品和服务的相关法律法规和监管要求。

3）确保产品和服务特性已得到明确，以确保满足顾客和有关相关方要求，以及法律法规和监管要求。

4）已确定了实现预期结果（合格的产品和服务以及顾客满意）所需的过程，并对之进行管理。

5）已确保为这些过程的运作和监视提供必需的资源。

6）对所确定的产品和服务特性进行监测和控制。

7）以预防不符合为目标，并具有系统的改进过程，以纠正发生的不符合、分析不符合原因并采取纠正措施、处理顾客投诉。

8）已实施有效的内部审核和管理评审过程。

9）监视、测量和持续改进其质量管理体系的有效性。

（2）获得潜在收益。质量管理体系包括为实现其价值以及相关方的要求所需要的相互作用的过程和资源，能够使最高管理者通过考虑其决策的长期和短期影响而优化资源的利用，并在提供产品和服务方面，针对预期和非预期的结果确定所采用的措施。因此，组织实施质量管理体系标准，能够持续提供符合顾客要求以及适用法律法规要求的产品和服务；促成增强顾客满意的机会；应对与其环境和目标相关的风险和机遇；通过策划、运行质量管理体系过程，监视和改进质量管理体系绩效，证实符合规定的质量管理体系要求。

（3）获取内外部信任。质量管理体系标准可以在组织的内部和外部使用，能够针对提供持续满足要求的产品和服务向组织及其顾客提供信任。组织具有一个符合 ISO 9001 要求的质量管理体系而提供内部和外部的信任。因为组织实施质量管理体系标准，能够稳定提供符合要求的产品和服务，满足顾客要求和法律法规要求，能够发现不断满足顾客和有关相关方要求的改进机会，增强顾客满意，应对与组织环境、目标有关的风险和机遇，证实符合质量管理体系要求的能力。《经认可的 ISO 9001 认证的预期结果》公告明确指出：获得质量管理体系认证的组织，在所确定的认证范围内，稳定地提供满足顾客要求和适用法律法规要求的产品和服务，并以提高顾客满意度为目标。

（4）质量管理体系要求是对产品和服务要求的补充。质量管理体系给出了一种方法，在产品和服务提供方面，针对预期和非预期的结果确定所采取的措施。因此，质量管理体系要求是对产品和服务要求的补充。质量管理体系标准的要求与产品和服务标准的要求是不同的，质量管理体系标准的要求是通用的，适用于所有行业的各类组织，无论其提供何种类型的产品和服务；产品要求是针对产品特性的描述，服务要求是针对服务特性的表述，都是具体产品和服务的特定要求，不具备通用性。

（二）其他领域的管理体系标准

自 ISO 正式发布 ISO 9000《质量管理体系》标准以来，还发布了其他领域的管理体系标准，例如 ISO 14000《环境管理体系》标准、ISO 22000《食品安全管理体系》标准、ISO 22301《社会安全管理体系》标准、ISO/IEC 27001《信息安全管理体系》标准、ISO 28000《供应链安全管理体系》标准、ISO 30301《记录管理体系》标准、ISO 39001《道路交通安全管理体系》标准、ISO 50001《能源管理体系》标准、ISO 31000《风险管理体系》标准以及 ISO 26000《社会责任管理体系》标准等。管理体系标准的领域涉及质量、安全、通用管理等多个领域。繁衍出如此之多的管理体系标准与国际标准化宗旨是不一致的。ISO 发展战略之一就是制定协调一致的多领域全球相关的国际标准。从企业整体出发，如果能用一种认证涵盖多种形式的认证要求，使用一种标准建立一体化管理体系，无疑会大大降低企业生产成本，提高有效性和效率。因此，ISO 多年来一直努力开拓一体化的工作。

2003 年的 ISO 大会做出决议，要求 ISO 技术管理局会同 TC 176 和 TC 207 主席考虑未来管理体系标准的制定工作。ISO 技术管理局于 2007 年成立了管理体系标准联合技术协调组（ISO/TBM/TAG 13–JTCG），成员包括制定管理体系标准的 TC（ISO/TC 176 质量管理和质量保证、ISO/TC 207 环境管理、ISO/TC 34 食品、ISO/TC 8 造船和船舶技术、ISO/IEC/JTC1/SC 27 信息技术 / 安全技术等）的主席、秘书等相关人员，制定了《ISO/IEC 导则，第 1 部分，ISO 综合补充规定—ISO 的特定程序，2016 》（ISO/IEC Directives，Part 1，Consolidted ISO Supplement—Procedures specific to ISO，2016）附录 SL（规范性）《管理体系标准提案》。这里所指的管理体系标准是为组织提供要求和指南的标准，这些要求和指南可以帮助组织系统地管理方针、过程和程序以达到特定目的。具体见表 8。

表 8　采用高层结构的管理体系标准

标准编号	标准名称	标准领域
ISO 9001：2015	质量管理体系—要求	质量
ISO 19443	质量管理体系—核能领域供应链组织应用 ISO 9001 的特定要求和 IAEA GS–R 要求	质量、环境和能源
ISO 21001	教育组织管理体系—要求和使用指南	质量
ISO 18788：2015	个人安全操作管理体系—要求和使用指南	安全
ISO 22000	食品安全管理体系—食品链组织的要求	安全
ISO 22301：2012	社会安全—业务持续性管理体系—要求	安全
ISO 22313：2012	社会安全—业务持续性管理体系—指南	安全
ISO 24518：2015	与饮用水和废水服务相关的活动—水务组织的危机管理	安全、服务
ISO 34001.4	安全管理体系—防欺诈和控制	安全
ISO 35001	实验室生物风险管理体系—要求	安全
ISO 39001：2012	道路交通安全管理体系—要求和使用指南	安全
ISO 45001	职业健康安全管理体系—要求和使用指南	安全
ISO 44001：2017	合作业务关系管理—框架	综合管理
ISO 19600：2014	合规管理体系—指南	综合管理
ISO 30301：2011	信息和文档—记录管理体系—要求	综合管理
ISO 37001：2016	反贿赂管理体系—要求和使用指南	综合管理
ISO 37101：2016	社区的可持续发展—可持续发展管理体系—要求和使用指南	综合管理
ISO 41011	设施管理—整合管理体系—要求和使用指南	综合管理、行业
ISO 50501	创新管理—创新管理体系—指南	综合管理
ISO 55001：2014	资产管理—管理体系—要求	综合管理
ISO 55002：2014	资产管理—管理体系—应用 ISO 55001 指南	综合管理
ISO 14001：2015	环境管理体系—要求和使用指南	环境和能源
ISO 14004：2016	环境管理体系—实施通用指南	环境和能源
ISO 14298：2013	图形技术—安全印刷过程的管理	行业
ISO 20121：2012	事件可持续管理体系—要求和使用指南	服务
ISO 21101：2014	探险旅游—安全管理体系—要求	服务
ISO 24526	水效能管理体系—要求和使用指南	服务
ISO/IEC 27001：2013	信息技术—安全技术—信息安全管理体系—要求	信息技术
ISO/IEC 27010：2015	信息技术—安全技术—部门内和组织内沟通信息安全管理	信息技术

注：未标注年代号的标准处于制修订过程中。

三、管理体系标准的最新发展

（一）新一代的 ISO 管理体系标准

自 1987 年第一个 ISO 9001《质量管理体系》标准发布以来，“管理体系方法”的概念已被应用于许多其他领域或组织业务活动的各个方面，如环境、信息安全、食品安全和职业健康和安全。这些标准是非常重要且最为广泛应用的 ISO 标准。所有这些标准都是基于 PDCA（计划、实施、检查、处置）方法，因此它们之间是相互兼容的，但是却并不真正一致。随着管理体系标准数量的增多以及应用多个管理体系标准的组织数量的增加，ISO 意识到这些标准需要具备更强的一致性，但也意识到有必要根据这些组织的职能及其目标以及所处的不断变化的业务环境修订这些标准。这使得 ISO 管理体系具备了新的体系结构和通用术语、核心定义的基础。因此，ISO 制定了《ISO/IEC 导则，第 1 部分，ISO 综合补充规定——ISO 的特定程序，2016》（ISO/IEC Directives，Part 1，Consolidted ISO Supplement—Procedures specific to ISO，2016）附录 SL（规范性）《管理体系标准提案》，规定了有关管理体系标准项目合理性论证的过程和准则、管理体系标准起草过程指南以及管理体系高层结构、通用术语和核心定义等内容，要求所有新的管理体系标准项目或修订现行的管理体系标准项目都应遵循该导则。

1. 管理体系的实质

根据《ISO/IEC 导则，第 1 部分，ISO 综合补充规定—ISO 的特定程序，2016》附录 SL、附件 2，3.4 条款中给出的定义，管理体系是指组织建立方针和目标以及实现这些目标的过程的相互关联或相互作用的一组要素。一个管理体系可以针对单一的领域或几个领域，如质量管理、财务管理或环境管理。管理体系要素规定了组织的结构、岗位和职责、策划、运行、方针、惯例、规则、理念、目标，以及实现这些目标的过程。管理体系的范围可能包括整个组织，组织中可被明确识别的职能或可被明确识别的部门，以及跨组织的单一职能或多个职能。

也就是说，管理体系是确保实现方针承诺和业务目标，从而实现组织绩效的一种手段。这些承诺和目标可能依据不同方面如财务、质量和环境、安全和社会重要性而不同。组织有责任确定其方针和目标，但是，与此同时也应该考虑其运营环境以及外部和内部相关方的需求和期望。这可能受限于政府（法律要求）和顾客（与产品和服务相关的要求），但是现在也包括越来越多的利益相关方，这些利益相关方同样也想知悉组织是如何考虑并实现其需求和期望的。所有组织都采用管理体系中的一些形式，否则，他们将无法实现其业务目标或无法实现持续的改进。它们通常是基于所谓的 PDCA 循环。这个循环中的各阶段可以简要描述如下：

（1）策划（P）：根据相关方的要求和组织的方针，建立体系的目标及其过程，确定实现结果所需的资源，并识别和应对风险和机遇。

（2）实施（D）：执行所做的策划。

（3）检查（C）：根据方针、目标、要求和所策划的活动，对过程以及结果进行监视和测量（适用时），并报告结果。

（4）处置（A）：必要时，采取措施提高绩效。

针对 ISO 管理体系标准中具体的领域，增加、具体和明确了 PDCA 循环。例如：针对质量管理的 ISO 9001 标准、针对环境管理的 ISO 14001 标准、针对能源管理的 ISO 50001 标准和针对职业健康与安全管理的非 ISO 标准 OHSAS18001。这些标准为组织提供了如何在开展业务的同时顾及各具体方面的一套详细规定。除这些标准所依据的良好规范之外，它们还为保证业务流程内部和外部利益相关方的充分管理提供了可能性。在许多情况下，这种保证不仅仅是基于内部审核结果和管理评审的，而且还基于独立的第三方对管理体系的认证。虽然这些管理体系标准彼此不同，但是它们都被视为管理特定风险类别和相关合规性的工具。

2. 管理体系标准的一致性

日益增多的具有不同结构和体系要素的管理体系标准给综合应用多项标准的组织带来了问题。因此，ISO 于 2012 年决定，所有 ISO 管理体系标准都应基于相同的结构和要素以及一些相同的核心要求。这就是管理体系标准所谓的高层结构（High Level Structure），使这些标准一致化和易于整合。高层结构为组织的核心管理体系提供要求，功能类似于计算机的操作系统。它使组织能够满足所有基本功能。标准可以和程序一样是"插入"的，以确保系统可以为特定方面（如质量、环境、职业健康安全、信息安全等）充分运转，并且可以形成一个特定管理学科的体系认证的基础。通用指南也可以是插入式的，如针对风险管理的 ISO 31000 标准和针对合规管理的 ISO 19600 标准。组织也可以利用这些指南提高通用管理主题的整个体系，也可以应用行业特定的要求或指南标准（如针对汽车行业的质量管理标准）以及针对体系特定要素的指南标准（如管理体系审核）。

3. 管理体系标准能够使得横向和纵向管理一体化

随着高层结构的引入，ISO 实际上指定了适用于所有类型和规模的组织以及管理所有类型风险和合规义务的通用管理体系的要素。高层结构的要素也应被视为组织整体管理框架的组成部分。高层结构也为横向和纵向的管理因素一体化提供了更好的选择。

高层结构的条款要求最高管理者确保管理体系的方针和目标与组织的战略意图一致，并且将管理体系要求整合到业务流程中，还可以将横向和纵向的管理因素一体化。

（1）横向管理因素一体化意味着根据组织的环境及发展、相关方的需求和期望对成功的业务运作各关键方面进行评估和处理的综合方法。

（2）纵向管理因素一体化意味着组织的战略与运作之间的联系。在战略层面，组织环境的分析被转化为组织的战略和方针，并作为业务活动的框架。在管理评审的过程中，最高管理者评审运作层面的 PDCA 循环是否有效以及是否有助于组织的成功和实现其战略和方针。从战略到运作：从做正确的事情到正确地做事情。纵向一体化中的人为因素应特别关注高层结构中为最高管理者设置的要求（领导和承诺），明确分配岗位、责任和权限（组织结构）并确保意识、能力和沟通过程（支持）。从运作层面到战略层面的反馈机制也是十分重要的，此反馈回路由运作绩效评价的结果（特别是内部审核的结果）组成，作为管理评审过程的输入。

4. ISO 管理体系一体化的附加值

高层结构为所有管理体系标准提供了共同的基础，因此也提供了这些管理体系一体化的通用方法。当一个组织将高层结构作为核心管理模式时，它就具有一个基本的管理体系，可逐步扩展至所有领域及部门，以满足具体相关方的需求和期望。高层结构的实施意味着：将通用管理流程融入体系中；在组织所处的环境中，其相关方的需求和期望以及其业务流程的监控之间存在明确的联系；组织的战略和业务水平之间存在明确的联系。这有助于组织对其所有风险和机遇以及合规性、其方针目标以及其业务范围等方面进行综合管理。高层结构及其说明见表 9。

表 9　高层结构及其说明

高层结构的主要条款	各主要条款的分条款	说　明
组织环境	· 理解组织及其环境 · 理解相关方的需求和期望 · 确定管理体系的范围 · 建立、实施和保持管理体系	当组织制定其战略，开始一项新的活动，打算开发一种新产品或服务，或者计划将其业务扩展至一个新的国家时，它将对其所处环境的各种因素进行分析。这包括识别可能影响实现其方针和目标以及相关方需求和期望的因素。可以采取 SWOT（S—优势、W—劣势、O—机会、T—威胁）分析表，该表为更详细的业务风险评估提供了相关的背景信息。基于此信息，组织还可以确定其管理体系的范围和过程安排的详尽程度
领导	· 领导作用和承诺 · 方针 · 组织的岗位、职责与权限	任何公司及其具体业务的成功都取决于最高管理者的承诺以及其指挥和控制组织的方式。最高管理者负责提供资源，包括达到特定目标所需的人力资源。组织可以通过制定方针表达其实现特定的目标的承诺。方针也为制定更为具体的目标提供了框架。组织的岗位、职责和权限的分配为管理组织业务的各个方面提供了依据
策划	· 应对风险和机遇的措施 · 目标及其实现的策划	当策划具体活动和业务时，组织应考虑所处环境分析得出的信息并评估所涉及的风险和机遇，确定欲实现预期结果和目标所需应对的风险，防止或减少不良影响。确定目标和安排，以部署方针和兑现承诺也是策划的一部分

续表

高层结构的主要条款	各主要条款的分条款	说　明
支持	·资源 ·能力 ·意识 ·沟通 ·成文信息	如果没有充足的资源（如财务、基础设施、设备）和胜任的相关人员，策划得再好的任务都不能达到预期的目标。因此，支持活动是管理体系的重要组成部分。支持还包括内部和外部的沟通以及建立、保持和控制相关成文信息（书面文件）。组织应具有适当的书面文件；所需范围将取决于组织的规模和复杂性，其人员的能力，组织业务所涉及的风险等
运行	·运行的策划和控制	组织的业务活动、生产和服务交付过程都需要进行策划和控制。业务风险评估的结果以及适用的法律法规和其他要求都应在策划和实施控制时充分考虑。控制可以是技术性的（如防止安全或环境事故）、程序性的（工作说明）、受过良好训练的人员和其他。控制的目的是过程可在适用的安全、环境条件内下实现其预期的结果。业务控制和影响可以扩展至组织外部，如供方和顾客。业务控制还包括对紧急情况的应对
绩效评价	·监视、测量、分析和评价 ·内部审核 ·管理评审	对于评价过程是否能按照策划执行并同时满足适用的要求以及是否达到目标，监视和测量活动是非常重要的。监视、内部审核和管理评审之间是有区别的。所有这些过程的目的是评价组织以及所应用的管理体系是否能成功地实现其方针承诺和业务目标
改进	·不合格和纠正措施 ·持续改进	当监视和测量或审核显示业务未按照策划实施或者结果与策划或期望偏离时，组织应采取措施，以防止不符合项再次发生。监视和测量、审核以及管理评审的信息用于不断寻求改进组织绩效的机遇

（二）新版 ISO 9001 标准的主要变化

1. ISO 9001 修订的基本情况

（1）ISO 9001 修订过程。2012 年年初，ISO/TC 176/SC 2 成立了 WG24（第 24 工作组），负责修订 ISO 9001：2008《质量管理体系 要求》标准。该工作组要求每个成员国推荐 2 名注册专家，按照《ISO/IEC 导则第 1 部分，ISO 综合补充规定—ISO 的特定程序，2016》附录 SL 的相关规定修订 ISO 9001 标准。2012 年 6 月在西班牙毕尔巴鄂召开第一次会议，形成修订 ISO 9001 的新工作项目建议。2012 年 11 月在俄罗斯圣彼得堡召开第二次会议，形成工作组草案。2013 年 3 月在巴西贝洛哈里桑塔召开第三次会议，形成委员会草案。2013 年 11 月在葡萄牙波尔图召开第四次会议，针对各成员国组织提交的 127 条总体意见和 2809 条具体意见进行评议，决定是否采纳，并根据评议结果，对 ISO/CD 9001 进行修改。由于意见较多，经对许多部分重新起草，于2013年12月7日形成ISO/CD 9001临时工作组草案，各位起草组成员针对此临时工作组草案提出了1396条意见（其中58条为总体意见，其他为具体意见）。2014年3月在法国巴黎召开了第五次会议，针对ISO/CD 9001临时工作组草案提出的1396条意见进行了评议，并在此基础上起草国际标准草案（ISO/DIS 9001）。2014年7月10日至10月10日，各成员国对ISO/DIS 9001进行投票，64票同意，8票反对（加拿大、芬兰、德国、爱尔兰、以色列、日本、南非、美国），批准ISO/DIS 9001进入最终国际标准草案（FDIS）阶段，并征集了3114条意见，其中1300条为总体意见，其他为具体意见。2014年11月15日至11月21日在爱尔兰高威举行第六次会议，对这些意见进行评议，在此基础上形成最终国际标准草案（ISO/FDIS 9001）初稿。2015年2月在立陶宛维尔纽斯召开第七次会议，形成最终国际标准草案。2015年7月9日至9月9日，对ISO/FDIS 9001标准进行投票表决，2015年9月15日，ISO 9001：2015《质量管理体系 —要求》标准正式发布。

（2）修订ISO 9001的设计规范的主要内容。

1）介绍。设计规范给出了修订ISO 9001的原则和总体期望，并没有列出标准中的具体条款或要求。只是在ISO/TC176/SC2成员国及ISO/TC176/SC2/WG24中沟通下列内容：①修订的目的及战略意图；②有关新标准的目的和修订过程范围的清晰界定。

该设计规范由ISO/TC176/SC2制定，并负责评审及修订。

修订过程的时间框架一经ISO/TC176/SC2批准，WG24将按照该时间框架实施修订过程，其他相关标准也应考虑该时间框架。

2）修订的目的和战略意图。修订ISO 9001的目的是反映使用环境的变化，并使标准实现其目的。修订ISO 9001将：①考虑自上次重大修订ISO 9001（2000版）以来的质量管理体系实践和技术的变化，并为未来十年提供一组稳定的核心要求；②确保标准的要求反映了组织运作所处的日益复杂、动态的环境变化；③确保所描述的要求有助于组织有效实施质量管理体系，并能够有效进行适用的第一方、第二方和第三方合格评定；④确保标准能够为那些满足要求的组织提供足够的信任。

因此，针对ISO 9001的变化将：①与质量管理体系要求和上述的战略意图相关；②增强对组织提供合格产品和服务的能力的信任；③提高组织获得顾客满意的能力；④提高顾客对基于ISO 9001的质量管理体系的信任。

3）修订过程的要求。WG 24应识别、制定解决方案并达成一致，并满足ISO 9001修订的战略意图和目的。修订ISO 9001应遵守下列要求：①新标准将保持通用性，适用于所有行业的各种规模和类型的组织；②新标准应能够适应尽可能广泛的组织范围和不同成熟度的质量管理体系；③新标准的目的、标题和适用范围原则上与ISO 9001：2008相同；④仅当符合上述战略意图时，方可修正标准的适用范围；⑤新标准将保持ISO 9001：2008中“1.2应用”条款的内容；⑥为了提高ISO 9001与其他ISO管理体系标准的兼容性，新标准将应用《ISO/IEC 导则，第 1 部分，ISO 补充规定——ISO 的特定程序，2016》附录 SL 的内容；⑦新标准的描述方式应简单易懂，以便于理解、提高对要求解读的一致性；⑧使用一致的短语和术语，以便于翻译和理解原标准；⑨应按照修订标准的战略意图评议输入的文件、意见和其他信息；⑩应保持通过有效的过程管理来实现所期望的结果；⑪ 新标准应符合此要求："每个文件的内容应遵循ISO和IEC发布的基础文件的相关条款"（ISO/IEC 导则，第 2 部分，4.4 条款）。

4）背景情况。在 ISO 9001：2000 之前，用户可以根据产品和服务的性质选择 3 种不同的质量保证模式（ISO 9001、ISO 9002 和 ISO 9003）。2000 版之后，取消了 ISO 9002 和 ISO 9003，而是在标准的 1.2 条款中规定允许删减。通过对 ISO 9000 用户进行调查，了解到基于所提供产品的风险考虑，是否恢复到以前的 3 种模式，结果表明单一标准的市场需求比较强烈。

ISO 9001 拟适用于各种类型和规模的组织，不论其所提供的产品和服务的性质。在某些情况下，标准的要求仍不能满足更宽范围用户的需要。对于某些类型的组织和产品来说，标准的通用性也形成了理解和应用的障碍。标准的要求不仅是通用的，而且应更加清晰、准确地应用，这种可能性是存在的。本次修订可参考 CEN 指南 17 "起草标准时考虑中小型企业的指南"。

2009—2011 年，ISO/TC 176/SC2 成立工作组，研究出现的质量管理新概念，例如：组织的财务资源，沟通，时间、速度、敏捷性，质量管理原则，与经营管理实践的结合一致，基于风险的管理，生命周期管理，计划、资源、提供、交付，关注产品合格，组织顾客的细分，过程创新，基础设施的维护，过程管理，知识管理，能力，质量工具，质量管理体系标准的结构与管理体系标准的关系，信息管理的技术和变化的影响等。新的 ISO 9001 可以考虑引入这些概念。

ISO/TC 176/SC2 一直并继续与其他制定管理体系标准的技术委员会密切联络，以提高兼容性。

在上个十年中，ISO 发布了许多其他的管理体系标准，还有许多正在制定过程中。因此，根据顾客需求，ISO 制定了《ISO/IEC 导则，第 1 部分，ISO 综合补充规定—ISO 的特定程序，2016》附录 SL，要求相关技术委员会按照规定的模式起草管理体系标准，以提高兼容性，便于用户使用。WG 24 也将遵循该项规定。

很多标准是基于 ISO 9001 制定的。适用时，应考虑将这些标准作为修订工作的输入。WG24 也需考虑 ISO 9001 标准的变化对与其他标准兼容性的影响。

应保持与 ISO 9000 族其他标准的一致性，尤其是 ISO 9000：2015《质量管理体系　基础和术语》标准中的定义。

WG24 期望与 ISO/TC 176/SC1（负责起草 ISO 9000：2015《质量管理体系　基础和术语》）密切合作以确保方法的一致性，使用迭加过程确保 ISO 9000：2015 的基础（第 2 部分）、ISO 9001 的要求以及 ISO 9000：2015 第 3 部分的术语和定义协调一致。

很多用户并不十分理解 ISO 9001：2000 中所采纳的过程方法。同时，ISO 9000 用户调查的结果显示，用户强烈支持运用过程管理的 ISO 9001。这将导致达成满足顾客要求、提高顾客满意的主要目标。

2. 2015 版 ISO 9001 的主要变化

（1）结构与术语的变化。为了更好地与其他管理体系标准保持一致，与 ISO 19001：2008 相比，新版标准的章节结构（即章节顺序）发生了变化，与《ISO/IEC 导则，第 1 部分，ISO 补充规定—ISO 的特定程序，2016》附录 SL 中给出的高层结构保持一致。新版标准的某些术语发生了变化，见表 10。

表 10　新版标准的术语变化

ISO 9001：2008	ISO 9001：2015
产品	产品和服务
删减	未使用
管理者代表	未使用（分配类似的职责和权限，但不要求委任一名管理者代表）
文件、质量手册、形成文件的程序、记录	成文信息
工作环境	过程运行环境
监视和测量设备	监视和测量资源
采购产品	外部提供的产品和服务
供方	外部供方

值得注意的是，标准未要求在组织质量管理体系的成文信息中应用本标准的结构和术语。也就是说，结构和术语更改不要求在某个具体组织质量管理体系的文件中反映。

新版标准的结构旨在对相关要求进行连贯表述，而不是作为组织的方针、目标和过程的文件结构范例。若涉及组织运行的过程以及出于其他目的而保持信息，则质量管理体系成文信息的结构和内容通常在更大程度上取决于使用者的需要。

同样，在规定质量管理体系要求时，也不要求以标准中使用的术语代替组织使用的术语。组织可以选择使用适合其运行的术语（例如：可使用“记录”“文件”或“协议”，而不是“成文信息”；或者使用“供应商”“伙伴”或“卖方”，而不是“外部供方”）。

（2）产品和服务。在新版 GB/T 19000《质量管理体系　基础和术语》中给出了有关产品和服务的定义。

产品是在组织和顾客之间未发生任何交易的情况下，组织能够产生的输出（输出是过程的结果）。在供方和顾客之间未发生任何必要交易的情况下，可以实现产品的生产。但是，当产品交付给顾客时，通常包含服务因素。通常，产品的主要要素是有形的。硬件是有形的，其量具有计数的特性（如轮胎）。流程性材料是有形的，其量具有连续的特性（如燃料和软饮料）。硬件和流程性材料经常被称为货物。软件由信息组成，无论采用何种介质传递（如计算机程序、移动电话应用程序、操作手册、字典、音乐作品版权、驾驶执照）。

服务是至少有一项活动必须在组织和顾客之间进行的组织的输出。通常，服务的主要特征是无形的。服务包含与顾客在接触面的活动，除确定顾客的要求以提供服务外，可能还包括与顾客建立持续的关系。提供服务的组织有银行、会计师事务所或政府主办机构，如学校或医院等。服务的提供可能涉及在顾客提供的有形产品（如需要维修的汽车）上所完成的活动、在顾客提供的无形产品（如为准备纳税申报单所需的损益表）上所完成的活动、无形产品的交付（如知识传授方面的信息提供）以及为顾客创造氛围（如在宾馆和饭店）等。通常，服务由顾客体验。

GB/T 19001—2008 使用的术语“产品”包括所有的输出类别。新版标准则使用“产品和服务”。“产品和服务”包括所有的输出类别（硬件、服务、软件和流程性材料）。

新版标准特别包含“服务”，旨在强调在某些要求的应用方面，产品和服务之间存在的差异。服务的特性表明至少有一部分输出是在与顾客的接触面上实现的，这意味着在提供服务之前不一定能够确认其是否符合要求。

在大多数情况下，“产品和服务”一起使用。由组织向顾客提供的或外部供方提供的大多数输出包括产品和服务两方面。例如：有形或无形产品可能涉及相关的服务，而服务也可能涉及相关的有形或无形产品。

（3）理解相关方的需求和期望。新版标准 4.2 条款规定的要求包括了组织确定与质量管理体系有关的相关方，并确定来自这些相关方的要求。然而，4.2 条款并不意味着因质量管理体系要求的扩展而超出了标准的范围。正如范围中所述，标准适用于需要证实其有能力稳定地提供满足顾客要求以及相关法律法规要求的产品和服务，并致力于增强顾客满意的组织。

对于那些与质量管理体系无关的相关方，标准没有要求组织考虑确定。有关相关方的某个特定要求是否与其质量管理体系相关，需要由组织自行判断。

（4）基于风险的思维。2008 版的 GB/T 19001 中已经隐含基于风险的思维的概念，如有关策划、评审和改进的要求。新版标准要求组织理解其组织环境（见 4.1 条款），并以确定风险作为策划的基础（见 6.1 条款）。这意味着将基于风险的思维应用于策划和实施质量管理体系过程（见 4.4 条款），并有助于确定成文信息的范围和程度。

质量管理体系的主要用途之一是作为预防工具。因此，新版标准并未就“预防措施”设置单独条款或子条款，预防措施的概念是通过在质量管理体系要求中融入基于风险的思维来表达的。

由于在标准中使用基于风险的思维，因而一定程度上减少了规定性要求，并以基于绩效的要求替代。在过程、成文信息和组织职责方面的要求比 GB/T 19001—2008 具有更大的灵活性。

虽然 6.1 条款规定组织应策划应对风险的措施，但并未要求运用正式的风险管理方法或将风险管理过程形成文件。组织可以决定是否采用超出标准要求的更多风险管理方法，如通过应用其他指南或标准。

在组织实现其预期目标的能力方面，并非质量管理体系的全部过程表现出相同的风险等级，并且不确定性影响对于各组织不尽相同。根据 6.1 条款的要求，组织有责任应用基于风险的思维，并采取应对风险的措施，包括是否保留成文信息，以作为其确定风险的证据。

（5）适用性。新版标准在其要求对组织质量管理体系的适用性方面不使用“删减”一词。然而，组织可根据其规模和复杂程度、所采用的管理模式、活动领域以及所面临风险和机遇的性质，对相关要求的适用性进行评审。

在 4.3 条款中有关适用性方面的要求，规定了在什么条件下组织能确定某项要求不适用于其质量管理体系范围内的过程。只有不实施某项要求不会对提供合格的产品和服务造成不利影响，组织才能决定该要求不适用。

（6）成文信息。作为与其他管理体系标准相一致的共同内容，新版 GB/T 19001 标准有“成文信息”的条款，内容未做显著变更或增加（见 7.5 条款）。标准的文本尽可能与其要求相适应。因此，“成文信息”适用于所有的文件要求。

在 GB/T 19001—2008 中使用的特定术语如“文件”“形成文件的程序”“质量手册”或“质量计划”等，在新版标准中表述的要求为“保持成文信息”。

在 GB/T 19001—2008 中使用“记录”这一术语表示提供符合要求的证据所需要的文件，现在表述的要求为“保留成文信息”。组织有责任确定需要保留的成文信息及其存储时间和所用载体。

“保留成文信息”的要求并不排除基于特殊目的，组织也可能需要“保留同一成文信息”，如保留其先前版本。

若本标准使用“信息”一词，而不是“成文信息”（如在 4.1 条款中“组织应对这些内部和外部因素的相关信息进行监视和评审”），则并未要求将这些信息形成文件。在这种情况下，组织可以决定是否有必要或适合保持成文信息。

（7）组织知识。新版标准在 7.1.6 条款中要求组织确定并管理其拥有的知识，以确保其过程的运行，并能够提供合格的产品和服务。为了保持组织以往的知识，满足组织现有和未来的知识需求，应有组织知识的控制过程。这个过程应考虑组织环境，包括其规模和复杂性、需处理的风险和机会，以及知识可用性需求。

组织应确定如何识别和保护组织的现有知识库。也应考虑从组织的内部和外部资源（如学术机构和专业机构）中，如何获得所需的知识以满足组织现行和未来的需求。

引入组织知识的要求的目的是：①避免组织损失其知识，如员工更替、未能获取和共享信息；②鼓励组织获取知识，如总结经验、专家指导、标杆比对。

（8）外部提供的过程、产品和服务的控制。在 8.4 条款中提出了所有形式的外部提供过程、产品和服务，如是否通过：①从供方采购；②关联公司的安排；③将过程分包给外部供方。

外包总是具有服务的基本特征，因为这至少要在供方与组织之间的接触面上实施一项活动。

由于过程、产品和服务的性质，外部提供所需的控制可能存在很大差异。对外部供方以及外部提供的过程、产品和服务，组织可以应用基于风险的思维来确定适当的控制类型和控制程度。

参考文献

[1] 李春田．标准化概论（第六版）[M]．北京：中国人民大学出版社，2014.

[2] 田武．中国标准化通典　认证卷 [M]．北京：中国大百科全书出版社，2003.

[3] 全国质量管理和质量保证标准化技术委员会等．2016 版质量管理体系国家标准理解与实施 [M]．北京：中国质检出版社，2015.

[4] ISO/IEC Directives，Part 1，Consolidted ISO Supplement—Procedures specific to ISO [S]．ISO，2016.

[5] The new generation of ISO management system standards，Dick Hortensius，senior standardization consultant management systems [R]．NEN，Netherlands，Paper prepared as input for JTCG TF 5，2015.

撰稿人：田　武

标准化教育研究新进展

一、引言

当标准的重要性在全球范围内越来越凸显的时候，伴随着标准体系的不断成熟，标准化教育逐渐成为产业界、标准界以及教育界的关注热点。近几年来，各个国家以及三大国际标准组织、国外先进标准制定组织开展了一系列标准化人才知识、能力和素质的研究，并基于此设计开发了针对不同对象的标准化教学体系。标准化教育逐步走向了科学化、正规化和常态化的轨道。

二、国外标准化教育发展现状

（一）三大国际标准组织

标准化知识的教育和推广活动已成为一个普遍的需求和趋势，ISO、IEC 和 ITU 三大国际标准组织的众多机构都设立了针对“标准化教育”和“标准学”的研究与实践项目。

1. ISO 标准化教育工作

作为国际上最为著名的标准化组织，ISO 日益强调创新发展，高度重视标准化教育对自身能力的提升。“围绕战略目标，既重视以鼓励和学习提高为目标的长期教育，也重视提升实用和技能为主的短期培训”是 ISO 标准化教育体系的特点。2011 年，ISO 制定了《2011—2015 年战略规划》，明确指出要将标准化内容纳入 ISO 的教育课程，并提出了加强信息交流、修编教材、召开会议、开展培训、设立奖励机制等具体措施，以达到良好的教育效果，实现 ISO 的战略目标。该战略规划明确了标准化教育的战略地位，为 ISO 开展标准化教育活动指明了方向。在五年发展战略的指导之下，ISO 近几年开展了一系列的标准化教育项目。

（1）ISO 的标准化合作教育项目。ISO 和全球各大院校开展了标准化合作教育项目。2011 年，ISO 与瑞士日内瓦大学合作开设了为期两年的标准化、社会规范和可持续性发展硕士学历教育课程，其中包括了协调标准、管理体系标准、合格评定等与标准化密切相关的课程。2012 年，ISO 与印度尼西亚的帝利沙地大学和印度尼西亚国家标准总局（BSN）合作开发标准化硕士课程，与喀麦隆标准与质量局（ANOR）在雅温得科学与信息技术高等学校合作开发硕士课程。借助合作方的教育力量，这些标准化合作教育项目得以顺利开展，为 ISO 在标准化教育领域的进一步深入发展提供了便利。

（2）ISO 标准化“高等教育奖”。2006 年 ISO 专门针对高等院校设立了“高等教育奖”，该奖从 2007 年开始每两年颁发一次。参评院校应有两年以上开发标准化课程或培训项目的成功经验。课程或项目应着重于国际标准在经济、环境和社会发展中发挥的重要作用，能达到培养标准化专家、提高标准化意识、宣传标准化推动技术和经济发展的重要作用等目的。获奖高校代表将被获准参加当年的 ISO 大会并给予 1.5 万瑞士法郎的奖金作为鼓励。该奖曾颁发给中国计量学院（2007 年）、荷兰鹿特丹大学管理学院（2009 年）和加拿大蒙特利尔高等技术学院（2011 年）。

（3）国际标准化人才的培训（ISO 秘书周、主席、投票员培训）项目。为了进一步提升发展中国家的标准化能力，进一步发挥中国在国际标准化中的重要作用，ISO 与中国国家标准化管理委员会（SAC）于 2011 年 9 月签订了《国际标准化组织（ISO）支持中国国家标准化管理委员会参与国际标准化活动的方案》合作备忘录［简称 MOU（2012—2015）］。根据双方协商，2016 年双方继续执行 MOU（2012—2015）的培训活动。在这 5 年内，SAC 和 ISO 在中国计量大学举行了 13 场“ISO / TC、SC 主席”“ISO 秘书周”“国家成员体管理员（MBUAs）”“ISO / TC、SC 投票员”活动，共有 20 余名 ISO 专家作为培训教师参与了各场活动。这对提升中国的标准化水平起到了重要作用。

（4）标准化教育信息平台建设。ISO 于 2012 年搭建了标准化教育的信息平台，开发了教材资料库，鼓励各成员国将本国的标准化教育信息包括教学材料、科研论文、政策报告等在平台上进行分享，教学材料根据教育对象划分为中小学和大学。数据库目前收集了德国、西班牙、印度尼西亚、韩国、中国等多个国家的教辅材料，实现了成员国之间的知识共享。我国也提供了包括《标准化基础知识实用教程》《现代质量成本管理》等相关的书籍和研究报告。

2. IEC 标准化教育工作

IEC 于 2012 年邀请英国《经济学人》杂志共同举办了第二届“IEC 挑战”赛事，得到各高等院校、科研机构的积极响应。此外，为了更好地利用其国际平台、调动各国资源优势，IEC 还积极牵头，邀请不同高校学者，围绕 IEC 标准的领域特点，结合全球标准化背景，在世界多个高等院校、科研机构、标准化机构等开展标准化专业讲座。与 ISO 类似，IEC 也提供在职培训课程，包括实地培训和网络同步培训等方式。

（1）实地培训。主要是IEC中央办公室为其技术委员会成员提供的业务培训，内容涵盖IEC标准制定相关事项，包括如何设计术语和定义、如何编写规范性引用文件、如何编制标准技术内容、如何更新修订标准、如何参与IEC其他出版物的编制工作等。需求方可依据需要选择单个或多个模块。IEC还可根据培训人员的需求，提供特制的专门培训课程，更具针对性，内容则不局限于以上方面。

（2）网络同步培训。主要是以同步参会的形式实现。IEC每年都会在日内瓦总部和世界各地举办不同主题和类型的标准化会议，邀请世界各国标准化专业领域的相关人士参加，就新发现与新经验进行成果共享与交流互动，以此来提高领域内标准化从业人员的水平与能力。同时，为了达到资源共享的目的，IEC同样建立了教学资源信息平台，不断将收集到的各类信息资料整理分类，并上传至官网页面。

凭借国际影响力和号召力，IEC在标准化教育和培训方面开展的工作得到了不同国家、机构、企业和个人的认可，对国际标准化教育进行了有效的宣传和推广，促进了各个标准化机构和高校之间的交流与合作，在标准化教育的国际平台上起着积极引领的作用。

3. ITU标准化教育工作

ITU标准化教育活动的开展与其行业背景和资源特点有着紧密的联系。考虑到全球电信行业复杂多样、快速发展的特点，ITU的标准化教育活动主要以经验交流、成果共享和信息传递等方式开展，体现其灵活性、创新性和便捷性特点。ITU为普及标准化教育，专门成立了ITU学院，提供系统化、中短期、有针对性的专门培训课程，同时电信标准化部门（ITU-T）每年还不定期组织开展各类研讨会、论坛等标准化活动。

（1）成立ITU学院，提供在职培训。ITU学院是ITU标准化教育的重要途径和场所，通过整合和提供信息通信技术标准化方面的教育和培训，逐步形成一个集成和简化的人才培养模式，为从业人员提供在职培训，使受训学员能够及时更新自身信息储备，推动个人知识和业务水平提升，使其与电信行业的发展速度能够同步。ITU学院与众多公共和私立部门建立合作关系，确保能及时了解行业的标准化需求，为多方面人才提供合适的培训项目。同时，通过将标准化方面的知识纳入ITU的专业领域，参训学员可以在标准化知识架构基础上，同步吸收专业知识，使两个领域的理论与实践内容进一步相互融合。

（2）组织开展各类研讨会。在标准化研讨培训方面，ITU-T每年都会在世界各地举办各类与信息通信技术内容相关的标准化讲习班、研讨会、网络研讨会等。通过将足迹遍布世界各地，达到大范围宣传和推广ITU标准的目的，同时带动更多国家、地区人员了解、参加ITU标准化活动。此外，ITU的电信发展部门（ITU-D）也设立了学习小组，该学习小组主要通过调查、案例学习等方式，从学员中及时收集、获取相关的信息来制定报告、指南和整理推荐方案，再通过网络、出版等方式将成果反馈给学员，为各个成员国、部门成员等提供分享经验、交流创意、交换看法、形成战略共识的机会。总体而言，ITU的标准化教育主要依托其日常业务的开展而进行，具备时效性、灵活性和针对性。

（二）国外主要标准化学会（协会）

1. IEEE 标准化教育工作

美国电气和电子工程师协会（IEEE）作为国际性的电子技术与信息科学工程师的协会，是目前全球最大的非营利性专业技术学会。其宗旨是致力于推动电工技术在理论方面的发展和应用方面的进步。IEEE 非常重视标准化教育工作，设有专门的标准化教育活动委员会，主要工作目标是提升标准产出水平，增加经济、环境和社会收益。

IEEE 标准化教育活动委员会主要的工作是确立标准化教育的内容，促进标准化教育在学术项目中的发展，发起标准化教育活动，提升标准化教育在职业实践中的影响等，同时推动标准化教育的发展以及认证工作。其标准化教育的目标受众包括两类人群：第一类是教育工作者和学生；第二类是专业技术人员。针对不同的对象，在标准化教育的重点上也有所差异，例如对于教师的标准化教育主要侧重于大学阶段的标准化课程开发，而对于实践领域的人群，主要的培训内容为提供针对具体标准和标准系列的教育项目，使工程师熟悉标准制定流程。

IEEE 还建立了标准化教育的门户网站，提供标准化教育方面的全球一站式信息来源，支持本科工程课程以及工程技术项目中涉及标准化教育活动的合作。并且该网站提供包括在线标准学习课程，标准方面的主要词汇、参考指南，标准化教育搜索、全球标准搜索、标准化教育电子杂志等内容。

2. ASTM 标准化教育工作

美国材料与试验协会（ASTM International）成立于 1898 年，其宗旨是促进公共健康与安全，提高生活质量；提供值得信赖的原料、产品、体系和服务；推动国家、地区乃至国际经济的发展。ASTM 通过开展一系列活动，在全球范围内宣传标准化知识，提高全球学生和教育工作者的标准化意识。

ASTM 的网站上专门开辟了 ASTM Campus 专栏，旨在为世界范围内的学生和教育工作者提供有价值的资源和信息。该专栏分为“学生”“教授”“教学产品”“课件”和“帮助”五个板块，使用者可以根据自身需要查询最新资讯，获得关于标准化方面的知识和建议。在 ASTM Campus 这个专栏中，访问者可以通过网友提问等方式，与 ASTM 的专家进行沟通。同时，ASTM 以优惠的价格向师生出售供教学使用的标准，并提供关于标准的指导和解释。ASTM 将这种服务称为“教学产品”，师生们可以通过网络，向 ASTM 提供课程信息及相关标准清单，购买这种“产品”。ASTM 的专家和工作人员会针对教学内容，为标准在课程中的应用提供全程指导和帮助。

ASTM 也较早地将标准化内容植入大学教育的课程之中，多年来在全球范围内一直积极与大专院校合作。例如：大专院校的教授和学生参与标准制定；将标准写入教程及学生毕业设计；通过鼓励大学生入会、设置奖学金、举办讲座、参与研讨会等不同形式，培养工程教育领域的学生和教授对标准重要性的认识，帮助学生和教授更好地理解为何将标准纳入课程，标准是如何适应工程实践的大环境以及标准的应用领域等内容。

3. UL 标准化教育工作

美国保险商实验室（UL）是美国最有权威的、独立、非营利、为公共安全做试验的专业机构，也是世界上从事安全试验和鉴定较大的民间机构。UL 的很多标准化教育工作由 UL 大学来实施。

UL 从 2011 年就开始通过与世界各地大学合作开办课程，在全球范围内提供 1500 多个不同的课程和培训讲习班，以满足世界各地客户的需求。同时，UL 在全球范围内积极开展和扶持标准化教育。UL 自 2016 年开始赞助标准专业人才学会（SES），设立了新的学生奖学金项目，用于支持与鼓励学生在其学术课程中对于标准的应用，旨在增强全社会尤其是青年对于标准的关注度，提升标准的重要性。

（三）主要发达国家

1. 日韩：政府主导的标准化终身教育体系

日本政府非常重视标准化人才的培养，受日本国家主导的标准化管理体系的影响，日本政府一直致力于在大学和其他教育机构开展标准化人才的培养工作。日本经济、贸易和产业省（METI）下设的标准计划办公室（Standards Planning Office）和日本工业标准委员会（JISC）是主要负责日本标准化工作的政府部门。

日本政府从基础教育就开始渗透标准化教育的内容。在初 / 中等教育阶段，就为有需求的学校提供一个短期课程。高等教育阶段，开发了基础教材《标准化基础知识》，并在一些专业领域如机械、电子电气、化学等制定了专业教材，这些资料也适用于在职培训和标准化教师自我学习。另外，日本许多高校都开设了标准和标准化相关的专业课程，如日本千叶大学、大阪工业大学、日本一桥大学、关西学院大学、东京工业学院、早稻田大学、金泽工业大学等。这些高校开设的标准化课程，一些采用非学分制，适合那些对标准化感兴趣的学生；另一些采用学分制，如早稻田大学在技术管理专业开设的技术标准战略课程（2 个学分）。同时，日本高校还积极推进在研究生院开设一些标准化课程，每个课程 2 ~ 4 个学分，如在工商管理硕士（MBA）专业商业战略或技术管理课程中开设标准化相关内容，为工程、金融或工商管理专业学生引进知识产权与标准化等相关课程。

韩国的标准化教育已具备了一定的规模，主要由韩国标准协会（KSA）重点推进，在标准化教育活动中扮演了组织、宣传、开发设计课程等多种重要角色。韩国标准化教育的分类教育特色显著，在中学教育阶段，结合从教材中学习标准和从活动中体验标准这两种教学模式来开展标准化教育，例如 KSA 开办了标准化奥林匹克训练营项目，包括课程和团队之间的竞赛，以此来激发学生参与标准化活动的积极性。在教材方面，初中教材中增加了制造技术标准化内容，高中教材中增加了工程技术标准化单元。高等教育阶段，韩国

KSA 启动了大学标准化教育项目（UEPS），它以统一教科书、团队教学、数据库和学生广泛参与为特色，为大学生提供先进的标准化内容培训，并且很多课程由外部的企业界、标准化组织和研究所等专业人士教授。KSA 还无偿向所合作的大学学生发放了名为“未来社会与标准”的课本，该课本由基本标准概念和标准化系统知识构成，其目的是促进社会尤其是大学生对标准及标准化活动重要性的认识，作为标准化领域的人才储备。同时，KSA 还广泛开展专业技术人员的标准化培训。

2. 欧盟：成立标准化教育联合工作组

作为标准化水平最为发达的地区之一，欧盟认为标准化教育对于增进国际贸易、开拓国际市场、加强国际竞争力、增强商业投资信心、促进创新、为新市场开发制定规则和提高欧洲市场就业率都有重要意义。

欧盟的几大标准化组织欧洲标准化委员会（CEN）、欧洲电工标准化委员会（CENELEC）和欧洲电信标准化协会（ETSI）共同成立了标准化教育联合工作组（JWG–EaS）。JWG–EaS 的目的是提高人们的标准化意识，并拓展了解标准化及其特点和益处的人群，弥补标准化教育认知、知识以及技巧方面的不足。JWG–EaS 为欧洲标准组织及这些组织的成员起草了一份关于标准化教育的方针，该方针确定了标准化教育的目标人群，包括教育机构和学生；企业、工业、政府及公共机构人员以及标准制定者。JWG–EaS 还制定了两个标准化教育课程模型，即高等教育课程模型和职业教育与培训模型，包含了以下几个教学模块：标准重要性的认识；标准化基本概念；标准化在相关学科中的运用；标准化对商业活动的影响；开展与标准化相关活动；特定标准的使用和实施等。在教材开发方面，2015 年，在 CEN 和 CENELEC 的支持下，英国标准学会（BSI）、丹麦标准局、爱尔兰国家标准局（NASI）以及萨格勒布大学等共同编写出版了针对高校学生的高等教育标准化教材——《世界建立在标准之上》，并提供免费下载服务。

3. 美国：学会为主体的标准化教育体系

虽然目前美国的标准化教育开展得并不广泛，但对标准化教育却越来越重视。目前，美国天主教大学、科罗拉多大学波尔分校、匹兹堡大学、普度大学、密歇根大学和耶鲁大学法学院等几所院校在本科教学中开设了标准化课程，有部分学校在硕士阶段设立了技术经营（MOT）专业，并在其中开设与标准化相关的课程。例如，美国加州大学伯克莱分校设立了 MOT 专业，该专业的涉及面较广，目前在工程、科学、技术、政府与公共政策、企业、经济、法律等领域开设标准化相关课程，主要为高科技企业培养能够解决各种问题的管理和技术相结合的复合型人才。

但美国大学里缺少具备相应经验和技能的标准化课程教师，以及开设标准化课程所需的实验资源。因此，行业学会、协会等团体就成为美国标准化教育的主力军。美国标准化机构积极与大学开展标准化方面的合作，美国国家标准学会（ANSI）于 20 世纪 90 年代中期成立标准化教育委员会，致力于将标准化纳入高等教育。近十年来，ANSI 标准化教育的支出一直是整个机构支出的重要组成部分，并且比例呈现增长的趋势。ASTM 和 IEEE 通过提供免费会员制、奖学金、论文竞赛、实习机会、虚拟研讨会、校园参观等机会让学生积极参与标准化相关活动；美国机械工程师协会（ASME）重点关注工程技术领域，向所有工程技术专业的学生提供参与专业研讨会、竞赛、在线自学、电子学习课程等机会。

综合来看，在全球经济、社会发展的新场景下，全生命周期的标准化教育体系，涵盖政府、企业、高校、协会（学会）多方位的标准化教育主体以及线上线下多渠道的标准化教育模式是目前国外标准化教育的主要特征。

三、国内标准化教育发展现状

（一）完善了多层次的标准化专业教育体系

目前，中国国内已经建立起来从博士后研究生到本科到专科的多层次标准化专业教育体系。本科教育领域，中国计量大学、青岛大学等高等院校设置了标准化工程专业，其他院校如华南农业大学、广西大学等在各自的专业中增加了标准化的培养方向。研究生教育尚未有专业学位，只有培养方向，具体来看，中国标准化研究院与清华大学联合招收标准化领域的博士后，培养和开发标准化高端学术人才。清华大学在工程管理硕士（MEM）专业学位开设了标准化方向并招生，其他诸如中国计量大学、河北大学、华南理工大学、中南财经政法大学等在相应的专业领域中开设了标准化研究方向的硕士生培养，也有部分专科职业院校有相关标准化工程的培养方向。

在课程开发上，各院校均有对应的课程设置，从类型上划分，可以分为标准化基本理论和方法、标准化应用和实践以及各个专业领域的标准化问题等模块，毕业的学生需兼具工科的理性思维与文科的价值关照、复合的知识结构与开放的视野。主要的标准化课程见表 11。

表 11　开设的相关标准化课程

基本理论和方法	应用和实践	专业领域
标准化（标准化概论、标准化工程）	标准制定	农业标准化
标准化导论（标准化入门）	企业标准化	物流标准化
标准化原理	标准化体系与认证	服务标准化
系统工程	国际标准化	旅游标准化
项目特性和标准化管理方法	技术贸易壁垒	电子商务标准化
标准化战略	标准化英语	公共服务标准化
可靠性	知识产权与标准化	
误差理论与数据处理	标准的实施和监督	

注：资料来源于部分院校的培养方案。

在教材开发上，国内目前主要的教材，一部分针对学校的专业教育，如《标准化基础》《标准化管理》《标准化概论》等；另一部分主要是针对企业人员的标准化培训，如《企业标准化工程》等。但总体来看，目前开发的标准化教材还是较为有限的，缺乏有针对性的标准化案例教材。

（二）构建了多主体的标准化继续教育体系

在继续教育阶段，中国的各级标准化主管部门联合标准化协会、高等院校、国际标准化组织，利用各主体的资源优势，开展合作教育，针对不同层次的需求，开展标准化教育培训。国际层面上，在《2011—2015 年战略规划》的指导下，国际标准化组织（ISO）与中国国家标准化管理委员会（SAC）于 2011 年 9 月签订了《国际标准化组织（ISO）支持中国国家标准化管理委员会参与国际标准化活动的方案》合作备忘录［简称 MOU（2012—2015）］，对提升中国的标准化水平起到了重要作用；2017 年，国家标准委与 ISO 签署了一系列的人才培养协议，主要包括国家标准委与 ISO 国际标准化组织秘书处签署谅解备忘录，成立国际标准化培训基地（青岛），承办 ISO 国际及区域性培训活动，搭建国际标准化培训、合作交流平台；ISO、国家质量监督检验检疫总局（AQSIQ）、SAC 共同授权杭州建设“国际标准化会议基地”。国家层面上，中国标准化协会教育培训部承担着国内标准化培训工作，并与中国计量大学合作，开展了“企业标准化师”职业资格和“标准化技能高端人才”的培训。培训采取集中授课、课程设计和专业论文的形式，从理论和实践的不同层面，构建了标准化从业人员完整的知识体系，实现了职业的可持续发展。从 2013 年至今，累计参训人数达到 395 人次，已有 73 人取得了上述两个资格证书。在各个省市，上海较早地启动了地方“标准化工程师”的考试制度，山东省长期为企业培训“标准化检查员”，各省、市质量技术监督部门和标准化协会均组织开展相关的短期培训项目。

（三）充实了标准化跨学科研究的理论基础

随着新技术的飞速发展，学科之间的边界变得模糊，标准理论的跨学科特性也更加凸显。在标准化研究领域，中国的学者聚焦于标准化基本原理、标准与经济、标准与技术创新、标准与公共服务、标准与国际贸易等领域，与经济学、法学、管理学、社会学充分融合，集中体现了标准化研究的跨学科特性，丰富了标准化的基本理论体系，并且对标准化理论的探索从分散的知识点向由点到面的系统化转型。在 21 世纪初加入 WTO 的时候，中国国家科技部就开始推动实施包括标准化战略的三大国家战略（人才、标准、专利），在科技项目中向标准倾斜，为加速科技创新发挥了非常重要的作用；2010—2015 年，中央财政又投入 24.1 亿元支持计量、标准、检验检测和认证认可科技攻关；2015 年开始，中国国家设立了国家质量基础（National Quality Infrastructure，NQI）共性技术研究与应用重大专项等课题，支撑标准化领域的科学研究工作的开展，均取得了显著成效。

四、标准化教育的发展和趋势

（一）标准化专业人才的需求展望

习近平总书记在致第39届国际标准化组织大会的贺信中指出："标准是人类文明进步的成果，标准助推创新发展，标准引领时代进步""中国将积极实施标准化战略，以标准助力创新发展、协调发展、绿色发展、开放发展、共享发展"，深刻揭示了标准与经济社会发展的内在关系以及标准在国际互联互通、国际治理体系中的重要作用。近年来，我国标准化工作获得了极大的发展，截至2016年底，共有国家标准33953项、备案地方标准33391项、备案行业标准57090项，同时出台了《深化标准化工作改革方案》（国发〔2015〕13号）、《国家标准化体系建设发展规划（2016—2020年）》（国办发〔2015〕89号）等系列文件。另外，全球正兴起"再工业化"浪潮，2015年10月的国务院常务会议上李克强总理强调："互联网+双创+中国制造2025，彼此结合起来进行工业创新，将会催生一场'新工业革命'。"但长期以来，我国的国民教育序列没有"标准化"专业，只有在其他专业下设的标准化方向。由于此领域人才培养缺乏科学有序的规划，致使标准化人才数量的缺口很大。除在数量方面的要求之外，随着标准化工作的推进尤其是国际标准化工作的深入，更是对标准化人才提出了质量方面的要求，能够独立承担企业各项标准化工作，能主持企业重大标准化项目开发、应用和课题研究，能组建、领导企业标准化整体建设、实施、应用和推广的高层次技术经营复合型管理人才奇缺。因此，在这样的新场景下，政府各职能部门、产业对标准化人才，尤其是高端、国际化人才的需求日益显著。

（二）标准化学科建设的发展前景

严格意义上说，标准化学科目前尚未形成，主要是由于标准化的理论体系尚未建立，而解决这个问题的关键在于标准化学科知识体系（Body of Knowledge）的构建。目前已有学者开展了相关领域的研究，认为知识体系的构建要遵循全面性、科学性、开放性和动态性原则，具体如下：

（1）标准化学科知识体系要尽可能地覆盖标准化所涉及的各方面知识（包括理论方面和实践方面），确保学科知识体系的全面性。

（2）可根据标准化学科客观情况，将学科知识划分为科学、技术和工程三个层次，每一知识层次下面细化不同的维度，依据知识之间的内在联系，确定知识单元的隶属和并列关系，确保学科知识体系科学有序。

（3）在标准化学科知识体系构建过程中，应充分考虑和预估标准化发展趋势，为未来的标准化新知识预留一些接口，确保学科知识体系的开放性和动态性。

（4）由于教育要素发生了变化，因此在不同教育序列中的教学体系和教学内容，对于知识体系的关注重点存在差异。此外，企业标准化人员、标准化技术委员会人员和标准研制人员、标准化行政管理人员和标准化服务人员在知识要求上也有所不同。

（三）标准化教育方式的多样创新

我国目前的标准化教育主要还是以现场授课、论坛交流、参观学习等方式为主，在线学习和远程学习的方式运用相对较少。在互联网＋的背景之下，标准化教育生态也有了新的变化，直播、点播、在线考试、在线讨论、互动问答等网络教学方式会成为标准化教育的新方式，慕课、微课、翻转课堂等也将被引入标准化的教育之中。出镜讲解、幕后讲解、实景授课、专题短片等教育的创新模式，其丰富程度是课堂难以达到的，也能够更好地契合标准化教育培养的开放性、即时性和个性化特征，从而成为课堂和现场教学的有力补充，甚至在未来会成为标准化教育的主流方式。

（四）标准化素质教育的发展趋势

我国目前标准化发展中存在的一个显著问题是主动需求不够，这里面非常重要的原因是社会整体的标准素养和标准氛围不佳。与此同时，标准化是涉及企业、政府、消费者以及社会中介团体的多个相关方的工作，在标准化多元参与机制和标准化文化及制度建设过程中，同样需要借助开展全民标准化教育来提升大众的标准化素质。加强对社会公众、消费者的标准文化、标准常识的培养，多渠道开展标准科普，提升公众标准化素养，从而形成良好的社会氛围。从发展趋势来看，全社会对标准的认识必定会越来越清晰，标准的价值观也将逐步形成。

参考文献

［1］ Donggeun Choi，Henk J. de Vries and Danbee Kim. Standards Education Policy Development：Observations based on APEC Research［R］. SSRN：ERIM，2009.

［2］ 杨锋. 我国与主要发达国家标准化教育政策对比研究［J］. 标准科学，2009（12）：32-33.

［3］ 李亚军，黄静. 国内外标准化教育的现状及对我国的启示［C］// 中国标准化协会. 市场践行标准化——第十一届中国标准化论坛论文集. 2014：1648-1653.

［4］ 黄立. 国际国外标准化教育的做法和对我国的启示［J］. 中国标准化，2013（7）：54-58.

［5］ 刘瑾，刘辉. 国际标准化教育发展对我国的启示［J］. 技术监督教育学刊，2009（2）：46-51.

［6］ 吴泽婷，裘晓东. 国际标准组织的标准化教育工作研究［C］// 中国标准化协会. 标准化改革与发展之机遇——第十二届中国标准化论坛论文集. 2015：890-895.

［7］ 余晓，吴伟，周立军. 标准化教育发展的国际经验及中国的策略选择［J］. 现代教育管理，2011（9）：117-118.

［8］ 王亚林，徐丽丽. 国外标准化教育发展及对我国的启示［J］. 现代教育管理，2015（10）：114-119.

[9] 吴泽婷，裘晓东. 国外标准化教育现状与特色［C］// 中国标准化协会. 标准化改革与发展之机遇——第十二届中国标准化论坛论文集. 2015：927-932.

[10] 余晓，宋明顺，周立军，等. 我国标准化教育的发展现状分析［J］. 中国标准化，2012（5）：25-27.

[11] 高辉，陆建飞，张洪程. 加强农业标准化教育，促进创新人才培养［J］. 高等农业教育，2004，（8）：21-22.

[12] 朱培武. 国内外标准化人才继续教育现状与推进对策［J］. 继续教育研究，2014（8）：132-134.

[13] 赵文慧. 中标院与教指委就共同推进标准化教育签署战略框架协议［J］. 风向标，2012（1）：6.

[14] 李上，刘波林. 标准化学科知识体系构建研究［J］. 中国标准化，2013（8）：42-46.

[15] 刘斐. ASTM 标准在中国的标准教育项目［J］. 中国标准化，2012（5）：78.

[16] 赵朝义，赵文慧. 美国 ASTM 将目光投向校园［J］. 世界标准信息，2007（3）：8.

[17] 张敬娟，余晓，徐新忠. 标准化教育培训现状与需求分析［J］，中国标准化，2014（8）：54-59.

[18] Steve Mills. IEEE 提供世界级的标准普及教育［J］. 标准生活，2010（6）：10-11.

撰稿人：宋明顺　余　晓

ABSTRACTS

Comprehensive Report

Advances in Standardization Discipline

From the end of 20th century, with the development of information technology and the emergence of standard essential patents , the standards play a more and more important role in market competition, industry development and public management.WTO/TBT agreement further improves the status of standards and standardization in international trade and global governance. As a comprehensive interdisciplinary among Science and Technology, Economics, Management, Law and Social Science, Standard presents a trend of comprehensiveness and differentiation, mutual pervasion cross with other disciplines. In recent years, along with the research and practice of standardization science and technology continuously thorough, new theory and method emerge continuously, the field of standardization discipline continues to enrich and develop. In addition to traditional Economics and Management Science, Network Economics, Law, Industrial Innovation Theory, the Theory of Public Governance, Social Science and other fields are launching the interdisciplinary research on the connotation and extension of standard and standardization , which gives new characteristics to standardization discipline development. With the efforts of international organizations for standardization, some national standardization organizations and the government agencies, the level of global standardization school education and the occupation training has been improved to some extent.

This report has four parts, including introduction, progress in the field of standardization discipline, characteristics and comparative analysis of the construction and development of standardization discipline at home and abroad, and prospects for countermeasures and suggestions. More details as follow:

Ⅰ. The progress of standardization discipline , including the research for body of knowledge of standardization concept and classification, standard economics, standards and technology innovation, standard essential patents, formal/informal standardization organizations research, standardization management system research and practice.Through the analysis we can see that the main contribution of Economics in Standard is economic benefit, standard essential patents and technological innovation and so on.The main contribution of Law in Standard is standard essential patents and anti-monopoly, patent policy (RAND/FRAND) and so on.The main contribution of Sociology in Standard is mainly in basic concept and classification, standardization organizations investigation and so on.

Ⅱ. Comparative analysis on characteristics of the construction and development of domestic and international standardization discipline , mainly consisting of two parts: the theory of standardization and standardization education.Through the analysis we can see that the theory research on international level has been developed to a comprehensive intervention, multidisciplinary research stage deeply with economics, industrial innovation, law, public management, sociology and other fields.Characteristics of standardization research in China is mainly to deal with the problems and challenges that China is facing in the process of economic globalization and market reform, including the research for body of knowledge of the standardization , the research on standard economic contribution rate in the macro, meso and micro level, the research on the contrast of the standardization system in different countries and the reform of our country's standardization system and so on.This part also includes the summary and comparison of the latest development of the domestic and foreign standardization education.

Ⅲ. Prospects and countermeasures parts are mainly based on the analysis results of this report, forecasts the development of standardization discipline in the future, and puts forward some countermeasures and suggestions.

The relevant body of knowledge of standardization in this report, the concept and classification, standard economics, standards and technology innovation, the standard essential patents , the latest research of formal or informal standards organizations are the important supplements to the *2011-2012 Report on Advances in Standardization Science and Technology*.

Research on China's standardization theory has achieved some results.However, as standardization discipline is a new and interdiscipline, it needs to be filled a lot.On the whole, with more researches added, the basic theory is gradually deepened, the definition of standardization discipline itself is more clear, the discussion is more and more focus on the standard and standardization connotation and extension.We believe that with the support of the government, in the joint efforts of the majority of standardization experts and educators, the construction of standardization discipline theories and the body of knowledge will be further developed, making greater contributions to the construction of the national innovation system, the standardization reform and development of the national economy.

Written by Wang Ping, Tang Wanjin, Chen Yunpeng

Reports on Special Topics

Advances in the Relationship Between Standardization and Economic Development

This report combs the research results of the relationship between domestic and foreign standardization and economic development.The results of foreign research comb from the following three aspects: the relationship between standardization and economic development, the impact of technical standardization on economic development, standardized economic benefits. The results of domestic research comb from the following four aspects: macro, meso and micro level of standardization and economic development, the impact of technical standardization on economic development. And then comments on the domestic and foreign research results, put forward the prospect of standardized economy.

Written by Shi Ying, Ding Rijia

Advances in Standardization and Innovation

The relationship of standardization and innovation has become one of the most important issues in standardization research in recent years. By collecting the relevant literature both in China and foreign countries, this report introduced the research progress of standardization and innovation, summarized the innovation directions of standardization theories, methodologies, management systems and mechanisms, presented the synergy strategy of standardization, intellectual property and innovation and its development path. In the end, we introduced the innovative practice in e-commerce standardization, big data standardization and national pilot project for comprehensive standardization reform of Zhejiang province.

Written by Song Mingshun, Zheng Suli

Advances in Patent Legal Dispute Settlement Rules in Standardization

Standard Essential Patent (SEP) refers to the patents that could not be avoided in order to implement the relevant standard. In order to prevent the disputes around the licenses of SEP hindering the implement of standards, most of standards setting organizations (SSOs) require their members to make a statement asserting that it is prepared to grant licenses to the standard implementers on the "Fair, Reasonable and Non-discriminatory (FRAND)" terms.However, until today, seldom SSOs give a clear explanation about what is the exact meaning of reasonable and non-discrimination, which leaves room for intense conflicts between the SEP holders and the standard implementers.So, this report will introduce the main legal problems of FRAND license, do a comparative study of the typical cases happened in the US, Europe, Japan, India as well as China, and discuss the legal problems about injunctive relief in FRAND license, reasonable royalty determining, and antitrust analysis about FRAND license to point out the essentials in dealing the relative disputes.

Written by Zhang Ping, Zhao Qishan

Advances in Consortium Standard

This report briefly summarized and analyzed the exploration and practice, policy, academic research on consortium standard, and studied the relevant references and documents from the perspective of its background, current situation and future since 2012.This report concerned the study on some relevant key issues such as the operating subject, management mechanism, patent and certification etc.in the process of the development of consortium standard, and proposed the corresponding point of views and suggestions.

Written by Liu Xuetao

Advances in Philosophical Research on Standardization

This report provides a brief review on the general theoretical development in international and Chinese national standardization, and introduces the basic situation of establishing the name and code of the subject fields of standardization in China.

Some scholars pointed out that standardization as a new subject field bears deficiencies in its theoretical basis, research content, development direction and expert team etc., and the nature of the subject field of standardization remains something that are also worth further exploration.

Listing some new achievements in the philosophical research in academic circles of China standardization, especially the important role that the philosophical proposition of "practice is the sole criterion for testing truth" which was re-emphasizes at the end of 1970's plays in the revolution and construction of China, this report explains the necessity and practical significance to carry out the research of philosophy of standardization.

A unified system of concepts and terminology is the very important work in the construction of a new discipline.This report discusses the big idea of the core concept of "standard" and "standardization" from the following five aspects of the basic theory and method of terminology:

Ⅰ. According to the reality of the discrete concepts for "standard" and "standardization" in different context, this report proposes that the concept connotation and denotation match the premise by selecting the appropriate designation e.g."term" to make the concept clear.

Ⅱ. The"standard" and"standardization" definition of the ISO/IEC standard adopted by the national standards is analyzed concretely.

Ⅲ. According to Chinese dictionaries and authoritative Chinese-English dictionaries, it is revealed that the English words corresponding to Chinese "标准" are "standard" and "criterion" and considering the important social application effect of the philosophical proposition of "practice is the sole criterion for testing truth", the author puts forward the goal of "cross boundary leap" in standardization theory and practice.

Ⅳ. By admitting the objective existence and by following the preciseness and completeness of the theoretical system, it is clarified that the "individual level standard" should be a component structure of a standard system.

Ⅴ. Referring GB/16785's Terminology work—Harmonization of concept and terms, the author makes a preliminary analysis on how to realize the international coordination of "standard" and "standardization" in different national conditions and languages.

This report also introduces the "illustrated model of the three ontological worlds" (Gu mode) to make an image-analysis of standardization, then explains the complementary role and comprehensive effect of "standard" and "criterion". At the end of this report, the "natural prototype of standardization" is outlined, which may enlighten human standardization activities.

Written by Gu Mengjie

Advance in International Standardization

This report analyzes the development trends of international standardization from aspects such as standardization strategies, the characteristics of the developments of international standardization as well as the assessment of economic benefits of standards.It also introduces policies, measures taken to promote standardization work in China under new situation.

Written by Huang Manxue , Chen Zhanzhan

Advances in Management System Standards

The management system standards developed by ISO have been applied widely in various fields. This report introduces the history, current status, features and effects of ISO 9000 standards for quality management systems.The list of other management systems standards is also given in this report. For new generation of ISO management system standards, author analyzed the essence of management systems, alignment of management system standards and added value for integrated use of ISO management system standards.The main changes of new version quality management systems standard have been summarized.

Written by Tian Wu

Advances in Standardization Education

Standardization education is an important way to cultivate standardized talents, enhance the social standard literacy and achieve "Quality Power Nation". ISO and some other international standardization organizations have taken the standardization as a strategy and planned the standardization education roundly. Many well-known international industry institutes have undertaken the important task for facilitating the standardization education. At the same time, the United States, Japan and some other developed countries have accumulated some experiences in life-long standardization education, industry-university cooperation and market-oriented operation. After years of continuous exploration, standardization education in China has also been a great development, there are some bright spots especially in the areas of standardization higher education and continuing education, but still have some problems to be improved in the standardization of high-end talents training, the breadth of standardization education and the improvement of the standardization quality within the whole society.

Written by Song Mingshun, Yu Xiao

索 引

C

D

F

G